KB196042

모든 것은 예측 가능하다

EVERYTHING IS PREDICTABLE : How Bayes' Remarkable Theorem Explains the World
by Tom Chivers

모든 것은 예측 가능하다

1판 1쇄 발행 2025. 1. 3.
1판 2쇄 발행 2025. 2. 10.

지은이 톰 치버스
옮긴이 홍한결

발행인 박강휘
편집 이승환 디자인 유상현 마케팅 고은미 홍보 박은경
발행처 김영사
등록 1979년 5월 17일(제406-2003-036호)
주소 경기도 파주시 문발로 197(문발동) 우편번호 10881
전화 마케팅부 031)955-3100, 편집부 031)955-3200 | 팩스 031)955-3111

값은 뒤표지에 있습니다.
ISBN 979-11-7332-014-9 03410

홈페이지 www.gimmyoung.com
블로그 blog.naver.com/gybook
인스타그램 instagram.com/gimmyoung
이메일 bestbook@gimmyoung.com

좋은 독자가 좋은 책을 만듭니다.
김영사는 독자 여러분의 의견에 항상 귀 기울이고 있습니다.

모든 것은 예측 가능하다

톰 치버스

홍한결 옮김

진단검사에서
뇌의 작동 원리까지,
세상을 설명하는
베이즈 정리의 놀라운 힘

김영사

너무 일찍 세상을 떠난 루이스 맥길리커디와

이제 갓 세상에 찾아온 메이 앨리슨 데이비드슨에게

차례

꽤 많은 것을 설명해주는 이론

모든 것을 설명해주는 이론을 발견했다고 생각한다면,
스스로 조증 진단을 내리고 병원에 입원하라는 것이
정신의학의 일반적 원칙이다.[1]
스콧 알렉산더

미래를 예측할 수 있을까? 물론 예측할 수 있다.

우리는 앞으로 몇 초 안에 우리가 숨을 들이쉬고 내쉴 것이라고 거의 확실하게 예측할 수 있다. 심장은 초당 한 번에서 세 번 정도 뛸 것이다. 내일 아침에는 해가 뜰 것이고, 뜨는 시간은 위도와 연중 시기에 따라 다르겠지만 어쨌든 아주 정확하게 알 수 있다. 이 모든 사건은 확신을 가지고 예측할 수 있다.

또한 기차가 정해진 시간에 도착할 것이라거나, 친구와 만나기로 한 레스토랑에 친구가 제시간에 올 것이라고 예측할 수 있다. 철도 회사가 어디고 친구가 누구냐에 따라 확신의 정도는 다를 수 있지만 말이다.

그리고 세계 인구가 21세기 중반쯤까지 계속 증가하다가 감소세로 돌아서리라는 것도 예측할 수 있다. 2030년의 세계 평균 기온이 1930년보다 높으리라는 것도 예측할 수 있다.

미래는 불투명하지 않다. 내다보는 게 가능하다. 예측하기가 상대적으로 쉬운 부분도 있고 상대적으로 어려운 부분도 있다. 예를 들어 행성의 뉴턴역학적 운동은 향후 수천 년간 예측 가능하지만, 날씨의 로렌즈적 혼돈은 고작 며칠 앞을 내다볼 수 있을 뿐이다. 어쨌든 미래를 흐릿하게나마 어느 정도 엿볼 수는 있다.

물론 '나는 미래를 예측할 수 있다'고 하는 말은 그와 조금 다른 의미로 하는 게 보통이다. 뭔가 신비하고 영험한 예지력 같은 것이 있다는 말인데, 그런 것은 아마도 불가능할 것이다. (예지력이 존재한다고 주장하는 과학자의 이야기를 뒤에서 소개할 텐데 그 주장이 틀린 것이 거의 확실한 이유도 같이 설명하겠다.) 하지만 그런 신비한 능력이 없어도 우리는 이미 항상, 시종일관 미래를 예측하고 있다. 그러지 못한다면 살아갈 수가 없다. 우리는 숨을 쉴 때마다 '공기가 계속 숨 쉴 만할 것이다'처럼 매우 기초적인 예측을 암묵적으로 하기도 하고, 결정을 내릴 때마다 '편의점에 가면 내가 늘 먹는 시리얼 제품이 있을 것이다'처럼 꽤 복잡한 예측을 하기도 한다. 그런 예측이 가능한 것은 신비로운 예지력이 있어서가 아니라, 우리가 과거에 수집한 정보 덕분이다.

이 모든 예측의 공통점은 불확실하다는 데 있다. 우주는 결정론적으로 돌아가는 것일 수도, 아닐 수도 있다. 만약 우리가 우주 모든 입자의 위치와 운동과 성질을 전지전능한 신처럼 완벽하게 알 수 있다면 세상만사를 완벽히 예측할 수 있을지도 모르지만, 그건 불가능하다. 대신 우리에게는 부분적인 정보가 있다. 우리는 불완전한 감각을 통해 불완전하게나마 세상 속의 형체들을 관찰할 수 있다. 그리고 형체들이 어떻게 움직일지에 대해 최선의 추측을 내린다. 사람 모양의 형체는 대개 먹이와 짝을 찾아 돌아다닐 것이다. 바위 모양의 형체는 보통 가만히 놓여 있을 것이다. 우리는 그런 정보를 토대로 불완전하게 대략이나마 예측을 할 수 있다.

삶을 게임에 비유하자면 체스가 아닌 포커다. 체스는 완벽한 정보가 주어지며 원칙적으로 '해법'이 있지만, 포커를 칠 때는 제한된 정보를 가지고 최선의 결정을 내리려고 노력할 뿐이다.

그것을 가능케 해주는 공식이 바로 이 책의 주제다.

물리학자 스티븐 호킹이 《시간의 역사》를 집필하고 나서 한 말이 있다. "책에 공식을 하나 추가할 때마다 판매 부수가 절반으로 줄 거라더군요."[2] 그러나 방금 말했듯이 이 책은 어떤 공식에 관한 책이니, 공식을 적어도 하나는 넣지 않을 도리가 없을 것 같다.*

바로 베이즈 정리라고 하는 공식이다. 모든 공식이 그렇지만 생김새는 단순해서, 다음과 같다.

$$P(A|B) = \frac{P(B|A) \cdot P(A)}{P(B)}$$

감추고 싶은 비밀인데, 난 공식을 싫어한다. 어찌어찌 읽을 수는 있는데 여간 고역이 아니다. 수학에 직간접적으로 관련된 책을 세 권 쓴 사람으로서 부끄러운 고백이 아닐 수 없다. 하지만 Σ(시그마) 기호를 보는 순간 뇌가 브레이크 밟듯 정지해버리니 어쩌랴. 아마 독자 중에도 그런 분들이 많지 않을까. 그래서 스티븐 호킹에게도 누가 그런 경고의 말을 했을 테고.

그러나 공식은 난해한 암호도, 마법의 주문도 아니다. 공식 속의 기호들은 각각 하나의 간단한 개념을 나타낼 뿐이다.

베이즈 정리는 확률을 나타내고 있다. 확률이란 우리가 가진 증거에 비추어 어떤 사건이 일어날 가능성이 얼마나 되느냐 하는 것이다. 그중에서도 특히 **조건부확률**의 한 형태를 나타내고 있다. 세로줄 '|'가 바로 조건을 가리키며 그 의미는 '~라는 조건에서', 즉 '~가 일어났다고 할 때'가 된다. P(A|B)는 사건 B가 일어났다고 할 때 사건 A가 일어날 확률이다.

조건부확률의 간단한 예를 들어보자. 카드 한 벌에서 한 장을 뽑았을 때 하트가 나올 확률을 알고 싶다고 하자. 카드 한 벌은 52장이고 그중 하트는 13장이므로, 확률 P(♡)는 13/52,

---

• 꼭 참고 공식을 하나도 넣지 않았더라면 족히 네 부는 팔 수 있었으리라는 생각을 하니 아쉽긴 하다.

즉 1/4이다. 따라서 $p=0.25$라고 적을 수 있다. 그런데 한 장을 뽑았더니 클럽이 나왔다. 이제는 하트를 뽑을 확률이 어떻게 될까? 하트는 여전히 13장이지만 전체 카드 수는 51장으로 줄었다. 이제 확률은 13/51, 즉 $p \approx 0.255$가 된다. (구불구불한 등호는 '거의 같다'는 뜻이다.) 그 값은 클럽을 한 장 뽑았다는 조건에서 하트를 뽑을 확률이니, P(♡|♧)로 나타낼 수 있다.

또 다른 예를 들어보자. 런던에서 어느 날 비가 올 확률은? 런던은 일 년에 150일 정도 비가 오니 대략 0.4 정도라고 할 수 있겠다. 그런데 창밖을 내다보니 먹구름이 잔뜩 끼어 있다. 그렇다면 확률이 어떻게 될까? 정확히는 몰라도 더 높을 것이다. 날씨가 흐리다는 조건에서는 비가 올 확률이 더 높을 수밖에 없다.

베이즈 정리도 그런 조건부확률인데, 한 발 더 깊이 들어간다. 공식의 의미를 풀어 말하면 다음과 같다. 사건 B가 일어났을 때 사건 A가 일어날 확률은 A가 일어났을 때 B가 일어날 확률에 A 자체의 확률을 곱하고 B 자체의 확률로 나눈 것과 같다.

가령 질병이 한 지역 전체에 퍼지고 있다고 하자. 근래에 있었던 사태에 비추어 상상하기 어렵지 않을 것이다.

당신이 혹시 그 병에 걸렸는지 알아보려고 자가 검사를 했다고 하자. 검사 키트에는 이런 문구가 적혀 있다. "이 검사는 민감도 99퍼센트, 특이도 99퍼센트입니다." 그 말을 풀면, 병에 걸린 사람이 병에 걸렸다고 옳게 나올 확률이 99퍼센트, 건강한 사람이 건강하다고 옳게 나올 확률도 99퍼센트라는 의미다.

"거짓 음성률 1퍼센트, 거짓 양성률 1퍼센트"라고 표현해도 같은 뜻이다.

자, 그런데 검사를 해보니 줄이 두 개 나타났다. 양성이다. 그럼 어떻게 되는 건가? 99퍼센트의 확률로 병에 걸린 것 아닐까? 당연히 그렇게 생각할 만도 하다.

하지만 틀린 생각이다. 그 이유가 바로 베이즈 정리에 있다.

베이즈 정리는 참 묘하다. 짧은 식인 데다 초등학교 1학년생도 할 수 있는 사칙연산인 곱셈과 나눗셈으로만 이루어져 있다. 이 공식을 처음 제시한 베이즈는 18세기 런던 외곽의 작은 마을에서 비국교도 목사로 일하면서 취미로 수학을 연구하던 사람이었지만, 이 공식은 그야말로 심오한 함의를 갖는다. 암 검사의 정확도가 99퍼센트라 해도 양성 판정자의 99퍼센트가 사실 암이 아닐 수 있는 이유가 이 공식에 있다. DNA 검사가 아무리 정확하여 무고한 사람이 일치 판정을 받을 확률이 2000만분의 1이라 해도 생사람을 잡기 쉬운 이유 또한 거기에 있다. 과학 연구의 결과가 '통계적으로 유의'하다 해도 틀렸을 가능성이 높을 수 있는 이유 역시 이 공식으로 설명된다.

베이즈 정리는 또 흥미로운 철학적 논쟁과 맞물려 있기도 하다. '확률'이란 무엇인가? 그런 것이 실재하는가? 주사위를 굴려 1이 나올 확률이 6분의 1이란 말은 무엇을 의미하는가? 세상에 관한 객관적 사실을 말하는 것인가, 세상에 대한 우리의 믿음을 말하는 것인가? 일회성 사건에도 확률을 부여할 수 있는가? 2025년 영국 프리미어 리그에서 맨시티가 우승할 확률이 90퍼센트라는 말의 뜻은 무엇인가?

우리는 늘 불확실한 사안에 대해 결정을 내리고 있으며, 그때마다 베이즈 정리를 따르지 않으면 좋은 결정을 내릴 수 없다. 모든 결정 과정이 마찬가지다. 박테리아가 포도당 수치를 높이려 할 때도, 유전자가 다음 세대로 복제본을 전달하려 할 때도, 각국 정부가 경제 성장 방안을 세울 때도 그렇다. 비록 불완전할지언정 세상에 어떤 조작을 가하여 목표를 이루고자 하는 모든 존재는, 베이즈적 사고를 해야 좋은 결정을 내릴 수 있다.

AI(인공지능)는 한마디로 베이즈적 사고를 응용한 기술이다. AI가 하는 일은 기본적으로 예측이다. 예컨대 사진을 보고 고양이라거나 개라고 판단하는 이미지 인식 기능은 인간이 같은 사진을 보고 어떻게 판단할지 '예측'하는 것과 다를 바 없다. 판단의 근거는 훈련에 사용된 데이터와 사진에 담긴 정보다. 요즘 세간의 감탄과 찬사를 한몸에 받고 있는 각종 AI 서비스도 마찬가지다. DALL-E 2, GPT-4, 미드저니 등이 사람과 대화를 나누거나 간단한 지시문 입력으로 훌륭한 이미지를 그려내는 기능은 인간 작가나 아티스트가 같은 지시문을 접할 때 어떤 결과를 내보일지를 예측하는 것과 다름없으며, 역시 그 근거는 훈련에 사용된 데이터다. 이 모든 작업은 베이즈 방식에 따른다.

우리 뇌도 베이즈 방식으로 작동한다. 우리가 착시 현상을 겪는 이유도, 환각성 약물을 투여하면 환각에 빠지는 이유도 그것이다. 우리의 의식과 정신 자체가 베이즈적인 존재다.

음모론이 그토록 고정불변인 이유도, 똑같은 증거를 보고 사람마다 다른 결론에 이르는 이유도, 베이즈 정리를 통해 이해할 수 있다. 내가 보기엔 백신이 안전하고 효과적이라는 증거인데, 왜 백신 회의론자들은 같은 증거를 봐도 요지부동일까? 그 이유는 베이즈 정리가 말해주는 대로다. 우리가 새로운 정보에 반응하는 정도는 기존에 갖고 있던 믿음에 좌우되기 때문이다. 백신 회의론자나 음모론자들의 뇌가 외계인처럼 특이한 방식으로 작동하는 게 아니다. 그들도 기존에 가진 믿음을 토대로 철저히 합리적으로 행동하고 있다. 그리고 그 원리는 베이즈 정리로 설명된다.

모든 것을 설명해주는 이론이라고는 할 수 없을 것이다. 하지만 '거의' 모든 것을 설명해준다고는 할 수 있다. 일단 베이즈적 시각으로 세상을 보기 시작하면 그야말로 모든 곳에서 베이즈 정리가 보일 것이다. 이 책의 목적은 독자의 눈을 그렇게 틔워주는 것이다.

베이즈 정리를 설명할 때는 보통 의료 검사의 예를 든다. 현실에 있을 법한 사례를 하나 생각해보자. 당신이 유방암 진단검사를 받는다고 하자. 현재 알려진 정보는 다음과 같다. 이 검사는 유방암이 있는 여성의 경우 80퍼센트는 잡아내고 20퍼센트는 잡아내지 못한다(즉 민감도 80퍼센트). 유방암이 없는 여성의 경우 90퍼센트는 건강하다고 나오지만 10퍼센트는 양성으로 오진된다(즉 특이도 90퍼센트).

당신이 검사를 받아보았더니 양성이 나왔다. 당신이 유방암에 걸렸을 확률은 얼마일까? 아마도 90퍼센트? 아니다. 앞에 나온 정보만 가지고는 알 수가 없다.

여기서 추가로 필요한 정보는 검사 결과가 나오기 전, 즉 사전에 당신이 스스로 유방암에 걸렸을 가능성을 얼마라고 생각했느냐 하는 것이다. 그 값을 간단히 추정하려면 같은 나이 여성의 유병률을 참고하는 방법이 있다. 유병률이 가령 1퍼센트라고 하자.

감을 쉽게 잡을 수 있도록 구체적인 숫자를 가지고 생각해보겠다. 여성 100,000명이 검사를 받는다고 하자. 그중 실제로 유방암이 있는 여성은 1,000명(1퍼센트)이다. 그중 800명(80퍼센트)은 양성으로 옳게 판정되지만, 200명은 음성으로 잘못 판정된다. 유방암이 없는 여성 99,000명 중에서는 89,100명이 음성으로 옳게 판정되고 9,900명이 양성으로 잘못 판정된다. 이상을 표로 나타내면 다음과 같다.

	암 있음 (1,000)	암 없음 (99,000)
결과 양성	80% (참 양성) 800	10% (거짓 양성) 9,900
결과 음성	20% (거짓 음성) 200	90% (참 음성) 89,100

그렇다면 이제 명확해진다. 당신이 유방암 검사를 받았는데 결과가 양성으로 나왔다고 했다. 검사 결과가 양성인 10,700명 중에서 실제로 암이 있는 사람은 800명이다. 따라서 검사 결과가 양성으로 나온 당신이 실제로 암에 걸렸을 확률은 800/10,700≈0.07, 약 7퍼센트에 불과하다.

그런데 이 계산은 당신이 애초에 암에 걸렸을 가능성에 전적으로 좌우된다는 점에 유의하자. 암에 걸릴 위험이 더 높은 집단(가령 고령에 가족력이 있는 여성들)을 대상으로 검사한다면 피검자의 10퍼센트가 암에 걸려 있을 수도 있다. 그렇다면 계산이 완전히 바뀐다.

	암 있음 (10,000)	암 없음 (90,000)
결과 양성	80% (참 양성) 8,000	10% (거짓 양성) 9,000
결과 음성	20% (거짓 음성) 2,000	90% (참 음성) 81,000

이제는 참 양성이 800명에서 8,000명으로 늘었다. 거짓 양성은 9,000명으로 줄었다. 따라서 당신이 암일 확률은 8,000을 17,000으로 나눈 값, 약 47퍼센트가 된다. 훨씬 나쁜 결과다. 검사는 바뀐 게 없는데도 그렇다. 바뀐 것은 오로지 사전에 추정한 확률뿐이다.

베이즈 정리를 통해 우리는 기존의 믿음을 얼마나 조정해야 하는지 알 수 있다. 그런데 그러려면 일단 기존의 믿음이란 것이 존재해야 한다.

앞에 소개했던 공식을 다시 살펴보자(이미 나왔던 공식이니 책 판매 부수가 또다시 절반으로 줄지는 않길 바라면서).

$$P(A|B) = \frac{P(B|A) \cdot P(A)}{P(B)}$$

이 공식으로 구할 수 있는 값은 P(A|B), 즉 B가 일어났다는 조건에서 A가 일어날 확률이다. 이를테면 검사 결과가 양성으로 나왔을 때 병에 걸렸을 확률이다. 그것이 바로 우리의 진짜 관심사다. 다시 말해 '이런 검사 결과가 나왔다면 내가 병에 걸렸을 가능성이 얼마인가' 하는 것이다.

그러나 '민감도 80퍼센트'라는 통계값이 말해주는 것은 정반대의 정보인 P(B|A), 즉 A가 일어났다는 조건에서 B가 일어날 확률이다. 즉, '내가 유방암이라면 이런 검사 결과가 나올 가능성이 얼마인가' 하는 것이다.

비슷한 말처럼 들릴 수도 있지만, 전혀 다르다. 다음 두 문장이 전혀 다른 말인 것과 같다. '어떤 인간이 교황일 확률은 80억분의 1이다.' '교황이 인간일 확률은 80억분의 1이다.'[3]

우리의 진짜 관심사를 밝혀내려면 정보가 더 필요하다. 지금 주어진 사례에서는 전체 인구 중 유방암 환자의 비율을 알아야 한다. 의학용어로는 유병률이 되겠지만, 일반적으로 베이즈 이론에서는 **사전확률**이라고 부른다.

다행히 의료 검사의 경우는 사전확률을 구하기가 상대적으로 쉽다. 금방 구해지진 않더라도 최소한 간단히 정의할 수 있는 개념이다. 가령 어떤 사람에게 헌팅턴병이라는 유전질환이 있을 사전확률을 알고 싶다고 하자. 자료를 찾아보면[4] 10만 명당 약 12.3명이라는 추정값을 얻을 수 있다.

그러나 사전확률을 구하기가 도무지 쉽지 않은 상황도 있다. 러시아가 우크라이나를 침공할 가능성의 사전확률은 무슨 기준으로 구해야 할까? 과거에 러시아가 우크라이나를 일 년에 침공한 빈도? 일반적으로 한 나라가 다른 나라를 침공하는 빈도? 한 나라가 전차 부대를 인접국 접경에 배치한 직후에 그 나라를 침공하는 사건의 빈도?

또 다른 예를 들어보자. 내가 어떤 과학적 가설을 세우고 실험으로 검증하려고 한다고 하자. 그러려면 어떤 실험 결과가 나왔을 때 내 가설이 옳을 가능성이 얼마인지 판단해야 한다. 예컨대 가설이 틀렸을 경우 스무 번에 한 번꼴로만 나올 실험 결과가 나왔다고 하자. 그렇다면 가설은 아마도 옳으리라는 결론을 내릴 수 있을까? 아니다. 역시 내가 실험에 들어가기 전에 가설이 옳았을 가능성, 즉 사전확률에 좌우되는 문제다. 그런데 그 사전확률을 대체 어떻게 구해야 하나?

또 이런 예는 어떤가. 법의학적 증거를 토대로 용의자가 범인일 가능성을 밝히려고 한다. DNA 검사를 해보니 우연적으로는 100만 번에 한 번꼴로 나오는 결과가 나왔다고 하자. 그렇다면 용의자가 무고할 가능성은 100만분의 1에 불과할까? 아니다. 그건 애초에 용의자가 범인이 맞을 가능성이 얼마였느냐에 좌우된다. 역시 곤란해진다. 이런 확률값을 도대체 어떻게 부여해야 하나?

모두 차차 알아보겠다. (그런 일을 직업으로 하는 사람도 있다.) 어쨌든 중요한 것은 우선 사전확률을 설정한 다음 베이즈 정리를 이용해야 한다는 점이다. 그러지 않으면 엉뚱한 결론에 도달할 수 있다.

대부분의 사람은 베이즈 정리를 의료 분야에서 처음 접하게 된다. 우리도 그쪽에서부터 이야기를 시작해보자.

내가 베이즈 정리에 심취한 지는 여러 해가 되었다. 2000년대 초에 〈가디언〉에 연재된 벤 골드에이커의 '나쁜 과학' 칼럼에서 접한 후 차츰 매료되어갔다. 내가 지금까지 이 책을 포함해 책을 세 권 썼는데 모든 책에 베이즈가 등장한다. 베이즈 정리는 우리의 직관에 반한다는 점에서 무척 신기한 면이 있다. 아니, 정확도 99퍼센트인 검사가 옳을 확률이 99퍼센트가 아니라니 그게 무슨 해괴한 소리란 말인가? 그 이유를 설명하는 논리는 사실 그리 어렵지 않아서, 이해하고 나면 명백해진다. 하지만 그럼에도 베이즈 정리의 묘하고 희한한 느낌은 좀처럼 사라지지 않는다. 적어도 내가 보기엔 그렇다.

그 묘한 면이 더욱 두드러지게 드러난 것은 바로 2020년 초부터 4년간 이어진 코로나19 유행기였다. 2020년 4월, 아직 1차 봉쇄 조치가 풀릴 기미가 보이지 않을 때, 토니 블레어 총리를 비롯한 많은 이들이 '면역 여권'의 도입을 주장했다. 항체 검사를 통해 코로나19에 면역이 있다고 판정된 사람들에게 외출과 활동을 자유로이 허용하자는 것이었다. (이때는 감염된 적이 있어도 쉽게 재감염될 수 있다는 사실이 아직 알려지기 전이었다.)

당시는 항체 검사가 이제 막 선을 보일 때였다. 미국 정부의 긴급 승인을 받은 항체 검사가 있었는데, 민감도와 특이도가 95퍼센트 정도였다.[5]

그 정도면 나쁘지 않은 것 같지만, 문제는 사전확률이었다. 2020년 4월 당시 면역이 있는 영국인은 대략 3퍼센트 정도였을 것이다. 이 검사를 100만 명에게 시행한다면 그중 실제로 면역이 있는 사람이 30,000명 정도일 테고, 그중 약 28,500명은 면역이 있다고 옳게 판정될 것이다. 그러나 면역이 없는 970,000명 중 48,500명도 면역 판정을 받는다는 것이 문제다.

다시 말해 양성 판정자가 77,000명이라면 그중 실제로 면역이 있는 사람은 3분의 1이 조금 넘을 뿐이다. (이 값을 **사후확률**이라고 한다.) 만약 영국인 6500만 명을 모두 항체 검사하여 양성이 나온 사람에게 모두 '면역 여권'을 발급했다면? 약 300만 명이 면역이 없는데도 면역 판정을 받고 코로나에 취약한 조부모를 마음껏 안아드릴 수 있게 되었을 것이다. 베이즈에 대한 최소한의 이해가 없이는 알 수 없었을 사실이다.

영국에서 베이즈와 관련된 논란은 그것으로 끝이 아니었으니, 코로나19 관련 봉쇄 조치의 필요성에 회의적이던 논평가들 중 일부가 베이즈를 어설프게 알았던 게 문제였다. 예컨대 가장 유명한 인물로 장관 출신 정치인 존 레드우드를 꼽을 수 있겠다. 레드우드는 "잘못된 검사 결과로 통계값이 왜곡되는 문제를 어떻게 막을 것인지 정부 자문위원들은 당장 답해야 한다"며 다그쳤다.[6]

당시 통계학 교수 데이비드 스피겔할터가 TV와 라디오에 장시간 출연하여 검사의 정확도라든지 백신의 효능 같은 주제에 관해 차근차근 설명해주곤 했는데, 그 설명을 듣고 오해한 것이다. 레드우드를 비롯한 논평가들은 '어떤 검사의 거짓 양성률이 1퍼센트라고 해서 양성인 결과의 1퍼센트만 거짓인 건 아님'을 알게 되었다. 당시는 1차 대유행에서 2차 대유행으로 넘어가기 전으로, 누구든 감기 기운만 있으면 PCR 검사를 받을 때였다. 당시 영국의 코로나 감염률은 아주 낮았지만(봉쇄 조치를 했으니 그럴 만했다), 다시 슬금슬금 늘어나고 있는 모습이었다.

코로나 부정론자들은 이 같은 감염률 증가가 착시 현상이라고 주장하며 그 근거로 베이즈 정리를 들었다. 당시 코로나 감염자는 약 0.1퍼센트 정도였다. 아무나 무작위로 검사한다고 치고, 검사 특성상 비감염자를 올바르게 판정하는 비율이 99퍼센트, 감염자를 올바르게 판정하는 비율이 90퍼센트라고 하면, 양성 판정자의 90퍼센트 이상이 거짓 양성이라는 계산이 나온다.*

계산 자체는 옳다. 그러나 이는 베이즈 추론을 피상적으로만 적용한 결과다. 우선, 사전확률을 0.1퍼센트로 보는 게 맞을까? 피검자를 전체 인구 중에서 완전히 무작위로 선정했다면 맞다. 그런데 아니었다. '증상이 있는 사람' 또는 확진자와 접촉한 사람을 대상으로 검사를 했고, 그런 사람은 감염자일 가능성이 훨씬 높을 것이다. 높다면 얼마나? 정확히는 알 수 없지만, 그중 1퍼센트만 감염자라고 쳐도 전체 양성 결과 중 거짓 양성의 비율은 50퍼센트로 떨어진다. 그중 10퍼센트가 감염자라면 양성 결과의 약 90퍼센트는 옳은 결과가 된다.

게다가 거짓 양성률이 1퍼센트라는 전제도 짚어봐야 한다. 그 숫자가 맞을 가능성은 희박해 보인다. 2020년 여름 코로나가 약간 감소세에 들어섰을 때, 전체 피검자 중 양성이 나온 비율은 참이건 거짓이건 모두 합쳐서 0.05퍼센트에 불과했다. 그렇다면 거짓 양성률이 그보다 높을 수는 없다. 0.05퍼센트라고 치고, 인구 중 감염자 비율 0.1퍼센트를 적용하면 양성 결과 중 거짓은 약 35퍼센트로 떨어진다. 방금 논한 것처럼 피검자 중 감염자 비율은 더 높았으리라고 가정하면 거짓 양성은 더 줄어든다.

비단 코로나뿐만이 아니다. 어떤 의료 검사도 베이즈 논리 없

• 1,000,000명을 검사한다고 하자. 그렇다면 실제 감염자는 1,000명이고, 그중 900명이 양성으로 나온다. 그런데 비감염자 999,000명 중에서도 9,990명이 양성으로 잘못 나온다. 900+9,990=10,890. 900은 10,890의 약 9퍼센트다.

이는 제대로 이해할 수 없다.

영국의 국영의료제도인 국민보건서비스NHS에서는 유방암, 자궁경부암, 대장암의 세 가지 암에 대해 정기 암 진단검사를 제공한다. 전립선암 진단검사는 50세 이상 남성이 요청하는 경우 제공하지만 기본적으로 제공하지는 않는다.

이유가 무엇일까? 암 검사는 웬만하면 받으면 좋은 것 아닐까. 암은 조기 발견이 중요하다고 하지 않는가. 암이 있는지 없는지 검진으로 알아본다는데 무엇이 문제일까?

역시 이번에도 그 답은 베이즈 정리에 있다.

전립선암 진단검사는 전립선특이항원PSA 검사라고 하는 방법으로 이루어진다. 검사 자체는 간단하다. 혈액검사를 해서 PSA 수치가 일정 수준(보통 밀리리터당 3~4나노그램) 이상이면 MRI 촬영이나 조직검사 등 추가 검사를 받게 된다. 높은 PSA 수치는 전립선암의 징후일 수 있지만, 감염이나 염증 또는 단순히 노화로 인한 것일 수도 있다.

PSA 검사는 정확도가 그리 높지 않다. 영국 국립보건임상연구원NICE에 따르면[7] PSA 검사에 밀리리터당 3나노그램이라는 기준을 적용할 경우 암이 있는 피검자 중 약 32퍼센트를 제대로 가려낼 수 있고(민감도 32퍼센트), 건강한 피검자 중 약 85퍼센트를 제대로 가려낼 수 있다(특이도 85퍼센트).

50대 남성의 전립선암 유병률은 약 2퍼센트다.[8] 1,000,000명을 검사한다고 하면 실제로 암이 있는 사람은 약 20,000명이고 그중 약 6,400명을 제대로 가려낼 수 있다. 그리고 암이 없는 사람 980,000명 중에서도 147,000명이 추가 검사 통지를 받는다. 당신이 50대 남성이고 이 검사에서 양성이 나왔다면 실제로 암일 확률은 4퍼센트 정도에 불과하다.

4퍼센트의 확률이라도 모르는 것보다 아는 게 좋지 않을까? 아마 그럴 것이다. 하지만 불편하고 힘든 데다 다소의 위험도 따르는 검사를 추가로 받아야 한다. 그리고 NHS는 수많은 환자의 MRI 촬영과 조직검사에 막대한 비용을 들여야 할 것이다. 그 돈을 심장병 예방약이나 신장 이식 또는 간호사 임금 개선에 쓰는 게 나을 수 있다. 게다가 전립선암은 워낙 진행 속도가 느려서 암에 걸려도 모르는 경우가 많다. 다른 원인으로 사망한 사람을 부검하는 과정에서 비로소 전립선암이 발견되는 경우도 허다하다.

여기서 생각해볼 중요한 포인트가 하나 더 있다. 민감도 32퍼센트, 특이도 85퍼센트라는 수치는 밀리리터당 3나노그램이라는 기준을 적용했을 때 그렇다는 것이었다. 4나노그램으로 기준을 높이면 어떻게 될까?

그러면 특이도가 더 높아진다. 암이 없는 사람을 암이 없다고 옳게 판정하는 비율이 85퍼센트에서 91퍼센트로 올라간다. 그러나 여기엔 민감도의 희생이 따른다. 즉, 암이 있는 사람을 잡아내는 비율은 32퍼센트에서 21퍼센트로 떨어진다. 다시 1,000,000명을 검사한다고 하면 거짓 양성이 88,200명으로 줄어들지만, 참 양성도 이제 20,000명 중 4,200명밖에 나오지 않는다. 그렇다면 양성이 나왔을 때 실제로 암일 확률은 앞서와 별반 차이 없는 4.5퍼센트다.

이 문제는 딱히 묘책이 없다. 기준점을 더 올려서 가령 밀리리터당 5나노그램으로 잡아도 소용이 없다. 거짓 양성은 덜 나오지만 대신 거짓 음성이 더 나오게 되어 있다. 기준점을 내리면? 거짓 음성이 줄지만 거짓 양성이 늘어난다. 어떻게 해도 상충 관계를 피할 수 없다. 해결 방법은 오직 하나, 더 우수한 다른 검사를 이용하는 것뿐이다. (뒤에서 살펴보겠지만, 과학 연구에서 '통계적 유의성' 문제도 이와 비슷하다.)

유방암과 대장암 진단검사는 더 정확하긴 하지만 역시 전체적인 유병률에 크게 좌우된다. 한 대규모 연구에 따르면[9] 해마다 유방 촬영 검사를 받는 여성의 60퍼센트는 10년 동안 거짓 양성 결과가 적어도 한 번 이상 나오게 되며, 그에 따라 조직검사 등 추가 검사 필요 소견을 받고 "불안, 고통, 특히 유방암과 관련된 심려"를 겪는다고 한다. 그래도 검사를 받는 게 유익할까? 그 답은 질병의 유병률, 즉 사전확률에 따라 다르다. 젊은 여성이 유방암에 걸리는 경우는 드물어서, 40세 미만에서는 민감도와 특이도가 꽤 높은 검사를 해도 거짓 양성이 매우 많이 나온다. 나이가 많을수록 검사의 유용성이 높아져서, 영국 국립보건임상연구원에 따르면 50세 이상 여성에게는 비용 대비 효과가 충분히 높다.[10] 어쨌든 베이즈를 모르고는 판단이 불가능한 문제다.

예비 부모들도 베이즈를 알아두면 좋다. '비침습적 산전검사NIPT'라고 하는 진단검사가 있는데 임신부의 혈액을 채취해 태아의 각종 염색체 특성을 검사하는 방법이다. 영국 NHS에서는 고위험군 여성에게 이 검사를 제공하며, 민간 병원을 통해서도 500파운드(한화 약 80만 원) 정도의 비용으로 받을 수 있다.

검사의 정확도가 99퍼센트라고 광고하지만, 역시 그 정보만으로는 검사 결과가 옳을 가능성이 얼마인지 전혀 알 수 없다. 이 검사로 알아볼 수 있는 질환은 다운증후군, 파타우증후군, 에드워드증후군 등 모두 희귀 질환이다. 동시에 매우 심각한 질환이기도 하다. 다운증후군을 가진 아이는 행복하게 오래 살 수 있긴 하나 평생 돌봄이 필요한 경우가 많고, 파타우증후군이나 에드워드증후군을 가진 아이는 출생 후 수개월 또는 수년 내에 사망하는 것이 보통이다. 그러니 산전검사 결과가 나왔을 때 그 결과가 정확한지 여부는 예비 부모들에게 대단히 중요한 문제다.

한 연구 결과에 따르면[11] NIPT를 고위험군 여성에 국한하지 않고 일반적으로 시행하는 경우 거짓 양성이 빈발하는 것으로 나타났다. 다운증후군의 경우 양성으로 나온 결과가 참 양성일 확률('양성예측도'라고 한다)은 82퍼센트였고, 파타우증후군은 49퍼센트, 에드워드증후군은 37퍼센트에 불과했다.

그러나 고위험군에 국한해 검사하면 그 확률이 대폭 높아진다. 가령 에드워드증후군의 경우 84퍼센트로 뛰어오른다. 다시 말해 모든 임신부를 대상으로 검사하면 양성 결과의 거의 3분의 2가 거짓이지만, 고위험군만을 대상으로 검사하면 6분의 1

미만이 거짓이다.

역시 전형적인 베이즈 추론이다. 데이터가 나왔어도 데이터만으로는 상황을 제대로 파악할 수 없고, 사전확률을 알아야 한다. 이 문제는 가상의 문제도 아니고 책 속에만 나오는 문제도 아니다. 당신이 아이를 가졌는데 유전질환 여부를 알려고 산전검사를 받아봤더니 결과가 양성이라면, 어떻게 할 것인가. 베이즈 정리는 여기서 판단을 내리는 데 핵심적인 수단이 된다. 그리고 뒤에서 알아보겠지만 의사들도 이런 확률 문제에는 꼭 능하다고 할 수 없어서, 일반인과 똑같은 실수를 저지르곤 한다. 즉, 정확도가 99퍼센트인 검사는 99퍼센트의 확률로 옳으리라고 짐작하는 경향이 있다.

의료 분야에서만 그런 것이 아니다. 법률 분야로 가면 '검사의 오류prosecutor's fallacy'라는 것이 있다. 한마디로 베이즈적 사고를 하지 않아서 발생하는 오류를 가리킨다. 범죄 현장에서 DNA 검사를 하는 경우를 생각해보자. 살인에 사용된 흉기에서 DNA를 채취해 검사해보니 당신이 보유한 DNA 데이터베이스에서 일치하는 사람이 한 명 나왔다. DNA 검사는 매우 높은 정밀도를 자랑하기에 그 정도의 일치율이 나올 가능성은 300만분의 1에 불과하다.

자, 그렇다면 이 용의자가 무고할 가능성은 300만분의 1밖에 안 된다는 결론을 내리면 될까? 벌써 짐작했겠지만, 그렇지 않다.

사전확률을 알아야 한다. 이 사람이 범인이라고 생각할 만한 다른 이유가 딱히 있는가? 아니면 당신이 보유한 데이터베이스라는 것이 그저 전체 영국인 중에서 무작위로 뽑은 자료일 뿐인가? 후자가 맞다면 이 사람이 범인일 사전확률은 영국 인구가 6500만 명이고 범인은 한 명이니 6500만분의 1이다. 만약 모든 영국인을 대상으로 DNA 검사를 한다면 범인 외에도 우연히 일치하는 사람이 약 20명 정도 나올 것이다. 따라서 이 용의자가 범인일 확률은 대략 5퍼센트밖에 되지 않는다.

그러나 사전에 용의자를 10명으로 좁혀놓았다면 어떨까. 가령 추리소설에서처럼 폭설로 산장에 갇힌 투숙객 10명 중에 범인이 있다면? 그렇다면 이야기가 많이 달라진다. 사전확률이 10퍼센트나 된다. 그 10명 중에 DNA 검사 결과가 일치하는 사람이 있다면 거짓 양성일 확률은 30만분의 1에 불과하다.*

다시 강조하지만 이는 사소한 문제가 아니다. 실제로 그런 논리에 따라 판가름난 재판 사례들이 있다. 1990년 DNA 증거 등에 근거해 강간죄로 유죄 판결을 받은 앤드루 딘의 사례가 한 예다. 범행 현장에서 채취된 DNA가 그의 것이 아닐 확률은 300만분의 1에 불과하다는 전문가 증언이 있었다. 그러나 이 판결은 이후에 뒤집힌다(다만 앤드루 딘은 재심 결과 결국 유죄 판결을 받았다). 한 통계학자의 설명을 옮기면[12] "무고

---

* 물론 그렇다고 해서 그 사람이 무고할 확률이 반드시 30만분의 1이라고는 할 수 없다. 범인이 아닌데 우연히 DNA가 흉기에 남았을 수도 있으니까.

한 사람이 DNA 검사 결과가 일치하는 것으로 나올 가능성은 얼마인가?"와 "DNA 검사 결과가 일치하는 것으로 나오는 사람이 무고할 가능성은 얼마인가?"는 전혀 다른 질문이기 때문이다. "어떤 인간이 교황일 가능성은 얼마인가?"와 "교황이 인간일 가능성은 얼마인가?"가 전혀 다른 질문인 것처럼.

그런가 하면 정반대의 오류를 저지르는 경우도 있다. 전직 미식축구 선수 O. J. 심슨이 아내를 살해한 혐의로 기소된 재판에서 검찰은 심슨이 아내에게 폭력을 행사하곤 했다고 지적했다. 이에 맞서 변호인 측은 "아내를 때리는 남편 중 아내의 살해에 이르는 경우는 한 해에 2,500분의 1도 되지 않는 극히 적은 비율에 불과하다"고 주장했다.[13]

이는 '검사의 오류'와 정반대의 실수다. 아내를 때리는 남편이 아내를 살해할 확률이 연간 2,500분의 1에 불과한 게 맞다고 해도, 여기서 적절한 질문은 그게 아니다. 올바른 질문은 다음과 같다. '아내를 때리는 남편이 있는데, 아내가 살해되었다면, 범인이 남편일 확률은?'

독일의 심리학자이자 리스크 연구가인 게르트 기거렌처는 이렇게 설명한다.[14] 2,500분의 1이라는 숫자가 맞다고 치면, 가정 폭력을 겪는 여성 10만 명당 약 40명이 살해된다. 한편 미국 여성 전체를 대상으로 한 살인 범죄의 비율, 즉 기저율(기본 바탕이 되는 비율)은 10만 명당 약 5명이다.

다시 말해 가정 폭력을 겪는 미국 여성이 남편에게 살해될 사전확률은 연간 2,500분의 1이지만, 이제 우리는 이 여성이 실제로 살해되었다는 사실을 알고 있다. 따라서 그 새 정보를 바탕으로 기존의 확률을 갱신해야 한다.

그럼 베이즈 계산을 해보자. 가정 폭력을 겪는 여성 10만 명이 있다고 하자. 한 해 동안 그중 99,955명은 살해되지 않고, 45명은 살해된다고 볼 수 있다. 그런데 그 45명 중 40명이 남편에게 살해되는 경우다. 변호인 측은 사전확률만을 참고하고 새로운 정보를 무시했으니, '검사의 오류'와 반대되는 오류를 저질렀음을 알 수 있다.

베이즈 정리는 이런 식의 논리적 오류를 밝혀주는 데 그치지 않고, 한층 더 심오한 원리를 드러내준다. 통계와 확률은 보통 어떤 결과가 우연히 나올 가능성을 알려준다. 예컨대 내가 평범한 주사위 세 개를 굴린다면, 6이 세 개 나올 확률은 216분의 1이다. 내가 범죄 현장에 가지 않았다면, 채취된 DNA와 내 DNA가 일치할 확률은 300만분의 1이다.

그러나 우리가 알고 싶은 건 그게 아닐 때가 많다. 예컨대 내가 주사위 도박을 하는데 상대방이 속임수를 쓸까봐 우려된다면 이런 것이 궁금할 것이다. '저 사람이 주사위를 굴렸는데 6이 세 개 나왔다면, 주사위가 조작되지 않았을 확률은 얼마인가?' 또 어떤 사람의 DNA가 범죄 현장에서 채취된 DNA와 일치한다면, 그저 우연히 일치했을 확률은 얼마인지 궁금할 것이다. 앞서와 반대 방향의 질문들이다.

역사적으로 아주 오랜 세월 동안 확률이라고 하면 첫 번째 종류의 질문을 다루는 일이었다. 그러다가 18세기에 토머스 베이즈가 두 번째 종류의 질문을 던지기 시작했고, 이후 그런 확률을 **역확률**inverse probability이라고 부르게 되었다.

앞으로 차차 살펴보겠지만, 기이할 만큼 논란이 많은 주제다. 한 줄짜리 공식에 불과한 베이즈 정리를 놓고 열혈 신봉자도 있고 적대자도 있다. 구의 표면적을 구하는 공식이라든지 오일러 항등식을 놓고 인터넷에서 험악한 말싸움이 오가는 장면은 아마 상상하기 어려울 것이다.

베이즈식으로 생각하면 모든 게 달라지기 때문이 아닐까. 예컨대 어떤 실험 결과가 나왔을 때 가설이 옳을 가능성은? '가설이 옳지 않을 때 그런 실험 결과가 나올 확률'은 쉽게 얻을 수 있지만, 둘은 다른 이야기다. 전자를 추정하려면 베이즈 방식을 써야 하며, 사전확률이 있어야 한다.

그뿐만이 아니다. 불확실한 상황에서의 모든 결정은 베이즈 방식을 따른다. 아니, 정확히 말하면 베이즈를 따라야 이상적인 결정이 가능하다. 베이즈를 제대로 적용하는 만큼 제대로 된 결정을 할 수 있다. '모든 사람은 죽는다. 소크라테스는 사람이다. 그러므로 소크라테스는 죽는다'의 삼단논법으로 대표되는 고전논리도, 1과 0의 확률만 존재하는 특수한 형태의 베이즈 추론이다.

인간은 베이즈 기계라고 할 수 있다. 일단 꽤 높은 수준에서 봤을 때 그렇다. 우리는 베이즈 정리의 공식을 정확히 계산하는 데는 영 서툴지만, 일상에서 이런저런 결정을 내리는 모습을 보면 이상적인 베이즈 추론에 따라 결정하는 것과 별반 차이가 없다. 그렇다고 모든 사람이 의견 일치에 이르는 건 아니다. 두 사람이 사전에 가진 믿음이 크게 다르다면, 똑같은 증거를 접하고도 서로 전혀 다른 결론에 이를 수 있다. 그래서 기후변화, 백신 등 증거가 충분해 보이는 현안을 놓고도 사람에 따라서는 진심으로 완전히 다르게 생각할 수 있는 것이다.

그런가 하면 인간은 더 깊숙한 수준에서도 베이즈 방식을 따른다. 우리의 뇌와 지각 기능은 세상을 일단 예측한 다음(사전확률) 감각에서 얻은 정보(새 데이터)와 비교해 예측을 갱신하는 방식으로 작동한다고 볼 수 있다. 우리 의식 속의 세상 경험은 한마디로 우리의 사전확률이라고 할 수 있다. '나는 예측한다. 고로 나는 존재한다'고 해야 할 것이다.

1

《공동기도서》에서 알몸 공연까지

EVERYTHING IS PREDICTABLE

토머스 베이즈의 삶

런던 동부 쇼어디치의 올드스트리트 지하철역 근처에는 번힐 필즈라는 묘지가 있다.

그곳에는 많은 유명인이 묻혀 있다. 몇 명을 꼽자면 시인이자 화가 윌리엄 블레이크, 《로빈슨 크루소》와 《전염병 일지》의 저자 대니얼 디포, 《천로역정》의 저자 존 버니언 등이다.

그러나 나 역시 몇 번 그랬듯이 지하철역에서 내려 인근의 왕립통계학회를 찾는 부류의 사람들에게 번힐은 토머스 베이즈 목사가 잠들어 있는 곳으로 가장 잘 알려져 있다.

베이즈는 18세기의 장로교 목사이자 아마추어 수학자였다. 생전에 그는 신학서 한 권과 뉴턴 미적분학에 관한 책 한 권을 썼다. 그러나 그의 최대 역작은 바로 〈기회 학설에서 나타나는 한 가지 문제의 해법에 관한 소론〉이라는 제목의 짧은 저술이다.[1] 사후에 남긴 미완성 원고를 친구 리처드 프라이스가 발견하고 편집하여 학술지 〈철학회보〉에 게재한 것이다.

베이즈가 그 글에서 제시한 개념이 바로 이 책의 주제다. 베이즈 정리는 무지 간단해 보이지만, 역사상 가장 중요한 공식이라고 해도 과언이 아닐 것이다. 그러나 베이즈라는 인물에 대해서는 알려진 사실이 많지 않다. 출생 연도조차 '아마' 1701년일 것으로 추정할 뿐이니 정보가 얼마나 없는지 짐작이 갈 것이다.

캐나다 워털루대학교 통계학과의 명예교수 데이비드 벨하우스는 2004년 〈통계학〉 학술지에 베이즈의 생애에 관한 글을 기고했다.[2] 그의 지적에 따르면 문제는 베이즈가 비국교도였다는 점이다. 다시 말해 베이즈는 잉글랜드 국교회의 교리에 반하는 교파에 속해 있었다.

왜 그게 문제가 되는지 설명하려면 몇 세기 전으로 거슬러 올라가야 한다. 1533년 잉글랜드 국왕 헨리 8세가 앤 불린과 결혼하기 위해 가톨릭 교회와 결별하고 잉글랜드 국교회(성공회)를 설립한 것은 잘 알려져 있다. 헨리가 왕비 여럿을 차례로 두었다가 1547년 사망한 후, 1549년 크랜머 대주교는 각종 기도문을 수록한 《공동기도서》라는 책을 잉글랜드의 모든 교회에서 예배에 사용하도록 의무화했다.[3]

헨리의 딸 메리 1세는 이에 반대하여 1553년 《공동기도서》를 폐지했고, 크랜머를 이단죄로 화형에 처하기까지 했다. 그러나 몇 년 후 엘리자베스 1세가 다시 《공동기도서》를 도입했고, 잉글랜드 내전이 일어나기 전까지 거의 한 세기 동안 이 기도서는 계속 사용되었다.

1649년 찰스 1세가 처형된 후 1660년 왕정이 복고되기 전까지의 공화정 시기에는 예배 방식에 대한 규제가 완화됐지만, 1662년 의회는 '통일법'을 통과시켜 모든 예배에 다시 《공동기도서》를 사용하도록 의무화했다.

이 즈음 일부 성직자들은 올리버 크롬웰의 공화정 체제에서 누렸던 자유에 이미 익숙해져 있었다. 주로 청교도 계통이었던 약 2,000명의 성직자들이 통일법을 거부하면서 성공회에서 쫓겨났다. 이들 중 상당수는 지방 지주층의 비호 아래 목회 활동을 이어갔고, '국교 반대자' 또는 '비국교파'로 불리게 되었다.

1688년 '관용법'이 통과되면서 장로파와 퀘이커 등을 아우르는 비국교파에게도 예배의 자유가 허용되었다. 이제 비국교도는 (당시 가톨릭교도와는 달리) 비밀리에 예배를 드리지 않아도 되었다. 그러나 예배당은 인가를 받아야 했고, 공직을 맡을 수 없었으며, 잉글랜드의 대학에 진학하는 것도 금지되었다. 비국교파 신학자와 목사 지망생들은 대신 스코틀랜드의 에든버러대학교나 네덜란드의 라이덴대학교 등으로 발길을 돌렸다.

베이즈 가문은 비국교파였고, 부유했다. 토머스의 증조부 리처드 베이즈가 셰필드에서 철강업 호황기에 식탁용 날붙이를 만들어 부자가 됐다. 리처드와 아내 앨리스는 슬하에 두 아들이 있었는데, 그중 새뮤얼은 성직자의 길을 갔다. 당시 부유한 집안의 자제는 국교파든 비국교파든 진로를 그렇게 택하는 경우가 많았다. 새뮤얼은 운 좋게 공화정 시기에 대학에 갈 나이가 되어 케임브리지의 트리니티 칼리지에 입학할 수 있었고, 1656년에 졸업했다. 비국교도임에도 불구하고 노샘프턴셔에서 교구 목사가 되었지만, 1662년 통일법 준수를 거부한 성직자 2,000명의 대열에 참여하면서 교구에서 쫓겨났다. 다른 아들 조슈아(토머스의 할아버지)는 아버지 리처드의 뒤를 이어 가업에 종사했다.

베이즈 가문은 이 시기에 비국교 신앙의 전도에 상당히 열심히 매진했던 것 같다. 조슈아는 셰필드에 교회를 짓는 데 자금을 댔고, 그의 사위들은 다른 교회를 설립하고 그곳에서 목사로 일했다(조슈아는 네 딸과 세 아들을 두었는데 두 딸과 한 아들은 유아기에 사망했다).

조슈아의 둘째 아들은 이름이 아버지와 같은 조슈아였고, 1671년에 태어났다. 잉글랜드 북부의 한 비국교파 학교에서 철학과 신학을 공부했는데, 학교는 정부의 핍박과 박해로 빈번히 위치를 옮겨야 했다. 졸업 후에는 런던의 여러 교회에서 목사로 일했는데, 벨하우스 교수에 따르면 "목회자로서뿐만 아니라 학자로서" 교인들의 존경을 받았다고 한다.

조슈아는 전형적인 청교도 스타일의 가정적인 남자였고, 자녀도 무척 많이 두었다. 1700년 10월에 아내 앤과 결혼했지만 정확한 날짜는 알려지지 않았는데, 비국교파 교회에서 결혼했기 때문일 것이다. 모든 국민의 출생, 사망, 결혼 기록은 국교회에서 관리했는데, 비국교파의 기록은 "종교적 차별을 우려하여 비밀로 하거나 아예 보관하지 않는" 경우가 많았다고 한다.

같은 이유로 조슈아와 앤이 슬하에 둔 일곱 자녀의 생년월일도 알려지지 않았다. 일곱 명 모두 탈 없이 장성했는데, 당시로서는 드문 일이었다. 18세기 초 잉글랜드에서는 태어난 아이의 약 3분의 1이 5세 이전에 사망했다.[4] 첫째 토머스는 1761년 4월에 59세의 나이로 사망했다고 알려져 있으므로, "0.8의 확률로"[5] 1701년생, 아니면 1702년생일 것이다. 그 밑의 동생들은 순서대로 메리, 존, 앤, 새뮤얼, 리베카, 너새니얼이었다. 사망한 연도와 나이는 모두 알려져 있으나(존이 1743년 38세로 가장 어린 나이에 죽었고, 리베카는 82세까지 살았다) 정확한 생년월일은 알 수 없다.

이들은 당시 부유하고 교육받은 집안 사람들이 흔히 가던 길을 갔다. 존은 런던의 법학원에서 법학을 공부하고 1739년에 변호사 자격을 취득했다. 새뮤얼과 너새니얼은 조부와 증조부처럼 상업에 종사했다. 새뮤얼은 포목상, 너새니얼은 식료품상이었다. 앤과 리베카는 자신들과 사회적 지위가 걸맞는 부유한 남자(각각 직물상과 변호사)와 결혼했다. 그리고 토머스는 아버지의 뒤를 따라 비국교파 목사가 되었다.

토머스는 어렸을 때 가족과 친분이 있던 존 워드라는 이에게 교육을 받은 것 같다. 워드는 후에 케임브리지 그레셤 칼리지의 수사학 교수가 되었고 왕립학회 회원을 지내기도 한 사람이다. 워드는 《그레셤 칼리지 교수들의 삶》이라는 퍽이나 흥미로

워 보이는 제목의 책을 썼는데 토머스의 아버지가 출판 비용을 대주었다. 워드의 전기 작가에 따르면 워드는 "친구들의 자녀 중 몇 명의 교육을 어쩌다가 맡게 되어" 런던 북쪽 지역에 학교를 세웠다고 한다.[6] 토머스가 소년 시절 수학자 아브라함 드무아브르에게 교육받았다는 말도 있지만 그건 추측에 불과한 듯하다.[7] 드무아브르는 확률론의 선구자 중 한 명으로, 프랑스에서 런던으로 망명하여 가정교사로 생계를 유지했던 사람이다.

토머스는 똑똑한 소년이었다. 1720년 토머스가 18세 또는 19세였을 때 워드가 보낸 편지를 보면 토머스가 그리스어와 라틴어를 유창하게 읽을 수 있었음을 알 수 있다(편지 자체가 라틴어로 쓰여 있다). 워드는 이 편지에서 라틴어 작문 솜씨를 키우는 방법을 조언해주고 있다.

토머스는 비국교도였기에 집안의 부와 인맥, 그리고 자신의 뛰어난 두뇌에도 불구하고 잉글랜드의 대학에 입학할 수 없었다. 대신 1719년 에든버러로 가서 논리학·형이상학 교수 콜린 드러먼드 밑에서 공부한 것으로 보인다. 워드의 1720년 편지를 읽어보면 토머스가 수학도 공부하여 워드를 흡족하게 했음을 알 수 있다. "네가 그 밖의 공부를 차근차근 해나가는 모습을 매우 높이 평가할 수밖에 없구나. 수학과 논리학 공부에 함께 전념하다 보면 그 훌륭한 도구 두 가지가 저마다 사고와 감각의 방향을 잡는 데 어떻게 얼마나 도움이 되는지 더 확연하게 알 수 있을 거다."

그러나 그가 에든버러에 있었던 주된 이유는 신학을 공부하여 목사가 될 준비를 하기 위해서였다. 1720년에는 신학대학에 들어갔고, 그곳에서 연구의 일환으로 마태복음 구절에 대한 분석을 제출한 기록이 있다. 마지막 제출일이 1722년 1월로 되어 있으니, 적어도 그때까지는 에든버러에 머물렀을 것이다.

그 후 알려진 행적이 없다가 불쑥 런던에 등장해, 1728년에 장로파, 독립파, 침례파로 구성된 한 위원회에 제출된 목사 명단에 이름을 올리고 있다. 토머스의 아버지 조슈아가 위원회 위원으로 자주 참여했고 때때로 위원장을 맡기도 했다. 그 당시 토머스는 공인 목사 자격은 있었지만 아직 교회에 부임하지는 않았으며, 1732년에 아버지가 있던 런던의 한 교회에 부임한 것으로 그 해의 명단에 기록되어 있다. 1734년 초에는 켄트주의 턴브리지웰스로 자리를 옮겨 자신의 교회를 이끌었다.

토머스 베이즈의 신앙이 정확히 어떤 것이었지는 알 수 없다. 비국교파였던 것은 맞는데, 그것만으로는 막연하다. 어쨌든 당시로서는 매우 이례적인, 심지어 명백히 이단적인 믿음을 가지고 있었을 가능성이 높다.

그는 성공회도 아니요, 가톨릭도 아니었다. 두 교파는 다르긴 하지만 그렇게 큰 차이는 없어서, 외부인 시각에서 보면 비교적 사소한 차이점이 있을 뿐이다. 가톨릭에서는 교회를 통해서만 구원이 가능하다고 믿는 반면, 성공회에서는 예수 그리스도를 믿고 그 가르침을 따르면 평생 사제를 만난 적이 없어도 천국에 갈 수 있다고 믿는다. 가톨릭은 성찬식에서 빵과 포도주가 문자 그대로 그리스도의 몸과 피로 변한다고 믿지만, 대부분의 성공회 신자는 거기에 그리스도의 영이 깃드는 것뿐이라고 본다. 그러나 성부, 성자, 성령의 삼위일체를 믿고 하느님이 본질은 하나이되 위격은 셋이라고 믿는다는 점에서는 두 교파가 동일하다.

그러나 비국교파 중에는 교리가 이와 전혀 다른 경우도 있었다. 특히 아리우스파와 소치니파는 삼위일체를 부정했기에 주류 기독교에서 이단으로 간주됐다. 아리우스파는 성부 하느님이 최고의 신이며, 그 아들 예수는 작은 신으로서 육신으로 지상에 내려오기 전부터 항상 존재했다고 믿었다. 반면 소치니파는 예수가 작은 신이라는 생각은 같지만 육신으로 탄생하는 순간 비로소 존재하게 되었다고 믿었다. 이후 이 두 이단에서 나온 것이 유니테리언주의로, 삼위일체를 부정하는 데 그치지 않고 더 나아가 하느님이 유일한 신이며 예수는 신성이 없다고 했다.

이러한 믿음은 18세기 장로파 신도들 사이에서 꽤 널리 퍼졌다. 벨하우스에 따르면 "장로파는 사실 자유사상가들"이었지만, 그럼에도 불구하고 이들 이단 신앙은 장로파 내에서 갈등을 유발했다. 1719년에는 제임스 피어스와 조지프 핼릿이라는 두 목사가 아리우스파 이단으로 낙인 찍혀 잉글랜드 남부 엑시터의 장로교회에서 추방당했다.[8]

베이즈의 첫 저서는 신학에 관한 것으로, 《신의 자비: 신의 섭리와 통치의 주된 목적은 피조물의 행복임을 증명하려는 시도. 〈신의 올바름: 신의 도덕적 완벽성에 관한 탐구〉라는 소책자에 대한 답변으로서, 미와 질서, 형벌의 이유, 완전한 행복에 선행하는 시련 단계의 필요성 등에 관해 제시된 견해를 반박함》이라는 제목이었고 1731년에 출판됐다.[9] 베이즈의 이름은 저자란에 적혀 있지 않지만(제목이 길어서 적을 공간도 없었을 것 같다), 베이즈의 저작으로 널리 인정되고 있다. 친구 리처드 프라이스가 자신의 글에서 언급하면서 저자를 베이즈로 지목하고 있다.

《신의 자비》는 신정론神正論에 관한 저술이었다. 신정론이란 전능하고 자비로운 하느님이 왜 세상에 악의 존재를 허용하는지 설명하려는 시도다. 데이비드 흄이 에피쿠로스를 인용한 것으로 보이는 다음 발언에 그 문제의식이 담겨 있다. "하느님은 악을 막을 의지는 있지만 능력이 없는가? 그렇다면 하느님은 무능하다. 능력은 있지만 의지가 없는가? 그렇다면 악하다. 능력과 의지가 둘 다 있는가? 그렇다면 악은 어디에서 비롯되는가?"[10]

베이즈의 책은 성공회 신학자 존 밸가이의 소책자에 대한 반론이었다. 밸가이는 세상에 고통이 생겨나는 이유는 하느님의 선이란 "옳고 합당한" 일을 하는 것이기 때문이며 이는 인간에게 꼭 즐거운 일은 아니라고 주장했다.[11] 이에 반해 베이즈는 하느님이 실제로 자비로우며 인간이 행복하기를 원한다고 믿었다. 그러나 행복하지 않은 사람이 많은 현실에서, 베이즈의 논증 상당 부분은 하느님이 우리를 행복하게 해줄 수 있고 그러고 싶어함에도 불구하고 그러려고 하지 않을 수 있는 이유를 설명하는 데 할애됐다. 베이즈의 책은 상당한 논란을 낳았으며 널리 읽혔던 것으로 보인다.

그러나《신의 자비》는 베이즈 자신의 신앙은 다루지 않는다. 베이즈의 아버지 조슈아는 "다양한 견해를 포용하는 온건 칼뱅주의자"였다고 전해지지만,[12] 토머스 베이즈는 아마 아리우스파 또는 소치니파였을 것이며 "유니테리언주의자로 반쯤 기울었을" 것이라고 벨하우스는 주장한다. "평범한 정통 기독교도는 아니었다"면서 "장로교 목사 교육을 받았지만, 아마 소치니파였을 것"이라고 한다.

단서는 그의 교우 관계다. 그는 제임스 포스터라는 사람과 친구였다. 포스터는 역시 비국교파 목사로서, 아리우스파로 낙인 찍혀 엑시터에서 쫓겨난 두 목사와 친구지간이기도 했다. 포스터는 〈종교의 근본에 관한 소론〉이라는 소책자를 쓰기도 했는데,[13] 삼위일체가 기독교의 본질이 아니라고 주장하는 내용이었으니, 위험하리만치 이단적인 이야기가 아니었나 싶다.

베이즈는 윌리엄 휘스턴과도 어울렸다. 휘스턴은 아이작 뉴턴의 후임으로 케임브리지대학교의 수학 석좌교수 자리에 오른 사람이다. 어느 날 아침 식사 자리에서 휘스턴과 뉴턴은 베이즈에게 주말에 지역 성공회 교회에서 있을 설교에 아타나시우스 신조가 포함되리라 생각하는지 물었다(아타나시우스 신조는 삼위일체 교리에 관한 신앙 고백문이다). 휘스턴은 그렇게 되면 예배 도중에 나가겠다고 말했고, 베이즈는 아마 그런 일은 없을 것이라며 휘스턴을 안심시켰다.

베이즈는 또한 사망 후 존 호일과 리처드 프라이스라는 두 명의 런던 비국교파 목사 앞으로 200파운드를 남기는데, 두 사람 모두 아리우스주의를 신봉했으며 두 사람의 교회는 모두 나중에 유니테리언 교회가 되었다. 특히 프라이스는 베이즈와 절친한 친구였다. 베이즈 사후에 생전의 원고를 편집하여 출간함으로써 베이즈 정리를 세상에 알린 것도 프라이스였다.

토머스 베이즈는 상류사회의 일원으로 살았다. 동료들은 주로 대학 교육을 받았고 더 나아가 신학 박사 학위가 있는 이들이었으며, 귀족 출신이 많았다.[14] 워드나 휘스턴 같은 저명인사들과 교류한 것을 보아도 알 수 있다. 턴브리지웰스에서도 베이즈는 유명하거나 인맥이 넓은 사람들과 계속 어울렸다. 그중 가장 중요한 인물은 제2대 스탠호프 백작인 필립 스탠호프라고 할 수 있다.

당시 턴브리지웰스는 "주로 관광 도시"였다.[15] 런던에서 마차로 하루 안에 당도할 수 있었고, 관광지로 명성이 자자한 대규모 온천이 있었다. 일곱 살에 아버지를 여의고 백작이 된 스탠호프는 턴브리지웰스에서 단 몇 마일 거리의 치브닝에 본가가 있었고, 20대 초반부터 이 온천의 단골이었다. 스탠호프는 1713년생으로 베이즈보다 어렸다.

젊은 백작은 열렬한 아마추어 수학자였다. 어릴 때는 후견인인 삼촌이 수학 대신 문학 쪽으로 관심을 돌려보려고 했지만,

성년이 되고 나서는 수학에 열정적으로 몰두하기 시작했다. 당대의 한 기록에 따르면 "신학, 형이상학, 수학 쪽으로 책을 퍽 많이 읽었다"고 하며,[16] "항상 수첩에 수학 기호를 끄적대고 있어서 사람들의 절반은 그를 마술사로, 절반은 바보로 여겼다"는 기록도 있다.[17]

스탠호프는 과학계와 수학계에 인맥이 아주 넓었던 것으로 보인다. 그의 인맥으로는 베이즈를 비롯하여 글래스고대학교의 수학자 로버트 스미스(유작을 스탠호프가 출간해주었다), 산소를 발견한 화학자 조지프 프리스틀리, 신학자이자 과학자이며 아이작 뉴턴의 친구인 존 임스 등이 있었다. 이상의 모든 이들을 포함해 스탠호프의 인맥 중 다수가 각종 비국교도였으며, 또 대부분은 직업이 아닌 취미로 과학 연구를 하던 이른바 '신사 과학자gentleman scientist'들이었다.

벨하우스는 베이즈에 대해 이렇게 말한다. "오늘날의 학자와는 다른 모습이었다. 말하자면 아마추어 고수나 명인에 가까웠다. 연구 목적이 따로 있다기보다 재미로 하는 연구였다."

스탠호프나 베이즈나 여가는 많고 본업은 힘들지 않은 데다 똑똑한 남성이었으니, 수학을 취미로 할 수 있었다. 벨하우스의 설명을 옮기면, "18세기에는 부자들이 과학을 했다. 오늘날 부자들이 프로 구단을 소유하는 것과 비슷했다."

두 사람은 정기적으로 편지를 주고받았으며, 편지들은 비교적 최근에 스탠호프의 유품 중에서 발견되었다. 스탠호프가 베이즈를 처음 만난 것은 1730년대였던 것 같다. 베이즈의 논문

〈유율법流率法 입문〉을 만남 직전에 입수했거나[18] 만남 직후에 선물받은 것으로 보인다.

〈유율법 입문〉은 철학자 조지 버클리의 공격에 맞서 뉴턴의 미적분학을 옹호한 글이다. 베이즈는 뉴턴의 열렬한 지지자였다. 벨하우스는 이렇게 말한다. "비국교도 중에는 수학이 뉴턴 역학을 거쳐 무신론으로 이어질 수 있다는 이유로 수학을 가르치길 꺼려하는 이들도 있었다. 그러나 비국교도의 절대다수는 수학 공부가 중요하다는 입장이었다. 하느님이 창조한 세상을 이해해야 한다는 것이었다."

버클리는 뉴턴이 한마디로 '0으로 나누기' 오류를 범했다고 주장했다. 주요 공식의 한 항이 0이면서 동시에 0이 아니기 때문에 뉴턴의 '유율법'은 본질적으로 모순이라는 것이었다. 베이즈는 이에 대해 반론을 펴면서, 뉴턴의 정의를 더 엄밀히 다듬어 각 항의 의미를 명확히했다.

베이즈는 이후에 무한급수와 미분의 관계를 연구했다. 미분값은 그래프의 기울기를 가리킨다. 가령 시간(초)에 대해 거리(미터)를 나타낸 그래프가 있다면, 그래프의 기울기가 속도(미터/초)를 나타낸다. 그래프가 직선이면 속도가 일정하고, 곡선이면 속도가 변한다. 미분값은 어떤 지점에서 측정한 그래프의 기울기로, 어떤 거리 또는 시간에 해당하는 속도가 된다. 여기서 한 걸음 더 들어가 속도를 시간으로 나누면 가속도가 나온다. 가속도는 시간에 대한 거리의 2차 미분이 된다.

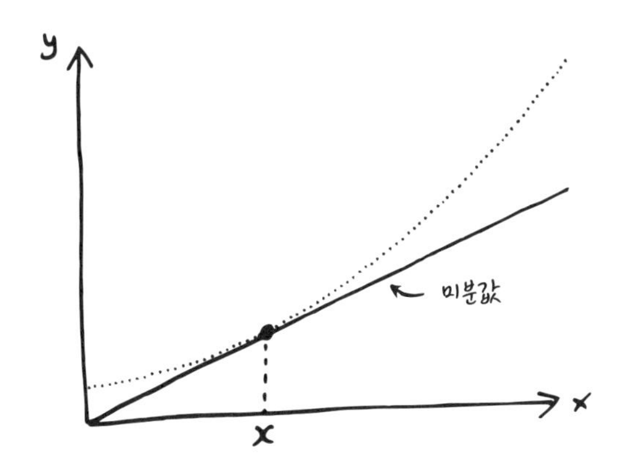

한편, 무한급수는 무한히 이어지는 수열의 합을 가리킨다. 예컨대 $x=1+2+3+4+5\cdots$ 같은 것으로, 여기서 x의 값은 무한대가 된다. 그러나 무한급수의 값이 항상 무한대인 건 아니다. 가령 $x=(1/2)+(1/4)+(1/8)+(1/16)+(1/32)\cdots$도 무한급수지만 x의 값은 1이 된다.

베이즈는 미분을 무한급수로 표현할 수 있음을 보였다. 즉, y의 미분값=(시간 T에서의 y 값)−(시간 T+1에서의 y 값의 1/2)+(시간 T+2에서의 y 값의 1/3)…이라고 했다. 아주 깔끔한 정리인데, 스탠호프와 베이즈가 둘 다 세상을 떠나고 오랜 시간이 흐른 뒤에야 스탠호프의 서류 속에서 발견됐다("1747년 8월 12일에 베이즈 씨가 턴브리지웰스에서 내게 언급한 정리"라는 짧은 메모만 적혀 있다). 벨하우스의 견해에 따르면, 이 정리는 20여 년 후에야 프랑스 수학자 조제프 루이 라그랑주가 독자적인 연구를 통해 발견했다.[19]

베이즈가 확률론에 관심을 갖게 된 것은 이 무렵이었다. 하지만 그 이야기를 하기 전에 먼저 살펴봐야 할 주제가 있다. 우연적 사건을 다루는 수학의 역사를 돌아보고, 그 당시 사람들이 어떤 연구를 하고 있었는지 알아보자.

파스칼과 페르마

확률 연구의 역사라고 하면 17세기 중반 프랑스의 도박장에서부터 이야기를 시작하는 게 보통이다. 하지만 여기서는 그보다 더 이전으로 거슬러 올라가보자.

16세기 이탈리아 수학자 제롤라모 카르다노는 주사위 도박을 수학적으로 정량화하고자 시도했다. 예컨대 주사위를 네 번 던졌을 때 6이 나올 가능성은 얼마인가? 또, 주사위 한 쌍을 스물네 번 던졌을 때 6땡(둘 다 6)이 나올 가능성은?

카르다노는 이런 식으로 생각했다. 주사위를 한 번 던져 6이 나올 확률은 1/6, 약 17퍼센트다. 확률은 퍼센트 값이 아닌 0에서 1 사이의 값으로 나타내고 p라고 부르는 게 보통이다. 다시 말해 주사위를 한 번 던져 6이 나올 확률은 $p = 0.17$이다. (정확히는 0.1666666…이지만 반올림했다.)

카르다노는 주사위를 네 번 던지면 그 확률이 네 배가 되리라고 추산했다. 4/6, 즉 0.67이다. 그런데 잘 생각해보면 좀 이상하다. 주사위를 여섯 번 던진다면 6이 나올 확률이 $1/6 \times 6 = 1$, 즉 100퍼센트라는 건데, 여섯 번 던진다고 해서 6이 반드시 나올 리는 없다.

카르다노가 오해한 부분이 있는데, 0.67은 사실 주사위를 네 번 던졌을 때 6이 나오는 평균 횟수다. 평균 횟수가 어떻든 네 번 던져서 6이 세 번 나올 때도 있고, 한 번도 안 나올 때도 있기 마련이다. 6이 나올 확률은 다른 이야기다.

주사위를 네 번 던졌을 때 6이 나올 정확한 확률은 약 0.52로, 0.67과는 차이가 꽤 있다. 어쨌든 배당률이 1:1이라면 그래도 '6이 나온다' 쪽에 거는 게 살짝 유리하다. 하지만 앞에 제시했던 두 번째 문제의 경우는 더 곤란해진다. 주사위 한 쌍을 스물네 번 던졌을 때 6땡이 나올 확률을 카르다노 방식으로 계산하면, 일단 6땡이 나올 확률이 1/36이므로($p \approx 0.03$), 거기에 24를 곱하여 24/36=2/3가 된다(앞서와 똑같이 $p \approx 0.67$).

심각하게 과대평가된 수치다. 정확한 확률은 0.49로, 절반이 살짝 안 되는 값이니 베팅하지 않는 편이 유리하다. 카르다노의 계산은 어디서 잘못됐을까?

그로부터 약 한 세기 뒤인 1654년, 프랑스의 앙투안 공보(일명 슈발리에 드 메레)라는 도박사이자 아마추어 철학자가 똑같은 문제에 관심을 가졌다. 그가 직접 관찰하여 내린 결론은 앞에서 우리가 알아본 정확한 답과 같았다. 주사위 하나를 네 번 던져 6이 한 번 이상 나온다는 데 베팅하면 이길 가능성이 높고, 주사위 한 쌍을 스물네 번 던져 6땡이 한 번 이상 나온다는 데 베팅하면 질 가능성이 높다는 것이었다.

공보는 순수하게 관찰을 통해 카르다노보다 훨씬 정확한 결론에 이르렀지만, 도무지 이해가 가지 않았다. 두 경우가 왜 다른 것인가? 6 대 4와 36 대 24는 같은 비율 아닌가. 친구인 수학자 피에르 드 카르카비에게 도움을 청했지만, 둘이 머리를 맞대봐도 답이 나오지 않았다. 그래서 두 사람은 공통의 친구인 위대한 수학자 블레즈 파스칼에게 물어보았다.[20]

이 문제의 해법은 사실 그리 복잡하지 않다. 카르다노의 접근 방법은 거꾸로였다. 어떤 시행을 몇 번 했을 때 어떤 사건이 일어날 확률이 아니라, 그 사건이 일어나지 않을 확률을 구하는 게 요령이다.

먼저, 주사위 하나를 네 번 던지는 경우다. 한 번 던졌을 때 6이 나오지 않을 확률은 5/6, $p \approx 0.83$이다. 한 번을 더 던졌는데 그래도 6이 나오지 않을 확률은 0.83 곱하기 0.83으로, 0.7에 조금 못 미친다. 주사위를 한 번 더 굴릴 때마다 6이 한 번도 나오지 않을 확률은 17퍼센트씩 줄어든다.

주사위를 네 번 던졌는데 6이 한 번도 나오지 않을 확률은 $0.83 \times 0.83 \times 0.83 \times 0.83 \approx 0.48$이 된다. (간단히 나타내면 0.83의 4제곱 또는 0.83^4.) 그렇다면 6이 한 번이라도 나올 확률은 1에서 0.48을 뺀 0.52가 된다. 배당률 1:1로 100번 베팅하면 52번꼴로 승리를 기대할 수 있으니 돈을 벌 수 있다.

그러나 주사위 두 개가 6땡이 나오는 데 베팅하는 경우는 이야기가 달라진다. 한 번 굴려 6땡이 나올 확률은 앞에서 말했듯이 1/36, $p \approx 0.03$이다. 따라서 6땡이 나오지 않을 확률은

35/36, 약 0.972이다.

스물네 번을 굴렸는데 6땡이 나오지 않을 확률은 0.972의 24제곱(0.972^{24}), 계산해보면 0.51이다. 따라서 6땡이 나올 확률은 0.49다. 배당률 1:1로 100번 베팅하면 49번꼴로 승리를 예상할 수 있으니 돈을 잃는 도박이다.

(여기서 우리는 공보가 도박을 엄청나게 여러 번 벌여가면서 52퍼센트 베팅의 경우 결국 돈을 벌고, 49퍼센트 베팅의 경우 결국 돈을 잃는다는 사실을 알아낸 그 집념에 경의를 표하지 않을 수 없다. 공보는 주사위를 스물네 번 던지는 게임은 불리하고 스물다섯 번 던져야 유리하다는, 옳은 결론에 이르렀다. 공보는 주사위 굴리기를 정말 좋아한 사람이었다.)

의문을 해결한 공보는 파스칼에게 질문을 또 하나 던졌다. 두 사람이 운에 좌우되는 게임을 하고 있다고 하자. 카드든 주사위든 상관없다. 한 사람이 앞서고 있는 상황에서 어쩔 수 없이 게임을 중단해야 하는 일이 생겼다. 판돈을 어떻게 나누어야 가장 공평할까? 한 사람이 이기고 있으니 반반으로 나누는 건 적절치 않은 것 같다. 그렇다고 확실히 이긴 것도 아닌데 이기고 있는 사람에게 전부 몰아주는 것도 공평하지 않다.

이 문제에 흥미를 느낀 파스칼은 '페르마의 마지막 정리'로 유명한 피에르 드 페르마와 편지 몇 통을 주고받으며 해법을 논했다.[21]

이 문제도 몇 세기 전으로 이야기가 거슬러 올라간다. 일찍이 1494년 이탈리아 수도사 파치올리가 저서《산술, 기하, 비율 및 비례 집성》에서 비슷한 문제의 해결을 시도한 적이 있다.[22]

파치올리는 이런 예를 들고 있다. 두 선수가 구기 경기를 하고 있다. 한 골당 10점이고, 먼저 60점을 내는 사람이 승리한다.* 한 선수가 50점, 다른 선수가 20점인 상태에서 경기가 중단됐다. 상금을 어떻게 나누어야 할까?

이 경우는 발생한 총득점의 5/7가 한 선수의 몫이니, 그 선수가 상금의 5/7를 가져야 한다는 것이 파치올리의 논리였다.

그로부터 45년 뒤, 앞에서 주사위 문제에 거꾸로 접근했던 카르다노가 파치올리의 해법을 "터무니없다"며 비웃었다. 카르다노는 상황을 조금 바꾸어 제시했다. 두 선수가 10점 내기 게임을 하고 있다. 한 선수는 7점, 다른 선수는 9점을 득점했다고 하자. 이때 파치올리의 해법에 따르면 첫 번째 선수가 판돈의 절반에 가까운 7/16을 가져가고 두 번째 선수는 조금 더 많은 9/16를 가져갈 뿐이다. 두 번째 선수는 승리를 1점 앞두고 있었고 첫 번째 선수는 3점을 더 따야 하는 상황이었음을 생각하면, 확실히 불공평해 보인다.

카르다노는 더 나은 해법을 제시했다. 통계학자 프라카시 고

---

* 여담이지만, 개인적으로 너무 짜증나는 집계 방식이다. 왜 60점이고 10점인가? 그냥 6점과 1점으로 하면 안 되나?《해리 포터》시리즈에 나오는 가공의 스포츠 퀴디치도 마찬가지다. 골을 넣으면 10점이고 스니치라는 것을 잡으면 150점인데, 왜 1점과 15점이 아니라 굳이 0을 붙여야 하나? 퀴디치 얘기가 나온 김에 불평을 더 하자면, 규칙 자체도 말이 안 된다. 스니치를 잡으면 골 넣는 것보다 15배 많은 득점이 되는데 팀원들이 굳이 그 고생을 해가며 골을 넣을 이유가 없다.

루천의 평에 따르면, "그의 가장 중요한 통찰은 판돈 분배의 기준이 지금까지 몇 판을 이겼느냐가 아니라 앞으로 몇 판을 더 이겨야 하느냐가 되어야 한다는 것"이다.[23]

그러나 카르다노가 내놓은 해법은 여전히 미진했다. 카르다노는 각 선수가 앞으로 더 따야 할 점수의 '누적합'을 비교해야 한다고 주장한다. 어떤 수의 '누적합'은 그의 정의에 따르면 그 수에서 시작해 하나씩 줄여가면서 1이 될 때까지 모두 더한 값이다. 즉, 5의 누적합은 5+4+3+2+1=15가 된다.

카르다노가 제시한 예에서, 첫 번째 선수는 이기려면 3점을 더 따야 한다. 3의 누적합은 6이다(3+2+1=6). 두 번째 선수는 이기려면 1점을 더 따야 하고, 1의 누적합은 1이다(1=1). 따라서 판돈을 6:1의 비율로 두 번째 선수에게 유리하게 나눠야 한다는 게 카르다노의 결론이었다.

파치올리 방식보다는 낫고, 정답에 더 가까워진 답이다. 하지만 아직도 정답은 아니다.

여기서 파스칼과 페르마가 등장한다. 두 사람은 문제의 핵심을 정확히 짚어냈다. 중요한 건 선수들이 결승점에 얼마나 가까이 갔느냐도 아니고 출발점에서 얼마나 멀리 왔느냐도 아니다. 중요한 건 앞으로 나올 수 있는 경우의 수, 그리고 그중 각 선수가 이기는 경우의 수다.

파스칼은 페르마에게 보낸 편지에서 간단한 상황을 예로 들고 있다. 두 도박꾼이 3점 내기 게임을 하고 있다. 각자 금화 32닢을 걸어서 판돈은 64닢이다.

지금 2-2 동점인데 게임을 중단해야 하는 상황이 발생했다고 하자. 이때는 분배가 어려울 게 없다. 똑같이 32닢씩 나눠 가지면 된다.

그렇다면 그보다 한 판 전에, 2-1에서 중단하는 경우라면? 파스칼은 방금 전의 논리를 확장해서 이렇게 추론한다. 만약 그다음 판에서 2-2가 되었더라면 판돈을 똑같이 나눴을 테니, 지금 2점으로 앞선 사람은 판돈의 최소 절반은 자기 몫임을 알 수 있다. 다음 판에서 진다 해도 자기가 가져갈 돈이니까. 나머지 절반은 누가 가져갈지 아직 모른다. 그렇다면 이 사람은 상대방에게 이렇게 제안할 수 있다. "나머지 절반은 내가 딸 수도 있고, 네가 딸 수도 있어. 확률은 똑같아. 그러니 그 32닢은 반씩 나눠 갖고, 내 것이 확실한 32닢은 내가 갖는 것으로 하자." 그러면 이 사람은 32+16=48, 즉 판돈의 3/4을 갖게 된다.

아니면 이렇게 생각해볼 수도 있다. 두 도박꾼을 갑과 을이라고 하고, 갑이 2-1로 앞서 있다고 하자. 게임이 계속 이어졌더라면 나올 수 있는 경우가 네 가지 있다. (1)갑이 그다음 첫째 판과 둘째 판을 모두 이기는 경우, (2)갑이 첫째 판은 이기고 둘째 판은 지는 경우, (3)갑이 첫째 판은 지고 둘째 판은 이기는 경우, (4)갑이 첫째 판과 둘째 판을 모두 지는 경우.

을이 최종 승리하는 경우는 네 번째 경우뿐이다. 갑이 첫째 판을 이기면 3점에 도달하므로 둘째 판은 무의미하다. 즉, 네 경우 중 절반은 갑이 첫째 판만으로 최종 승리하고, 갑은 첫째

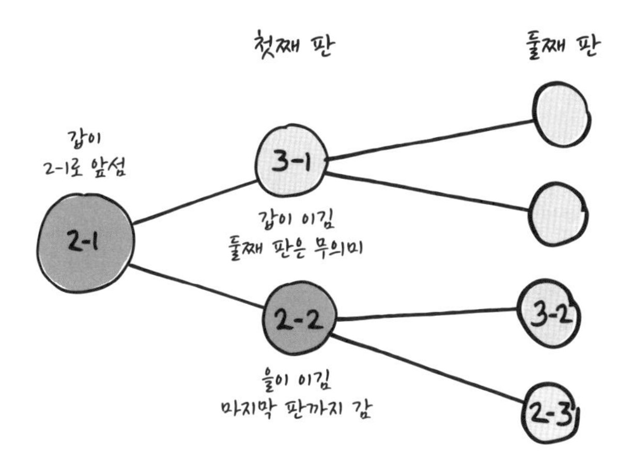

판을 진다 해도 둘째 판에서 절반의 확률로 승리할 수 있다.

따라서 2-1에서 게임을 중단해야 할 경우 판돈은 3 대 1로 나누는 것이 공평하다. 앞서와 동일한 결론이다.

파스칼은 이 논리를 확장할 수 있음을 보이고 있다. 갑이 이번엔 2-1이 아니라 2-0으로 앞서고 있다고 하자. 만약 갑이 다음 판을 이기면 최종 승리한다. 반면 다음 판을 지면 을이 2-1로 따라붙고, 그때 갑의 승리 확률은 방금 알아봤듯이 75퍼센트다. 그렇다면 갑은 이렇게 말할 수 있을 것이다. "내가 다음 판을 이기면 64닢이 전부 내 거고, 지면 48닢이 내 것인 셈이야. 그러니 내 것이 확실한 48닢은 내가 갖고, 나머지 16닢은 너와 내가 딸 확률이 같으니 반씩 나눠 갖자."

다시 말해 갑이 최종 승리할 확률이 7/8, 즉 87.5퍼센트이므로 갑이 64닢 중 56닢을 가지면 공평하다. 이번에도 그림으로 나타내면 다음과 같다.

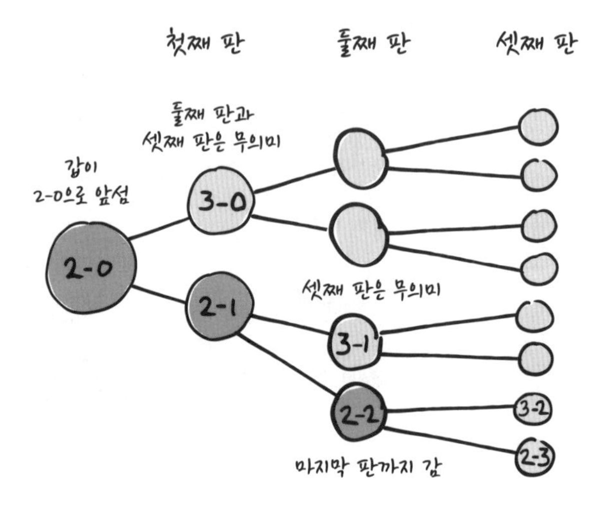

자, 그렇다면 1-0에서라면 어떻게 될까? 한 번 더 확장하면 된다고 파스칼은 말한다. 을이 첫째 판을 이기면 1-1이 되어 두 사람의 승리 확률이 같아진다. 그러나 갑이 첫째 판을 이기면 2-0이 되어, 방금 알아봤듯이 갑의 승리 확률이 7/8이 된다. 나올 수 있는 16가지 경우 중에서 갑이 이기는 경우가 11가지이므로, 갑은 64닢의 11/16인 44닢을 가지면 된다.

이 개념은 확률론의 중요한 발상이다. 지금까지 일어난 사건이 아니라 앞으로 나올 수 있는 경우가 무엇인지 살펴야 한다는 것이다. 그러나 앞에서처럼 가능한 경우의 수를 일일이 세려면 적잖은 시간이 걸리기에, 파스칼과 페르마는 그 과정을 단축할 수 있는 방법을 고민했다.

계산 방법이 있긴 한데, 남은 판 수가 많으면 복잡해지는 단점이 있다. 방법은 이렇다. 일단 최대로 남은 판 수를 구한다. 갑이 이겨야 할 판 수에 을이 이겨야 할 판 수를 더하고 1을 빼면 된다. 예를 들어 3점 내기 게임에서 현재 점수가 1-0이라면 최대로 남은 판 수는 4가 된다. (도달할 수 있는 최대 점수가 3-2, 즉 총점 5점이다.) 네 판이 남아 있다면 나올 수 있는 경우의 수는 16이다(2의 4제곱). 그다음부터가 일이다. 그중 갑이 이기는 경우가 몇 가지인지 따져야 하는데, 첨자와 그리스 문자가 잔뜩 들어간 식을 동원해야 해서 골치가 아프다.

다행히 파스칼은 쉬운 요령을 찾아냈다. 오늘날 '파스칼 삼각형'으로 불리는 방법인데, 파스칼이 처음 발견한 것은 아니다. 중국에서는 송나라 수학자 양휘가 사용하여 '양휘 삼각형'으로 불렸으며, 2세기 인도에서도 알려져 있었다. 그러나 확률 문제에 이 삼각형을 사용한 것은 파스칼이 처음이었다. 파스칼 삼각형은 아래와 같은 모습이다.

1
1 1
1 2 1
1 3 3 1
1 4 6 4 1
1 5 10 10 5 1
1 6 15 20 15 6 1
1 7 21 35 35 21 7 1

만드는 방법은 다음과 같다. 맨 위에 1을 적고, 그다음 줄부터는 간단한 규칙에 의해 적어 내려간다. 모든 숫자는 바로 위 왼쪽 숫자와 바로 위 오른쪽 숫자를 더해서 구한다. 더할 숫자 한쪽이 비어 있으면 0으로 취급한다.

파스칼은 이 삼각형을 이용해 판돈 문제를 풀 수 있다는 사실을 발견했다. 방금 들었던 예제를 다시 풀어보자. 최대로 남은 판 수가 넷이므로 맨 위에서 네 줄을 내려온다(첫 줄을 0번 줄로 간주한다). 갑이 두 판을 더 이겨야 하므로 왼쪽의 숫자 두 개를 제거한다. 남은 숫자를 모두 더하고 그 줄의 총합으로 나누면 승리 확률이 나온다.

실제로 해보자. 꼭대기 1에서 네 줄을 내려오면 1 4 6 4 1이라는 줄이 나온다. 왼쪽의 숫자 두 개를 제거하면 6 4 1이 남고, 그 합은 11이다. 그 줄의 총합은 16이다. 그러므로 구하는 확률은 11/16, 즉 $p=0.6875$다.

앞에 나왔던 다른 예제들도 마찬가지로 풀 수 있다. 갑과 을이 현재 점수 2-1이라면 최대로 남은 판 수는 둘이고, 갑은 그중 한 판만 이기면 된다. 따라서 두 줄 내려와 1 2 1이라는 줄에서 1을 빼고 계산하면 3/4, 즉 $p=0.75$가 나온다. 이렇게 간단할 수가 없다. 시간이 대폭 절약되는 방법이다.

한 번의 시행에서 나올 수 있는 결과가 두 가지뿐이고 두 결과가 나올 확률이 같다면(예를 들면 동전 던지기, 동등한 상대 간의 게임 등) 항상 파스칼 삼각형을 활용할 수 있다. 시행을 X번 반복하는 경우 X행을 보면 된다(첫 행은 0행임에 유의하자). 행의 총합이 곧 가능한 모든 경우의 수다. 예컨대 동전을 일곱 번 던진다고 하면 7행, 즉 1 7 21로 시작하는 행을 본다. 모두 합하면 128이므로, 가능한 경우의 수는 128이다.

이제 동전을 일곱 번 던져서 어떤 결과(가령 앞면)가 정확히 Y번 나올 확률을 알고 싶다고 하자.

앞면이 물론 한 번도 안 나올 수도 있다. 일곱 번 모두 뒷면만 나오는 경우다. 그런 경우의 수는 단 하나뿐이다.

앞면이 한 번, 뒷면이 여섯 번 나오는 조합은 7개가 있다. 일곱 번 중 순서에 관계없이 한 번만 앞면이 나오면 된다. 앞면이 두 번 나오는 조합은 21개가 있다. (지면상 일일이 열거하지는 않겠으니 믿어주거나 직접 확인해보기 바란다.) 앞면이 세 번 나오는 조합은 35개가 있다.

패턴이 보이는지? 1 7 21 35 …. 바로 파스칼 삼각형의 7행에 나오는 수들이다.

정리해보자. 동전을 X번 던져서 앞면이 Y번 나올 확률을 알고 싶다면, 삼각형의 X행으로 가서 Y번째 수를 찾는다(맨 왼쪽의 1은 0번째 수로 간주한다). 그 숫자를 행의 총합으로 나누면 확률을 얻을 수 있다. 가령 일곱 번 던져서 앞면이 다섯 번 나올 확률을 알고 싶다면, 7행, 즉 1 7 21 35 35 21 7 1로 가서, 맨 왼쪽 수를 0번째로 보고 다섯 번째 수로 이동한다. 두 번째로 나오는 21이 바로 우리가 찾는 수다. 따라서 확률은 21/128≈0.164, 약 1/6 정도다.

앞면이 다섯 번 이상 나올 확률을 구하려면, 앞면이 다섯 번 나오는 경우의 수에 여섯 번과 일곱 번 나오는 경우의 수를 더해준다. 즉, 21+7+1=29. 이것을 역시 128로 나누면 된다. 파스칼은 바로 이 방법으로 판돈의 공평한 배분율을 구한 것이다.

파스칼 삼각형은 어떤 결과가 몇 번 나올 확률을 구하는 한 방법일 뿐이지만, 매우 간단하다는 장점이 있다. 나올 수 있는 결과가 동전 던지기처럼 두 가지일 때 그와 같은 확률의 분포를 가리켜 '이항분포'라고 한다.

어쨌든 여기서 중요한 포인트는, 어떤 일이 일어날 가능성을 알고 싶다면 그 일에 해당하는 경우의 수와 나올 수 있는 모든 경우의 수를 알아야 한다는 것이다. 바로 이 발상을 시작으로 '확률'이라는 개념이 처음으로 본격적인 모양새를 갖추었다고 해도 틀리지 않을 것이다.

큰 수의 법칙

파스칼과 페르마가 주고받은 편지는 '확률론probability theory'이라는 현대적 이론의 시발점이 되었다. 다만 초기에는 확률론이 아니라 '기회 학설the doctrine of chances'이라는 이름으로 불렸다. 어쨌든 그 기본 개념은 '어떤 사건이 일어날 확률은 그 사건이 일어나는 경우의 수를 발생 가능한 모든 경우의 수로 나눈 것'이라고 할 수 있다.

바통을 이어받아 확률론을 한층 더 발전시킨 사람은 스위스의 수학자 야코프 베르누이였다. 앞에서 논했던 예를 가지고 다시 생각해보자. 동전 일곱 개를 128번 던진다고 해서 그중 앞면이 0개 나온 결과가 한 번, 앞면이 한 개 나온 결과가 일곱 번, 앞면이 두 개 나온 결과가 스물한 번… 그렇게 되지는 않을 것이다. 그럴 가능성은 희박하다.

하지만 128만 번 던진다면 어떨까. 앞면이 0개 나온 결과가 대략 1만 번 정도 될 것이고, 앞면이 한 개 나온 결과가 약 7만 번, 앞면이 두 개 나온 결과가 약 21만 번… 그런 식으로 될 것이다. 알기 쉽게 더 간단한 예로, 동전 하나를 두 번 던진다고 하자. 꼭 앞면이 한 번, 뒷면이 한 번 나오지는 않을 것이다. 앞면만 두 번 나오거나 뒷면만 두 번 나올 확률도 50퍼센트는 된다. 하지만 1만 번을 던진다면? 그중 대략 절반은 앞면, 대략 절반은 뒷면이 나오게 되어 있다.

베르누이는 동전을 많이 던지면 던질수록 그 결과가 '실제' 확률에 평균적으로 가까워진다고 주장했다.

당연한 소리 아닌가 싶을 수도 있다. 그래서 어쨌단 말인가? 동전을 던지면 대략 절반은 앞면이 나온다는 것쯤 누구나 안다. 1만 번까지 던져보지 않아도 알 수 있는 사실 아닌가.

그러나 지금까지 우리가 알아본 건 주사위 굴리기, 동전 던지기처럼 운에 좌우되는 게임 속 사건의 확률뿐이었음을 잊지 말자. 그런 게임을 이루는 기본 요소의 확률은 적어도 이론적으로는 이미 알려져 있다. 예컨대 동전의 앞면과 뒷면이 같은 확률로 나온다거나 주사위를 굴리면 여섯 번에 한 번꼴로 1이 나온다는 것으로, 일종의 공리에 해당한다.

그렇더라도 의문이 들 때가 있다. '동전이 조작되진 않았을까?' '주사위에 속임수가 있지는 않을까?' '속임수가 있다면 그 사실을 어떻게 알 수 있을까?' 아니, 문제는 주사위가 아닌지도 모른다. 우리의 관심사는 실제 세상이 어떤 상태인지, 이런저런 사건이 얼마나 자주 일어나는지 알아내는 것 아닐까. 이제는 모든 것이 규칙으로 정해진 게임 세계를 벗어나, 불분명한 가능성과 불확실성이 난무하는 현실 세계로 나갈 필요가 있다.

베르누이는 17세기 스위스의 천재 수학자 집안에서 태어났다. (헷갈리기 쉬운데 여기서 알아볼 '베르누이 정리'는 야코프 베르누이의 이름을 딴 것이고, '베르누이 원리'는 전혀 다른 것으로 야코프의 조카 다니엘의 이름을 딴 것이다. 그 밖에도 17~18세기 베르누이 가문에서 요한 세 명, 니콜라우스 두 명, 또 한 명의 야코프 등이 위키피디아 항목으로 등재되어 있다.)

베르누이의 관심사는 비단 운에 좌우되는 게임뿐만이 아니었으니, 그는 공이 든 단지에도 관심이 많았다.

이런 상황을 생각해보자.[24] 눈앞에 큰 단지가 하나 있다. 단지에는 검은 공과 흰 공이 들어 있고, 두 색깔의 비율은 모른다. 단지에서 공을 일부 꺼냈더니 검은 공 몇 개, 흰 공 몇 개가 나왔다. 가령 공을 다섯 개 꺼냈더니 검은 공 세 개, 흰 공 두 개가 나왔다고 하자. 그 결과를 놓고 단지에 든 공 전체에 대해 어떤 추정을 할 수 있을까?

이제 우리의 관심사는 세상의 어떤 상태가 주어졌을 때 어떤 결과가 나올 확률을 구하는 것이 아님에 유의하자. 정반대다. 즉, 어떤 결과가 나왔을 때 세상이 어떤 상태일 확률을 구하는 것이다. 전자를 '표집확률sampling probability', 후자를 '추론확률inferential probability'이라고 한다. 전자는 '전체의 상태가 이렇다고 할 때 표본이 어떻게 뽑혀 나오리라고 예측할 수 있는가?'를 묻는 것이고, 후자는 '표본이 이렇게 뽑혀 나왔다고 할 때 전체의 상태가 어떻다고 추론할 수 있는가?'를 묻는 것이다.

여기서 일단 확실히 짚고 넘어가자. 두 개념의 구분은 대단히 중요하다. 그게 뭐 그리 중요한가 싶을 수도 있지만, 핵심 중의 핵심이다. 현대 통계학자들, 아니 현대 과학자들이 항상 하는 일이 바로 후자다. 과학자들은 머리를 맞대고 앉아 포커에서 스트레이트 플러시가 나올 확률을 계산하지 않는다. 그런 건 간단한 계산이어서, 카드 한 벌이 몇 장인지만 알면 된다. 고등학교 수학 지식 정도만 있으면 풀 수 있다. 주사위를 스무 번 굴렸을 때 6이 다섯 번 이상 나올 확률 같은 것을 고민하지도 않는다. 그건 파스칼 삼각형으로 바로 구할 수 있다. 과학자들이 궁리하는 문제는, 주어진 데이터에 비추어 가설에 대해 어떤 판단을 내려야 하느냐 하는 것이다. 가령 500명에게 코로나 백신을 맞히고 500명에게 위약을 맞혔는데 위약군에서 열 명이 코로나에 걸렸고 백신군에서 한 명만 코로나에 걸렸다면, 그 결과에서 무엇을 알 수 있는가? 백신의 효과를 어느 정도로 확신할 수 있는가?

베르누이가 해결하려고 나선 문제가 바로 그것이었다. 그가 내놓은 해법은 명석하고 예리했다. 그리고 《베르누이의 오류: 통계적 비논리와 현대 과학의 위기》의 저자 오브리 클레이턴에 따르면, 잘못된 해법이었다. 클레이턴과 그가 속한 학파의 관점에 따르면, 베르누이가 본의 아니게 통계학적 사고의 단추를 잘못 끼운 탓에 이후 400년간 통계학이 엉뚱한 길을 갔다. 클레이턴의 주장이 옳은가 하는 문제는 한 세기 넘게 학계에서 치열한 논쟁거리인데, 뒤에서 다루도록 하겠다. 일단은 베르누이가 무슨 이야기를 했고 어떤 이유에서 그랬는지 알아보자.

베르누이는 단지에서 공을 몇 개 꺼냈을 때 단지의 내용물을 어느 정도의 신뢰도로 추정할 수 있는지 알고 싶었다. 눈앞에 공이 든 단지가 하나 있다고 하자. 공을 하나 꺼낼 때마다 다시 집어넣고 잘 섞기로 한다.[25] (이 조건은 중요하다. 검은 공 또는 흰 공이 뽑힐 가능성을 일정하게 유지해주는 장치다.) 공은 골고루 섞여 있고 크기와 무게가 똑같아서, 꺼내기 전에는 흰 공인지 검은 공인지 알 방법이 없다. 단지 안에 검은 공이 더 많거나 흰 공이 더 많다고 봐야 할 이유도 없다. 단지에서 공을 X개 꺼냈더니 흰 공이 Y개라면, 단지 안의 흰 공 대 검은 공 비율에 대해 어떤 추정을 내릴 수 있을까?

표본이 클수록 표본상의 비율은 실제 비율에 가까워질 것이다. 단지 안에 실제로 다섯 개 중 세 개꼴로 흰 공이 들어 있다고 하자. 공을 다섯 개 꺼낸다면, 정확히 흰 공 세 개, 검은 공

두 개가 나올 가능성은 그리 높지 않다. 하지만 공을 50개 꺼낸다면, 정확히 30개와 20개는 아닐지라도 그 비슷한 개수가 나올 가능성이 매우 높아진다. 거기까지는 누구나 아는 사실이다. 베르누이도 "아무리 우둔한 사람이라도 아무 설명 없이 순수하게 본능적으로 아는 사실"이라고 했다.[26] (실제로 1951년에 실험을 했는데 아주 어린 아이들도 이 개념을 직관적으로 이해하는 것으로 나타났다.)[27]

베르누이는 거기에서 한 발 더 깊이 들어갔다. 그는 이 문제에 다음 세 가지 요소가 있음을 깨달았다. (1)표본의 크기, (2)실제 정답에 얼마나 가까운 추정을 하고자 하는지, (3)얼마나 높은 신뢰도로 추정하고자 하는지. 실제 비율을 결코 완벽히 확신할 수는 없고, 대신 '도덕적 확실성'이라는 것에 이를 수 있다고 베르누이는 말했다. 주어진 결과값 구간에 대해 어느 정도로 신뢰할 수 있다는 뜻이었다.

예컨대 결과값이 실제 값의 1퍼센트 범위 이내에 들어올 확률이 99퍼센트가 되도록 표본을 뽑을 수 있다. 혹은 실제 값의 10퍼센트 범위 안에 들어올 확률이 70퍼센트가 되도록 뽑을 수도 있다. 그런 식으로 신뢰수준을 일단 정해놓고 나면, 어떤 신뢰수준이라도 공을 어느 정도 이상 뽑음으로써 만족시킬 수 있음을 베르누이는 증명했다. 또한 아무리 표본을 늘려도 100퍼센트의 확실성에는 도달할 수 없으며, 표본 크기를 키워도 신뢰도가 더 올라가지 않는 한계점 역시 없음을 증명했다.

수학적 정리로 나타내면 다음과 같다(베르누이가 한 말 그대로는 아니고 현대 수학에서 사용하는 표현이다). "원하는 어떤 확률값에 대해서도 표본상 비율 m/n(m은 양성 사례의 개수)과 실제 비율 p의 절대차가 그 확률로 임의의 값 ϵ(엡실론) 이하가 되게 하는 관측 횟수 n을 항상 결정할 수 있다."[28]

여기서 우리가 움직일 수 있는 변수는 세 개임에 유의하자. 하나가 변하면 항상 나머지 두 개도 변하게 된다. 가령 추정값이 실제 값의 10퍼센트 범위 이내에 들어올 확률이 90퍼센트가 되는 크기로 표본을 뽑았다고 하자. 그런데 마음이 바뀌어서 이제 신뢰도를 99퍼센트로 올리고 싶다. 그렇다면 신뢰구간을 10퍼센트보다 넓히거나, 표본 크기를 키워야 한다. (오브리 클레이턴은 프로젝트 관리의 딜레마로 알려진 '빨리, 우수하게, 값싸게. 이 중 둘을 택하시오'와 비슷한 상황이라고 설명한다. 이 경우는 '정밀한 추정, 높은 확실성, 작은 표본. 이 중 둘을 택하시오'라고 할 수 있다.)[29]

자신의 정리를 증명한 베르누이는 이제 그 관계를 수량화하고자 했다. 주어진 크기의 표본을 가지고 정확히 얼마의 신뢰수준(베르누이의 용어로는 '도덕적 확실성')으로 추정할 수 있는가? 베르누이는 계산을 해냈다. 단지에 실제로 흰 공 3,000개와 검은 공 2,000개가 들어 있는 경우, 표본 크기를 25,500개로 잡으면 999/1,000의 확률로 실제 값의 2퍼센트 범위 안에 들어오는 결과값을 얻을 수 있다는 결과가 나왔다.

(25,500이라는 표본 크기는 컴퓨터도 없고 아르바이트 삼아 사회과학 실험에 자원할 학부생도 없던 근대 초기 유럽의 연구

자에겐 버거운 규모였을 것이다. 《통계학의 역사》를 쓴 스티븐 스티글러에 따르면 그 수는 베르누이가 살았던 당시 스위스 바젤의 인구보다도 많았으니, "천문학적인 수를 넘어 사실상 무한이나 다름없는 수"였다. 베르누이의 저서 《추측의 기술》이 위의 계산을 제시하고는 갑작스럽게 끝나는 것을 두고 스티글러는 이렇게 말한다. "베르누이는 25,500이라는 수가 나오자 말 그대로 손을 놓아버렸고, 겨우 한 문장을 덧붙일 기운밖에 없었다.")[30]

현대적 기법을 쓰면 더 작은 표본을 가지고도 같은 확실성으로 추정할 수 있긴 하나, 어쨌든 베르누이는 오늘날 통용되는 기준에 비해 극히 까다로운 기준을 내건 셈이다. p값과 신뢰구간에 관해서는 뒤에서 자세히 알아보겠지만, 베르누이가 추구했던 '도덕적 확실성'의 수준은 999/1,000의 확률로 목표값에 일정 오차 이내로 접근하는 것이니 거짓 양성률 0.001에 해당한다. 오늘날 사회과학 분야에서는 대부분 거짓 양성률 0.05를 채택하고 있으니, 베르누이보다 50배 느슨한 기준이다. 물리학 등 다른 과학 분야에서는 기준이 더 엄격하긴 하다.

그러나 베르누이가 꿰뚫어 본 것은, 이런 원리가 비단 게임이나 도박에만 국한되지 않는다는 점이었다. 베르누이는 우리가 항상 확률과 씨름한다고 보았다. 누가 살인범인지 판단하거나, 문서의 위조 여부를 판정해야 하는 상황이 그 예라고 했다. 베르누이가 궁극적으로 추구한 목표는, 경험적 증거를 철학적으로 엄밀하게 이용하는 방법을 정립하는 것이었다. 참된 앎에 도달하는 길이 이성이냐 감각이냐 하는 것은 2천 년 묵은 철학 논쟁의 주제다. 플라톤은 세상의 근본이 되는 참된 실재가 존재한다며 이를 형상이라고 불렀다. 반면 인간의 감각은 미덥지 못하며 감각을 통해서는 결코 확실한 지식에 도달할 수 없다고 보았다.[31] 따라서 앎에 도달하는 길은 경험이 아니라 이성적 사고라는 게 플라톤의 생각이었다.

베르누이는 물리학자이자 실험주의자였다. 그는 우리가 어떤 것도 절대적으로 확실하게 알 수는 없음을 인정하면서, 그렇다고 모든 가능성이 똑같진 않다고 했다. 만약 주사위를 100번 굴렸는데 100번 모두 6이 나왔다면, 조작된 주사위라고 절대적으로 확실하게 말할 수는 없지만 조작됐을 가능성이 매우 높다고는 말할 수 있다. 베르누이는 확실성을 숫자로 나타낼 수 있다고 생각했다. 가령 1은 절대 확실, 0은 절대 불가능이다.[32] (뒤에서 논할 주제지만 확률의 개념, 특히 형식논리학의 확장으로서 베이즈 정리를 미리 예고하는 느낌이다.) 확실성에도 정도가 있고, 실험을 통해 확실성을 높일 수 있다는 것이다.

그러나 클레이턴이 보기에 베르누이의 문제는, 여전히 **추론확률**이 아닌 **표집확률**을 이야기하고 있다는 점이다. 아니, 더 정확히 말하면 둘을 구분하지 않았다고 해야 할 것이다. 베르누이는 표본에 나타나는 흰 공과 검은 공의 비율이 단지 속의 실제 비율과 어느 정도의 확률로 비슷하리라는 것을 훌륭히 증명해냈다(그리고 정확히 얼마의 확률로 얼마나 비슷한지는 표본의 크기에 달려 있다고 했다). 그리고 당연히 똑같은 확률로,

단지 속 흰 공과 검은 공의 실제 비율은 표본상의 비율과 비슷하리라고 지레짐작했다. 그런데 그건 착각이었다. 두 확률은 크게 다를 수 있다. 베르누이의 착각은 토머스 베이즈가 등장하고 나서야 비로소 드러났다.

드무아브르와 정규분포

아브라함 드무아브르는 프랑스의 개신교도로, 가톨릭 당국의 박해로 2년간 구금 생활을 한 뒤 21세이던 1688년에 런던으로 망명했다.[33] 그곳에서 뉴턴의 저술을 읽고 가정교사로 일하면서 수학을 공부했다. 드무아브르는 베르누이의 개념을 한 단계 더 발전시켰다.

앞에서 페르마와 파스칼이 중단된 도박의 판돈 나누기 문제를 풀었던 방법을 다시 생각해보자. 해법은 중단된 현재 상태에서 각 선수의 승리 확률을 구하는 것이었고, 그 값을 구하기 위해 앞으로 남은 경우의 수 중 한 선수의 승리로 귀결되는 경우가 몇 가지인지 세어보았다.

그와 같은 확률분포를 현대 용어로는 **이항분포**라고 한다. 동전을 던지면 앞면 아니면 뒷면이 나온다. 동전을 두 번 던지면 앞면-앞면, 앞면-뒷면, 뒷면-앞면, 뒷면-뒷면 중 한 결과가 나오게 되어 있다. 여기서 앞면 두 번이나 뒷면 두 번이 나오는 경우의 수는 하나씩이지만, 앞면과 뒷면이 한 번씩 나오는 경우의 수는 둘임을 알 수 있다. 이때의 확률분포를 다음과 같이 나타낼 수 있다.

앞면이 나오는 횟수	확률
0	1/4
1	1/2
2	1/4

그래프로 그리면 다음과 같이 된다.

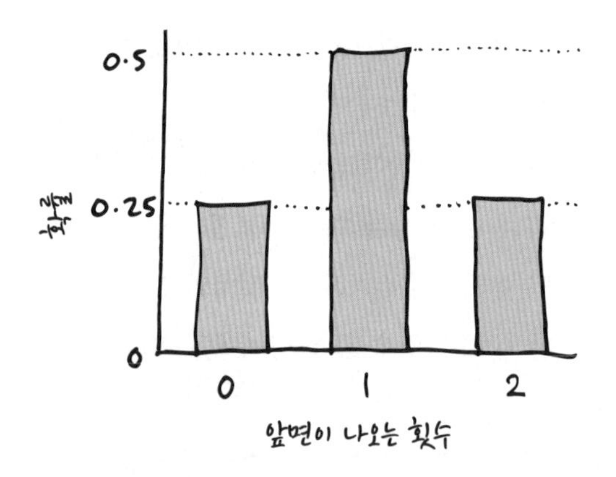

이상은 동전을 두 번 던졌을 때의 결과 분포다. (동전 던지기가 아니더라도 두 가지 결과가 똑같은 확률로 나오는 사건이라면 마찬가지다.) 네 번 던졌을 때는 다음과 같다.

앞면이 나오는 횟수	확률
0	1/16
1	4/16 (1/4)
2	6/16 (3/8)
3	4/16 (1/4)
4	1/16

(눈치챘는지? 파스칼 삼각형에서 봤던 숫자들이 또 나왔다!) 그래프로 나타내면 다음과 같다.

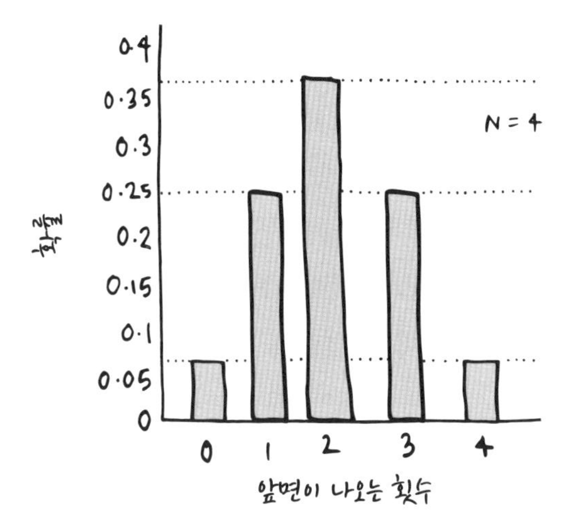

일반적으로 동전을 N번 던졌을 때 앞면이 x번 나올 확률을 구하는 식이 있지만 여기서는 생략하겠다. 인터넷에서 그 값을 계산해주는 계산기를 쉽게 찾을 수 있다. 다만 그 식에는 계승(팩토리얼)이 세 번 들어간다는 것만 언급해두자. N의 계승, x

의 계승, (N−x)의 계승이다.

개념에 익숙지 않은 독자를 위해 설명하면, 어떤 수의 계승은 그 수부터 1에 이르기까지 하나씩 빼면서 모두 곱한 값을 가리킨다. 예컨대 5의 계승은 5×4×3×2×1=120이 된다. 큰 수의 계승을 계산하는 일은 속된 말로 골이 빠개지는 작업이다. 값이 워낙 금방 커져서 6의 계승은 720, 10의 계승은 3,628,800에 이른다.

그런데 앞면이 딱 x번 나올 확률만 구해야 하는 경우는 많지 않다. 다시 도박의 예를 들면, 누가 당신에게 이런 제안을 했다고 하자. "나와 내기를 하자. 동전을 100번 던져서 앞면이 60번 이상 나오면 5만 원을 주겠다. 아니라면 1만 원을 달라." 해볼 만한 내기일까? 알아보려면 60, 100, 40의 계승을 각각 구해서 앞에 말한 이항분포의 확률식에 대입해야 한다. 거기서 끝이 아니고 다음으로 61과 39의 계승을 구하고, 또 62와 38의 계승을 구하고, … 그런 식으로 어마어마한 양의 계산을 해서 그렇게 나온 확률을 모두 더해야 한다. 베르누이는 실제로 그 계산을 다 했다. 책을 쓰는 데 20년이 걸린 것도, 그러고도 제대로 끝맺지 못한 것도 놀랍지 않다.

물론 누가 계산만 다 해놓으면(가령 253의 계승은 507자리 수이고 62로 끝난다고 한다) 그다음부터는 이용하기만 하면 되겠지만, 그런다 해도 참으로 길고 지루한 작업이 될 것임은 틀림없다.

이때 드무아브르는 곡선의 모양에 주목했다.[34] 앞에 나타낸

두 그래프를 보자. 둘 다 가운데가 솟아 있고 양쪽으로는 낮아진다. 다만 N=4 그래프의 곡선이 좀 더 부드럽고 모양이 잘 나타난다.

동전 던지기를 여러 번 할수록 곡선은 점점 매끄러워진다. N=12의 경우는 다음과 같다.

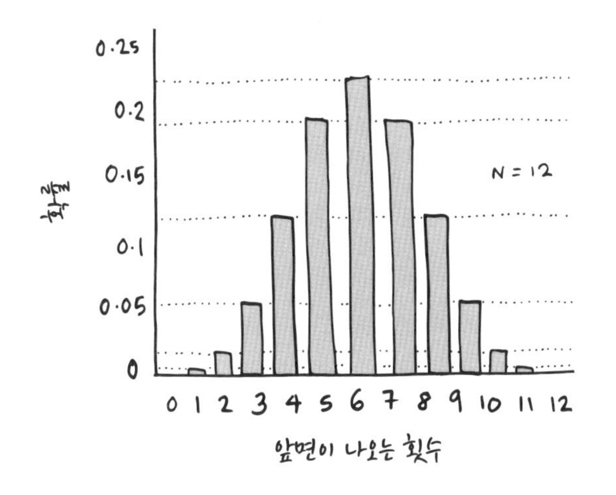

드무아브르는 이런 생각을 했다. 동전을 100번 던져 앞면이 60번 나올 확률을 구하기 위해 고생해가면서 공식을 계산할 게 아니라, 이 곡선의 수학식을 찾아내면 어떨까. 그러면 어떤 결과가 나올 확률이라도 곡선의 형태를 이용해 바로 구해낼 수 있지 않을까. 그 곡선이 바로 오늘날 '정규분포 곡선'이라고 하는 것이다. (영어로는 정규분포곡선을 종형곡선, '벨 커브bell curve'라고도 부르지만, 통계학자들과 이야기해보면 사실 종 모양과 별로 닮지 않았다면서 다들 그 표현을 싫어했다.)

표준편차의 개념 정리가 필요한 분만 보세요

드무아브르가 사용한 '평균'과 '표준편차'의 개념을 짚고 넘어가자. 둘 다 드무아브르의 시대에서 한 세기 반이 지나서야 만들어진 용어다. 평균은 독자의 대부분이 의미를 알 것이나, 표준편차는 비록 수학자들이 마치 누구나 아는 개념인 양 툭하면 거론하지만 뭔지 모르는 사람이 대부분일 것 같다. 표준편차는 데이터가 평균을 중심으로 얼마나 퍼져 있는지를 나타내는 값이다.

세 명의 학생이 있는데 키가 전반적으로 어느 정도인지 알고 싶다고 하자. 세 명의 키를 재서 모두 더하고 셋으로 나누니 160cm가 나왔다. 그것이 평균이다.

그런데 평균 160cm가 나올 수 있는 상황은 다양하다. 세 명 모두 160cm일 수도 있다. 혹은 각각 157cm, 160cm, 163cm일 수도 있다. 아니면 두 명은 130cm의 초등학생이고 한 명은 2.2m의 대학 농구 선수일 수도 있다. 그 밖에도 무한히 많은 가능성이 있다.

가장 중요한 차이점은 평균에서 떨어진 정도다. 그 값을 분산이라고 한다. 일단 분산을 구하면 표준편차는 분산의 제곱근으로 쉽게 구할 수 있다.

분산을 구하려면 각 학생의 키에서 평균을 뺀 값을

제곱한 다음 그 평균을 내면 된다. 예를 들어 세 학생의 키가 157cm, 160cm, 163cm라고 하자. 각 학생의 키에서 평균값 160cm를 빼면 −3cm, 0cm, 3cm가 되고, 제곱하면 9, 0, 9다. 그 평균값인 6이 분산이다.• 그리고 6의 제곱근인 약 2.4가 표준편차다.

농구 선수와 초등학생이 섞여 있는 예의 경우는 각 학생의 키에서 평균을 빼면 −30cm, −30cm, 60cm가 나온다. 제곱하면 900, 900, 3,600이고, 그 평균값인 1,800이 분산이다. 표준편차는 그 제곱근인 42.4다.

일단 표준편차를 구하고 나면 표준편차를 잣대로 삼아 각 값이 평균에서 떨어진 정도를 나타낼 수 있다. 표준편차는 보통 SD 또는 그리스 문자 σ(시그마)로 표시한다.

다시 초등학생과 농구 선수의 예를 살펴보자. 표준편차는 42.4다. 두 초등학생은 평균에서 30cm 떨어져 있으므로 평균보다 30/42.4=0.7SD 아래라고 말할 수 있다. 농구 선수는 평균에서 60cm 떨어져 있으므로 평균보다 1.4SD 위가 된다.

여기서 흥미로운 사실이 있는데, 데이터가 정규분포를 따르고 표본 크기가 충분히 크다면 결과의 몇 퍼

• 9+9+0=18, 18/3=6.

센트가 평균을 중심으로 일정 구간 내에 위치하는지 자동으로 알 수 있다. 구간의 넓이를 표준편차로 나타낼 때 그렇다는 것이다. 예컨대 전체 데이터의 68퍼센트는 항상 평균을 중심으로 1SD 구간 내에 위치한다. 다시 말해 어떤 사람의 키가 평균보다 1SD 크다면 전체의 약 84퍼센트보다 큰 것이 된다. 또한 항상 평균을 중심으로 2SD 구간 내에 전체의 95퍼센트가 위치하고, 3SD 내에 99.7퍼센트가 위치한다.

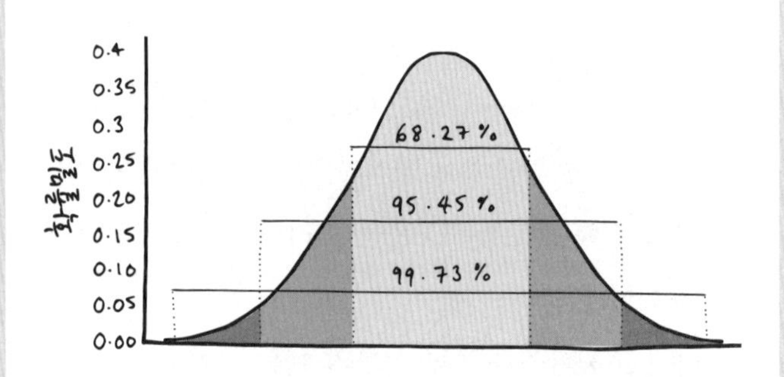

데이터의 68%는 평균에서 양쪽으로 1SD 구간 내에 위치
데이터의 95%는 평균에서 양쪽으로 2SD 구간 내에 위치
데이터의 99.7%는 평균에서 양쪽으로 3SD 구간 내에 위치

드무아브르는 유용한 사실을 증명해냈다. 정규분포 곡선(당시에는 '정규분포'라는 이름으로 불리진 않았다)의 형태를 구해냄으로써 그 어떤 결과가 나올 확률도 대략적으로 금방 구할 수 있다는 것이다. 드무아브르의 계산에 따르면 전체 결과의

68.2688퍼센트가 평균을 중심으로 1SD 구간 내에 위치하는데, 정확한 값 68.2689퍼센트와 거의 동일하다. 2SD에 해당하는 드무아브르의 계산값은 95.428퍼센트, 정확한 값은 95.45퍼센트다. 3SD의 경우는 드무아브르 99.874퍼센트, 정확한 값 99.73퍼센트다.[35] ('표준편차'라는 용어도 당시에는 쓰이지 않았지만, 드무아브르는 표준편차와 동일한 개념을 이용했고, 그것을 잣대 삼아 평균에서 떨어진 거리를 재야 함을 알고 있었다.)

따라서 평균에서 얼마 이상 떨어진 결과가 나올 확률을 알고 싶다면, 전체 데이터의 표준편차를 구해서 드무아브르의 곡선 계산 공식에 대입하면 된다. 이제 며칠을 고생해 3,600의 계승을 계산할 필요가 없게 된 것이다.

드무아브르가 알아낸 사실은 그뿐만이 아니었다. 베르누이도 고민했던 주제였는데, 드무아브르는 데이터의 정확도 즉 표준편차가 표본의 크기에 좌우된다는 원리를 밝혀냈다. 베르누이는 20년이라는 시간을 들여 어느 특정한 사례에서 999/1,000의 확률로 결과값이 실제 값의 2퍼센트 범위 안에 들어오는 데 필요한 표본 크기를 구해냈지만, 드무아브르는 임의의 결과값에 대한 계산법을, 완벽하진 않아도 대단히 정확하게 찾아낸 것이다. 또한 베르누이는 표본 크기를 키울수록 더 정확한 결과가 나온다는 사실을 증명하는 데 그친 반면, 드무아브르는 한 걸음 더 나아가 표본 크기의 제곱근에 비례하여 추정값의 정확도가 높아짐을 증명했다.

그러나 드무아브르가 관심을 두었던 문제는 여전히 베르누이의 관심사와 똑같았다. '어떤 가설이 맞다고 할 때 이런 데이터가 나올 확률이 얼마인가?'라는 문제다. 조금 앞에서 예로 들었던, 동전을 100번 던져 앞면이 60번 이상 나올 확률을 구하는 것도 마찬가지 문제다. (정답: 약 2.8퍼센트에 불과하다. 따라서 1만 원을 걸고 5만 원을 따는 내기에 응해서는 안 된다.)

베르누이도 드무아브르도 구할 생각을 하지 못했던 것은 오늘날 '역확률'이라고 부르는 확률이다. 역확률이야말로 확률 문제의 핵심이고, 적어도 과학 연구에서는 가장 중요한 확률이다. 한마디로, '이런 결과가 나왔다고 할 때 가설에 대해 어떤 판단을 내릴 수 있는가?' 하는 것이다.

심프슨과 베이즈

베르누이니 드무아브르니 하는 이름들은 당시 베이즈를 비롯한 부자 아마추어 수학자들에게 너무나 잘 알려져 있었다. 베이즈의 전기를 쓴 데이비드 벨하우스는 "베이즈와 스탠호프는 드무아브르의 저서 《기회 학설》 1733년판을 공부했던 것 같다"면서 "베이즈는 그 공부를 계기로 확률에 관심을 갖게 된 것 같다"고 내게 말하기도 했다. 그 시기는 베이즈가 30대 중반이던 1735년경으로 보인다.

그 무렵 토머스 베이즈 이외에도 토머스라는 이름의 영국인 또 한 명이 드무아브르와 비슷한 연구를 하고 있었다. 그의 이름은 토머스 심프슨이다. 심프슨은 잉글랜드 중부 레스터셔에서 직공의 아들로 태어나 자신도 직공 일을 하면서 수학을 독학으로 공부했는데, 당시에는 꽤 흔한 경우였던 듯하다. 그가 이후에 가입한 스피털필즈 수학회라는 단체는 회원 중 대략 절반의 직업이 직공이었다.[36] 심프슨은 범상치 않은 삶을 살았던 것 같다. 두 아이를 둔 50세의 과부와 19세의 나이에 결혼했다고 스티글러는 기록한다(주인집 여자와 결혼했고 둘 사이에 두 아이를 두었다고 하는 기록도 있다).[37] 일식을 경험한 이후 "본인 또는 본인의 조수가 점성술 관련 활동 중에 악마 복장을 하여 소녀를 놀라게 한 사건으로 인해" 가족과 함께 너니튼에서 더비로 도망쳐야 했다고 한다.[38] 1736년경에는 가족과 함께 런던에 살았다.

심프슨이 남긴 작업 중 우리가 특히 주목할 것은 1755년의 논문으로, 천문학의 측정오차에 관한 내용이었다. 천문학자 여섯 명이 행성의 운행 경로를 기록했는데 그 결과가 모두 조금씩 다르다면, 정확한 위치를 어떻게 기록해야 할까?[39]

심프슨은 관측값의 평균을 택하는 게 맞다고 봤다. 당시에는 그런 경우 '아리스토텔레스 평균'이라고 하여 최대값과 최소값의 합을 둘로 나눈 값을 택해야 한다는 논리가 있었는데 그에 반하는 결론이었다. 그는 우리가 앞에서 알아본 '큰 수의 법칙'의 특수한 경우를 예로 들어 자신의 주장을 증명했다.

논증 과정은 표준편차 등의 원리와 많이 겹치기도 하니 여기서 사세히 다루지 않겠지만, 중요한 핵심 두 가지만 짚고 넘어가자. 첫째는 심프슨이 표집sampling이 아닌 추론inference을 명시적으로 논하고 있다는 점이다. 다시 말해 '가설이 맞다면 이런 데이터가 나올 확률이 얼마인가'가 아니라 '이런 데이터가 나왔다면 가설에 대해 어떤 판단이 가능한가'에 초점을 두고 있다. 심프슨은 행성의 실제 위치를 특정하게 전제할 때 어떤 오류가 나올 확률을 구하려고 한 것이 아니라, 행성의 실제 위치를 추정하려고 했다. 심프슨은 오류를 매우 단순하게 가정함으로써 비로소 해답을 제시할 수 있었지만, 통계학을 한낱 흥밋거리나 도박 수단이 아닌 유용한 추론 도구로 삼으려는 진정한 시도를 보여주었다. 그가 평균을 구할 때 최대한 많은 관측값을 사용해야 한다고 말한 것을 가리켜 스티글러는 "내가 알기로 수학자가 실험과학자에게 전하는 최초의 통계 관련 조언"이라고 평한다.[40]

두 번째 핵심은, 심프슨의 논문을 평론한 사람 중에 토머스 베이즈가 있었다는 사실이다. 벨하우스는 베이즈가 "당시 확률을 꽤 능숙하게 다루었다"면서 "아주 예리한 지적을 몇 가지 했다"고 말한다. 정곡을 찔렀던 것은 오늘날 용어로 측정오차 관련이다. 벨하우스는 이렇게 설명한다. "지적의 골자는 이런 것이었다. 수학적 논리는 맞는데, 측정 기구에 편향이 있으면 어쩔 건가? 그럼 평균을 내도 도움이 안 될 텐데."

베이즈의 설명을 직접 들어보자. 물리학자 존 캔턴(역시 직공의 아들)에게 보낸 편지에서 발췌한 내용이다.

측정 기구와 감각기관의 불완전성에서 비롯되는 오류가 관측 횟수를 늘리기만 하면 무無 또는 무에 가까운 수준으로 줄어들 것이라는 견해는 대단히 믿기 어렵습니다. 오히려 불완전한 기구로 관측을 거듭할수록 최종 결론의 오류는 기구의 불완전성에 확실히 비례하여 나타날 것으로 생각됩니다. 만약 그렇지 않다면, 같은 관측을 얼마든지 반복할 수 있는 경우에 평범한 기구를 쓰지 않고 굳이 매우 정확한 기구를 써서 관측할 때의 장점이 거의 없다는 말이 되지 않겠습니까. 누구도 그런 주장을 하지는 않으리라 생각합니다.[41]

어떤 사람이 1km를 달리는 데 걸리는 시간을 당신이 재려고 한다고 하자. 그런데 측정에 사용하는 시계가 모두 조금 빨라서, 초침이 한 바퀴 도는 데 60초가 아니라 59초가 걸린다. 이런 경우라면 시계를 아무리 여러 개 동원해서 평균을 내도 도움이 되지 않을 것이다. 측정값에 대한 그릇된 확신만 높아질 뿐이다.

심프슨은 이 지적을 받아들인 것 같다. 이후 논문을 개정하며 문구를 하나 추가했는데, "기구의 구조나 배치에 오차가 거듭하여 같은 방향으로 일어나게끔 되어 있는 요소가 전혀 없으며, 오차가 과다한 방향으로 일어날 확률과 과소한 방향으로 일어날 확률이 정확히 동일하거나 거의 동일하다"는 전제하에서만 자신의 사고법이 유효하다는 내용이었다.[42]

이상으로 비루어볼 때 베이즈는 늦어도 1755년경에는 확률 문제, 특히 **추론확률** 또는 **역확률**의 문제에 관심을 두고 있었음을 알 수 있다. 다시 말하자면 '이런 데이터가 나왔을 때 가설이 옳을 확률'을 구하는 문제다. 그에 반해 **표집확률**은 '가설이 옳다고 할 때 이런 데이터가 나올 확률'이라고 했다. 그리고 벨하우스의 추측이 맞다면, 베이즈는 1730년대 중반 드무아브르의 저서를 읽을 때부터 그 문제에 관심을 가졌던 것이 된다.

베이즈의 당구대 비슷한 테이블

베이즈가 확률론에 남긴 큰 업적 한 가지는 수학적 측면이 아닌 철학적 측면에서 논해야 한다. 지금까지 우리는 확률을 논할 때 확률이 세상에 실재하는 어떤 것인 양 이야기했다. '동전을 던졌을 때 앞면이 나올 확률은 0.5다.' '동전을 100번 던졌을 때 앞면이 60번 이상 나올 확률은 약 2.8퍼센트다.' 우리는 이런 식으로 확률을 세상의 객관적 사실인 것처럼 말한다. 베이즈는 그러한 생각을 완전히 뒤집어놓았다.

데이비드 스피겔할터는 영국 왕립통계학회 회장, 케임브리지대학교 윈턴 대중위험인식 교수 등을 역임한 학자로, 통계학 분야를 통틀어 가장 권위 있어 보이는 타이틀을 소유한 사람이라 할 만하다. 그에 따르면 베이즈가 생각한 확률이란 "세상에 대해 우리가 가진 지식의 부족함을 나타낸 것"이다.[43]

다시 말해 베이즈가 보기에 확률이란 **주관적인** 것으로, 우리의 무지를 나타내면서 동시에 우리가 진실에 대해 내린 최선의 추정을 나타낸다. 확률은 세상의 속성이 아니라, 우리가 세상에 대해 갖고 있는 이해의 속성이라는 것이다. 어떤 사람이 동전을 던지고는 그 결과를 당신에게 보여주지 않은 채 "앞면이 나왔을 확률"을 물었다고 하자. 아무 속임수가 없었다고 믿는다면 "50 대 50"이라고 대답할 수 있다. 하지만 상대방이 마술사라거나 사기꾼이라는 사실을 당신이 알고 있다면, 확률을 좀 다르게 추정할 수 있을 것이다.

베이즈는 자신의 논문 〈기회 학설에서 나타나는 한 가지 문제의 해법에 관한 소론〉에서 한마디로 추론확률을 구하기 위한 전제조건이 무엇인지 밝혔다. (추론확률은 '가설이 옳을 때 이런 데이터가 나올 확률'이 아니라 '이런 데이터가 나왔을 때 가설이 옳을 확률'임을 상기하자.) 추론확률을 제대로 구하려면 내가 가설이 옳을 가능성이 애초에 얼마라고 생각했느냐를 감안해야 한다는 이야기였다. 자신의 주관적 믿음을 고려하지 않으면 안 된다는 것.

베이즈는 그 점을 설명하기 위해 테이블 위에 공을 굴리는 상황을 예로 들었다. (참고로 당구대billiard table가 아니다. 스티글러는 "후대 저술가들이 당구대로 탈바꿈시켜놓았다"면서 "베이즈는 그렇게 구체적이고 경박한 표현을 쓰지 않았다"고 한다.[44] 한편 스피겔할터는 이를 당구대로 지칭하면서, "장로교 목사였던 베이즈는 간단히 테이블이라고만 했다"고 덧붙이고 있다.)[45] 테이블은 당신의 시야에서 가려져 있다. 흰 공을 테이블 위에 굴려서 완전히 임의의 위치에 멈추게 둔다. "흰 공이 평면 위의 어느 동등한 부분에 놓일 확률도 똑같다고 하자"고 베이즈는 말한다.[46]

흰 공이 멈추면 테이블에서 제거하고, 공이 놓였던 자리에 테이블을 가로지르는 선을 긋는다. 당신은 선의 위치를 모른다. 그런 다음 빨간 공 몇 개를 테이블 위에 굴린다. 당신에게 유일하게 주어지는 정보는 결과적으로 빨간 공 몇 개가 선 왼쪽에 놓였고 몇 개가 선 오른쪽에 놓였느냐 하는 것이다. 이때 선의 위치를 추정해야 한다고 하자.

빨간 공 다섯 개를 굴렸다. 그중 두 개가 선 왼쪽에 멈췄고 세 개가 선 오른쪽에 멈췄다는 정보가 주어졌다.

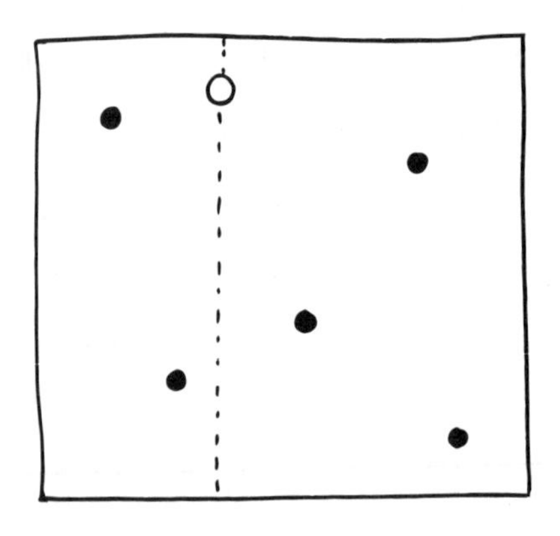

선은 어디에 그어져 있을까? 베이즈에 따르면 가장 가능성이 높은 위치는 테이블 왼쪽에서 7분의 3 지점이다.[47]

직관적으로 5분의 2가 되어야 하지 않을까 생각될 수도 있다. 공 다섯 개를 굴려서 두 개가 왼쪽에, 세 개가 오른쪽에 위치했다고 했으니 말이다. 그러나 베이즈는 이때 사전확률을 고려해야 한다고 말한다. 아무런 정보가 주어지기 전에 현재 상황에 대해 최선의 추측을 해보는 것이다.

그런데 여기서 추측이란 게 가능한가? 아는 게 전혀 없는데? 선은 어디에나 그어져 있을 수 있지 않은가. 그게 바로 일종의 사전 정보다. 즉, 선이 왼쪽 가장자리에 딱 붙어 있을 확률도, 오른쪽 가장자리에 딱 붙어 있을 확률도, 그 사이의 어느 위치에 있을 확률도 모두 똑같다. 당신의 주관적 관점에서 보기에 그렇다는 것이다.

이때의 확률분포를 그래프로 그려볼 수 있다. 빨간 공을 굴리기 전에 선이 어떤 위치에 있을 확률을 나타내는 그래프로, 이런 모양이 된다.

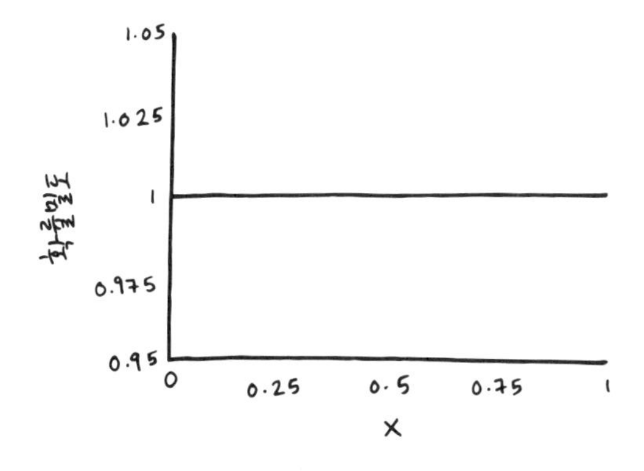

선의 위치를 짐작할 정보가 전혀 없다면, 공을 굴렸을 때 공

이 선 왼쪽에 놓일 확률은 0.5다. 선이 오른쪽 끝에 있어서 공이 항상 그 왼쪽에 놓일 수도 있고, 선이 왼쪽 끝에 있어서 공이 항상 그 오른쪽에 놓일 수도 있고, 선이 정중앙에 있어서 확률이 반반일 수도 있고, 그 밖의 다른 위치에 있어서 그에 따른 확률이 될 수도 있다. 그러므로 평균적인 위치는 정중앙이 된다.

베이즈의 탁견은 한마디로, 이미 가진 정보에 새로 얻은 정보를 결합해야 한다는 데 있다. 지금 이 경우는 가진 정보가 거의 없긴 하지만, 분명히 있긴 있다.

그렇다면 '선이 있을 가능성이 가장 높은 위치는 테이블 왼쪽에서 5분의 2 지점'이라고 할 것이 아니라, 사전확률을 감안해야 한다. 베이즈에 따르면 이때 확률을 구하는 공식은 '선 왼쪽에 놓인 빨간 공의 개수 ÷ 빨간 공의 총 개수'가 아니라, '(선 왼쪽에 놓인 빨간 공의 개수+1) ÷ (빨간 공의 총 개수+2)'다. "가상의 빨간 공 두 개가 이미 던져져서 선의 좌우에 하나씩 놓였다고 보는 셈"이라고 스피겔할터는 설명한다.[48]

희한하게 생각될 수도 있지만, 잘 생각해보면 말이 된다. 만약 모든 공이 왼쪽이나 오른쪽에 몰렸다면 어떻게 될까. 가령 공 다섯 개가 모두 왼쪽에 놓였다면? 가상의 공 두 개를 상정하지 않는다면 다음에 굴리는 공이 왼쪽에 놓일 확률은 5/5, 즉 1이라는 추정이 나온다. 100퍼센트의 확률로 왼쪽이라는 것은 말이 안 된다. 다음 공이 오른쪽으로 갈 가능성은 당연히 존재한다. 가상의 공 두 개를 도입하면 추정 확률은 6/7이 된다. 또한 공이 아무리 많이 한쪽으로 몰린다 해도 100퍼센트 확신에는 결코 도달할 수 없음을 알 수 있다. 공 100만 개가 왼쪽에 놓였다면 다음 공이 오른쪽에 놓일 확률은 1,000,002분의 1이 된다. 정보를 추가로 얻을 때마다 완벽한 확신에 가까워지되 결코 완벽에 도달하지는 못한다.

베이즈는 확률분포에 관해서도 논했다. 선이 있을 가능성이 가장 높은 위치는 3/7 지점이라고 했지만, 그 지점에서 좌우로 인접한 위치에 있을 가능성도 거의 그 못지않게 높을 것이다. 그 지점에서 좀 더 떨어져 있을 가능성은 그리 높지 않다. 그런가 하면 오른쪽 끄트머리에 있을 가능성도 희박하지만 없진 않다. 공 세 개가 우연히도 테이블 오른쪽 가장자리에 몰린 경우다. 그와 같은 확률분포를 그래프로 그려보자.

확률이 균일하게 분포하는 경우의 그래프는 앞에 보인 것처럼 그냥 직선이다. 지금처럼 공을 다섯 개 굴리고 나면 그래프를 갱신하여 그릴 수 있다. 상당히 복잡한 수학식을 동원해야 하는데, 결과는 다음과 같다.

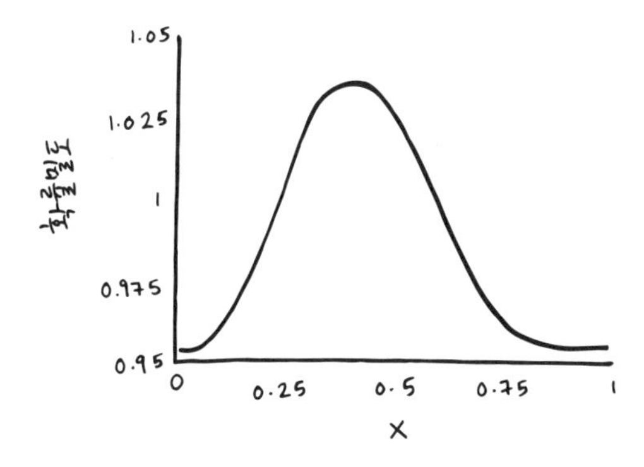

선이 어떤 위치에 존재할 확률의 분포가 달라졌다. 우리는 이제 **사후확률**의 분포를 구한 것이 된다. 사후확률은 사전확률을 새 정보에 의거해 갱신한 확률이다.

그런데 여기서 정보를 더 얻고자 한다면 방금 구한 사후확률은 이제 사전확률이 된다. 공을 또 다섯 개 굴린다고 하면 앞서와 정확히 똑같은 과정을 반복한다. 그렇게 하여 새로 얻는 확률분포는 폭이 한층 더 좁고, 중심이 실제 값에 더 가까워질 가능성이 크다.

사실 우리가 지금까지 살펴본 모든 예에서도 똑같은 방법을 쓴다. 암 진단검사를 할 때도, 코로나19 검사를 할 때도, 증거에 비추어 피의자가 범인인지 판단할 때도 마찬가지다. 사전정보(가령 암의 유병률)를 설정하고, 새로 얻은 정보(가령 민감도와 특이도가 특정 수준인 검사를 수행한 결과 양성이 나왔음)를 반영해, 사후 분포를 계산한다.

그리고 중요한 건 이 모든 것이 주관적이라는 점이다. 주관적이라고 해서 임의적이라는 뜻은 아니고, 사전확률을 어떻게 잡든 모두 똑같이 유효하다는 뜻도 아니다. 가령 A라는 사람은 주사위를 굴릴 때 6이 나오는 사전확률을 대략 6분의 1로 설정했고, B라는 사람은 6분의 5로 설정했다고 하자. 일반적인 주사위라면 아무래도 A의 사전확률이 진실에 더 가까울 것이다. 사람이 무엇을 믿는 이유는 상대적으로 더 합리적일 수도 있고 덜 합리적일 수도 있다. 어쨌든 믿음이란 주관적인 것이다. (물론 주사위에 문제가 없고 수백 번 굴려볼 수 있다면, 그리고 B

가 베이즈 추론에 능한 사람이어서 추가 증거에 비추어 자신의 믿음을 적절히 갱신한다면, 대략 6분의 1의 빈도로 6이 나옴에 따라 B는 자신이 추정하는 확률을 A와 매우 비슷한 값으로 금방 조정할 것이다.)

베이즈의 논문은 심프슨의 1755년 논문 이후에 쓰였을 가능성이 높다. 베이즈 사후에 출판되었지만, 소리소문 없이 잊힌 것 같다. 프랑스의 수학자 피에르 시몽 라플라스가 1774년에 베이즈와 비슷한 결론에 도달했지만, 독자적인 연구를 통해서였고 베이즈의 논문을 알지 못했던 것으로 보인다. 스티글러에 따르면 베이즈는 자신의 논문을 그리 중요하게 생각하지 않았다. 사망하기 넉 달 전인 1760년에 자신이 살 날이 얼마 남지 않았음을 예감하면서 유언장을 썼는데, "자신이 원했다면 논문의 내용을 왕립학회에 알릴 기회가 있었을 것"임을 시사했다고 한다.[49] 당시 베이즈는 왕립학회 회원이었다. 그러나 논문은 결국 왕립학회가 아니라 친구 리처드 프라이스에게 전해진다. 베이즈가 프라이스에게 유언으로 100파운드의 돈과 〈기회 학설에서 나타나는 … 소론〉을 포함한 글 몇 편을 남긴 데 따른 것이다. (유언장에 "현재 뉴잉턴그린에 목사로 있는 것으로 짐작되는 리처드 프라이스에게"라고 적은 걸 보면 프라이스의 소재에 대해 정확히 알지 못했던 것 같다.)[50] 다행히 프라이스는 논문의 중요성을 간파했다.

최초의 베이즈주의자, 흄에 맞서 신을 옹호하다

리처드 프라이스(1723~1791) 역시 비국교파 목사였다. 프라이스는 베이즈가 짐작했던 것처럼 런던 북동부 뉴잉턴그린의 한 교회에 목사로 있었다. 이 교회는 런던에서 현재까지 운영 중인 가장 오래된 비국교파 교회로, 오늘날 꽤 유명하다. 《여성의 권리 옹호》를 저술한 사상가이자 《프랑켄슈타인》의 저자 메리 셸리의 어머니이기도 한 메리 울스턴크래프트도 이 교회의 신도였다.

프라이스는 베이즈보다 연하이면서 당시 베이즈보다 훨씬 유명한 사람이었다. 여러 급진 사상가들과 친분이 두터웠는데, 특히 미국 건국의 아버지들 몇몇과 친구 사이였다. 토머스 제퍼슨,[51] 벤저민 프랭클린과[52] 편지를 주고받았고, 두 사람과 미국 제2대 대통령 존 애덤스는 뉴잉턴그린으로 프라이스를 찾아오기도 했다. 특히 프랭클린과는 절친한 사이였던 것으로 보인다. 프라이스는 독립 혁명의 지지자로 유명했다. 독립선언서가 발표되기 몇 달 전인 1776년 2월에 〈시민 자유의 본질, 정부 체제의 원칙, 미국 전쟁의 정당성과 정책에 관한 소견〉이라는 소책자를 냈는데, 3일 만에 다 팔려나가고 5월까지 11쇄를 찍었다. 프라이스의 전기에 따르면 "이 책에서 받은 격려가 미국인들이 독립 선언을 결심하게 하는 데 적잖은 몫을 했다"고 한다.[53]

또한 프라이스는 뒤에서 자세히 소개할 철학자 데이비드 흄을 비롯해 철학자 애덤 스미스, 정치가 윌리엄 피트와도 친구였다. 대단히 훌륭한 친구들을 둔 무척 대단한 사람이었고 영국과 미국에서 두루 유명했던 것 같은데, 오늘날 이름이 거의 알려지지 않은 것이 이상할 정도다.

물론 우리가 논하고 있는 맥락에서 프라이스의 혁혁한 공로는 베이즈의 논문을 세상에 널리 알렸다는 것이다. 프라이스는 베이즈 사후인 1761년에 물리학자 존 캔턴에게 논문을 보여주었고, 2년 후 〈왕립학회 철학회보〉에 논문을 게재했다.

논문을 내는 데 시간이 그토록 오래 걸린 이유 중 하나는, 프라이스가 오타를 고치는 수준의 교정만 한 게 아니었기 때문이다. 통계사학자 스티븐 스티글러의 표현에 따르면 그는 "충직한 비서" 이상의 역할을 했다. 나름의 관점에 따라 논문을 제시했다고 보아야 할 것이, 게재된 논문의 전반부는 베이즈가 쓴 것이었지만 각종 실제 적용 사례를 든 후반부는 프라이스의 작품이었다.[54] 베이즈는 응용 통계에는 관심이 없었다. 이 논문을 비롯해 그의 모든 저술은 "전부 이론뿐이고 응용 관련은 눈곱만큼도 없다"는 평을 받지만,[55] 스티글러에 따르면 프라이스야말로 "최초의 베이즈주의자"였다.[56]

프라이스는 "세상에 갓 태어나" 해를 처음으로 보는 사람의 예를 들었다. "첫날 밤에 해가 사라지고 나면 그는 앞으로 해를 다시 볼 수 있을지 전혀 알 길이 없을 것"이라고 프라이스는 베이즈 논문에 덧붙인 자신의 글에서 말한다. 그런데 이튿날 아침 해가 다시 뜨고, 계속 다시 뜬다. 그렇게 아침에 해가 뜨는 것을 n번 경험하고 나면, n+1번째 아침에도 해가 뜨리라고 얼마나 확신할 수 있을까?

이때 베이즈 정리를 적용할 수 있다고 프라이스는 주장한다. 해가 뜨는 것을 한 번 본 상태에서는 그것이 일회성 사건인지 반복될 사건인지 전혀 알 수 없다. 해가 또 뜰 가능성은 있지만 그것이 1,000억 년에 한 번 있는 일인지, 매일같이 있는 일인지, 혹은 그 사이의 어떤 주기로 일어나는 일인지 알 수 없다. 그렇다면 모든 경우에 대해 균일한 확률분포를 가정해야 할 것이다.

이튿날도 해가 뜬다면 "다음에도 또 뜰 확률은 3 대 1 정도"로 확신할 수 있으리라고 프라이스는 추정했다. 베이즈의 테이블 예제와 똑같은데, 다만 공이 선 왼쪽에 놓이느냐 오른쪽에 놓이느냐가 아니라 해가 뜨느냐 마느냐의 확률을 구하는 상황이다. 해가 100만 번 다시 뜬다면 "2의 100만제곱 대 1의 확률로 해가 같은 시간 간격을 두고 다시 뜨리라고 볼 수 있다"고 프라이스는 말했다. 그러나 증거가 아무리 많이 쌓인다 해도 "절대적이고 물리적인 확신에 이르기에는 부족할 것"이라고 했다.[57]

물론 재미있는 이야기고, 지금까지 살펴본 논의의 발전 방향과도 부합한다. 앞에서 베르누이가 주어진 크기의 표본으로 도달할 수 있는 '도덕적 확실성'의 수준을 구한 이후, 심프슨과 드무아브르가 표집확률에서 추론확률로, 다시 말해 '가설이 옳다고 할 때 데이터가 이렇게 나올 확률'에서 '데이터가 이렇게 나왔을 때 가설이 옳을 확률'로 논점을 바꾸고자 했음을 상기하자.

그러나 여기서 흥미로운 점은 프라이스가 작업에 나선 동기다. 당시 비국교도 교파들 간에는 의견 대립이 있었는데, 수학이 무신론을 부추기는 구실을 하리라고 보는 쪽이 있는가 하면, 반대로 수학이 신이 창조한 세계를 이해하는 데 도움이 되리라고 보는 쪽이 있었다. 프라이스는 후자의 입장이었기에, 베이즈 정리를 이용해 데이비드 흄에 맞서 신을 지켜내려고 했다는 것이 스티글러와 벨하우스의 견해다.

흄은 1748년에 출간된 〈기적에 관하여〉라는 소론에서 그 어떤 증언도 자연 법칙을 위반하는 기적이 일어났음을 입증할 수는 없다고 주장했다. '비범한 주장에는 비범한 증거가 필요하다'라는 말로 요약하기도 하는데 흄이 직접 한 말은 아니지만 한마디로 그런 이야기다. 흄은 이렇게 말한다. "증언이 거짓인 경우가 증언이 주장하는 사실보다 더 기적적이라 할 만한 상황이 아닌 한, 그 어떤 증언도 기적을 입증하기에는 충분치 않다. … 누가 내게 죽은 사람이 다시 살아난 것을 보았다고 말한다면, 나는 이 사람이 속이고 있거나 속고 있을 가능성이 더 큰지, 아니면 이 사람이 말하는 사실이 정말 일어났을 가능성이 더 큰지 곰곰이 생각해볼 것이다."[58]

신약성서에서 죽었다가 다시 살아난 사람이 적어도 한 명 있다고 굳게 믿는 기독교 국가의 국민들에게는 아주 충격적인 내용이었고, 흄의 글은 격한 반발을 샀다. 그러나 흄이 말하고자 한 것은 확률이었다. 누구나 자연 법칙이 깨지지 않는 것을 평생에 걸쳐 경험하고, 또 누구나 사람이 거짓을 말하는 것을 평생에 걸쳐 경험한다. 누가 "죽은 사람이 다시 살아나는 것을 봤다"고 말한다면 이 사람이 실제로 그런 것을 목격했다기보다는 착각이나 거짓말을 하고 있다고 대부분의 사람은 판단할 것이다. 따라서 그런 증언은 무의미한 것으로 치부해야 한다고 흄은 말하고 있다.

그러나 이제 베이즈 정리라는 무기로 무장한 프라이스는 아무리 흔치 않은 사건도 일어날 때가 있다고 강조했다. 해가 뜨거나 밀물과 썰물이 바뀌는 것을 아무리 100만 번 보았다 해도 다시 반복되리라고 '절대적으로' 확신할 수는 없는 법이라고 했다. 프라이스는 베이즈의 논문에 덧붙인 글에서 대단히 많은 수의 면을 가진 미지의 주사위에 관해 긴 논변을 펴고 있다. 주사위를 100만 번 던졌을 때 특정한 면이 특정한 횟수만큼 나왔다면 어떤 결론을 내릴 수 있느냐 하는 내용이다. 이후에 쓴 다른 소론에서도 똑같은 숫자를 예로 들면서 흄의 〈기적에 관하여〉를 직접적으로 비판했다.[59]

베이즈 이론에 바탕한 그 글에서 프라이스는 엄청나게 많은 수(가령 100만 개 이상)의 면을 가진 가상의 주사위를 제시하며, 주사위에는 X 표시가 있는 면도 있고 표시가 없는 면도 있는데 그 비율은 알지 못한다고 했다. 목표는 그 비율을 알아내는 것이다. 주사위를 100만 번 던졌는데, 100만 번 모두 X가 나왔다.

앞에서 살펴봤던 베이즈의 테이블과 다를 바 없는 상황이다. '공이 선의 왼쪽에 놓였느냐 오른쪽에 놓였느냐'가 아니라 '주사위가 X가 나왔느냐 나오지 않았느냐'로 질문이 바뀌었다는 차이밖에 없으니 똑같은 방법으로 계산하면 된다. X일지 아닐지의 가능성을 사전에 전혀 알지 못한 채 주사위를 굴리기 시작하는 것이므로, 100만 번 연속으로 X가 나왔다면 다음번에 X가 나오지 않을 확률에 대한 최선의 추정값은 1,000,002분의 1이다. 확률분포를 그래프로 나타내면 그 수치를 중심으로 모여 있게 된다. 프라이스의 계산에 따르면 X가 나오지 않을 확률은 60만분의 1에서 300만분의 1 사이일 가능성이 50퍼센트다.

프라이스의 주장은 이렇게 이어진다. 이제 주사위를 굴리는 게 아니라 밀물과 썰물이 매일 두 번씩 일어나는 현상을 관찰한다고 하자. 지금까지 그 현상을 100만 번 관찰했다(현재 나이가 1,400살이다). 그렇다고 해도 1,000,001번째에 그 현상이 일어나지 않을 가능성은 작지만 분명히 존재한다. 아무리 흔치 않은 사건도 일어날 때가 있고, 그런 일이 일어나지 않는 것을 아무리 많이 보았다 해도 일어날 가능성을 완벽히 배제할 수는 없다. 프라이스는 마찬가지 논리로, 죽은 사람이 다시 살아나지 않는 것을 아무리 여러 번 보았다 해도 그런 일이 절대 없다고 확신할 수는 없다고 말하고 싶었을 것이다.

흄은 프라이스의 글을 접했다. 그리고 두 사람은 의외로 훈훈한 대화를 나누었는데, 특기할 만하기에 소개하고자 한다. 신이 있느냐 없느냐라는 그토록 중요한 문제를 놓고 그리도 철저히 의견이 갈리는 두 사람이 그토록 매너 있게 상대방을 대하는 모습이 무척 보기 좋다.

프라이스는 〈기적에 관하여〉에 대한 반론으로 쓴 소론에서 살짝 무례한 문구를 몇 군데 넣었다. 한 예로, 흄과 같은 주장을 펴는 사람을 가리켜 "논쟁보다는 비웃음을 사야 마땅하다"고 적기도 했다. 그런 후에 두 사람이 만났는데, 프라이스는 온화하고 합리적인 성품으로 정평이 난 흄의 태도에 매료되면서 부끄러움을 느꼈고, 그 후 글의 개정판에서 무례한 표현을 모두 뺐다. ("빈약하면서 허울만 그럴싸한 궤변에 불과하다"라는 말을 "그릇된 원리에 기반한 주장이라고 단언하지 않을 수 없다"로 바꾼 것이 한 예다.) 그리고 사과하는 투가 역력한 서문을 추가해, 적이라 할지라도 악의를 품었거나 부정직하다고 몰아붙여서는 안 된다는 말을 하고 있다.[60] 프라이스의 사과를 받은 흄은 프라이스에게 다정한 편지를 보내, 사과할 것 하나도 없다, 당신은 "진정한 철학자"다, 나를 "보기 드문 예를 갖추어 … 착오가 있되 이성적 사고와 확신이 가능한 사람으로" 대해주었다고 말했다.[61] 또 프라이스의 논증을 "새롭고 그럴듯하며 독창적"이라고 평했다. 다만 흄은 자신이 썼던 소론을 그 후 다시 다루지 않았다.

프라이스는 자신이 베이즈 논문의 앞머리에 넣은 서문에서 심지어 한 발 더 나아간 입장을 보인다. 기적에 관한 주장은 하나도 넣지 않고, 대신 베이즈 정리를 통해 세상이 정해진 법칙에 따라 나아가고 있음을 보일 수 있으며, "신의 존재에 관한 목적론적 논증을 입증"할 수 있다고 말하고 있다. 현대 통계학자 중 여기에 동의할 사람이 얼마나 될지는 알 수 없으나, 베이즈 정리가 그 시작부터 매우 원대한 목적에 응용되었던 것은 분명하다.

베이즈에서 골턴으로

베르누이, 드무아브르, 심프슨이 공통적으로 입증한 사실은 측정을 아주 많이 하면, 그리고 (베이즈가 지적하였듯이) 측정 오차가 일관되지 않고 무작위적인 경우라면, 측정값이 실제 값 주위에 집중되는 경향이 있다는 것이다.

베이즈가 입증한 사실은, 실제 값의 사전 추정치를 계산에 넣으면 측정값을 통해 세상의 상태는 아마도 이럴 것이라고 추론할 수 있다는 것이다.

프랑스의 위대한 수학자이자 물리학자 피에르 시몽 라플라스는 베이즈가 사망한 후 몇 해에 걸쳐서 베이즈와 똑같은 결론에 독자적으로 도달했고, 훨씬 더 상세한 설명을 내놓았다. 리처드 프라이스는 1781년에 파리를 방문, 라플라스의 스승인 콩도르세 후작 니콜라 드 카리타를 만나 베이즈가 발견한 규칙을 논했다. 콩도르세 후작도, 이후 라플라스 자신도, 베이즈가 최초 발견자임을 인정했고, 그에 따라 이 규칙은 '라플라스 정리'가 아닌 '베이즈 정리'로 불리게 되었다.[62] 물론 라플라스의 연구가 완성도는 더 높았다고 해야 할 것이다.

확률론이 처음 싹튼 분야는 운에 좌우되는 게임, 그리고 물리학이었다. 특히 천문학 분야에서 관측값의 평균을 이용해 전체 오차를 최소화하고자 확률론을 이용했다. 그러나 사회과학 분야에서도 유용하게 쓰일 수 있다는 건 분명했다. 일찍이 야코프 베르누이는 사망 위험을 판단하는 문제를 논하면서, 어떤 사람이 앞으로 10년 더 살 수 있을 가능성을 알려면 비슷한 나이와 상태의 사람들을 관찰해보면 된다고 했다.

> 만약 티티우스와 나이와 체질이 동일한 남성 300명을 관찰한 결과 200명이 10년 뒤에 사망한 상태고 나머지는 살아 있다면, 우리는 티티우스가 향후 10년 안에 사망할 확률이 그 이상 살 확률보다 두 배 높다고 충분히 확신할 수 있다.[63]

60여 년 후 라플라스는 파리의 출생률을 조사한 후 성비의 편향이 작지만 분명히 존재한다는 사실을 발견했다. 1745년에서 1770년 사이에 파리에서 태어난 남아는 251,527명인 반면 여아는 241,945명으로, 약 51:49의 비율이었다. 라플라스는 남아와 여아의 출생 가능성이 똑같다면 그렇게 치우친 결과가 나올 확률은 10의 42제곱분의 1에 불과하다고 밝혔다.[64] 또한 런던의 경우 편향이 더 심하다는 사실도 지적했다.

그러나 확률과 통계를 사회과학에 본격적으로 도입한 사람은 벨기에의 수학 천재 아돌프 케틀레(1796~1874)였다. 그는 브뤼셀 왕립 천문대에서 천문학자 겸 기상학자로 일했지만 본업 외의 관심사는 통계학이었고, 26세에는 국가 통계청에서 인구 데이터를 분석하고 인구 총조사를 주관하는 고위직에 올랐다. 라플라스의 모델을 따라 인구 총조사 대신 여론조사처럼 무작위로 표본을 추출하여 전체를 파악하는 아이디어를 추진하기도 했다. 그러나 하위 집단 간 편차가 너무 커서 표본이 전체 인구를 제대로 대표하지 못할 것이라는 더케베르베르흐 남작의 반대에 설득되어 생각을 접었다.

케틀레의 주된 업적은 '평균인'이라는 개념이었다. 그는 키, 몸무게, 힘과 같은 신체적 특성에서 음주량, 범죄, 정신이상과 같은 도덕적·심리적 특성에 이르기까지 다양한 축을 따라 인구 데이터를 수집했다. 그리고 각 축의 평균을 구해 이른바 '사회 물리학'의 기본 단위로 삼고자 했다. 그리하여 다양한 축을 기준으로 사회를 분석할 수 있었다. 교육 수준에 따라 유죄 선고를 받을 가능성이 어떻게 달라지는가? 문맹 여부에 따라서는? 나이에 따라서는?

케틀레가 주목한 것은 많은 측정값이 정규분포를 따른다는 사실이었다. 한 예로 스코틀랜드 군인들의 가슴 둘레를 측정했더니 정규곡선이 나왔는데, 이는 같은 군인의 가슴 둘레를 여러 번 측정할 때 측정오차로 인해 결과가 평균 주위에 분포되는 모양과 유사했다. 케틀레는 그 이유를 이렇게 보았다. 키, 몸무게, 힘뿐 아니라 자살과 같은 행동 특성조차도 다수의 자잘한 요인이 작용한 결과이며, 그 요인들이 한 방향으로만 작용하는 일은 드물다. 보통 요인마다 나름의 방향으로 작용하기 때문에 사람들의 키, 몸무게, 음주량 등은 평균 주위에 모여 정규분포를 이루는 경향이 있다는 것이다. 클레이턴의 설명에 따르면 "단지에 일정한 비율로 흰 돌과 검은 돌이 들어 있고 흰 돌을 뽑으면 키가 커지고 검은 돌을 뽑으면 키가 작아진다고 할 때 돌을 여러 개 뽑아서 각 사람의 키를 결정한 것과 비슷하다"는 생각이다.[65]

케틀레는 물리 법칙과 유사한 인간 사회의 법칙을 찾고자 했고, 동시에 '평균인'이 어떤 면에서는 이상적인 인간이라고 생각하기 시작했다. 스티글러의 표현에 따르면 "자연이 목표로 하는 아름다움의 표준"이라는 것이었다.[66] 반면 평균인이 그저 평범하거나 심지어 기괴하다고 보는 사람들도 있었다. 케틀레는 여러 가지 착오를 범했는데, 예컨대 어떤 수량이 정규분포를 따르는 그 밖의 여러 이유가 있음을 깨닫지 못했다. 그리고 보이는 모든 것에 정규곡선을 적용했다. 훗날 한 통계학자는 이처럼 무엇이든 정규분포로 보는 성향을 가리켜 '케틀레 증후군'이라고 명명하기도 했다.[67]

그러나 정규분포에 대한 케틀레의 집착은 어느 정도 유행을 낳았다. 또 그의 연구는 집단을 관찰함으로써 개인의 행동과 삶의 결과를 확률적으로 예측할 수 있다는 발상의 계기가 되었다. 한 예로 배심원 재판을 다룬 유명한 연구에서 그는 피고인의 성별, 30세 이상인지 여부, 교육 수준, 문맹 여부 등에 따라 유죄 선고를 받을 가능성에 차이가 있다는 사실을 발견했다.

(무죄 선고를 받으려면 교육 수준이 높은 30세 이상의 여성이 유리하다는 결론이었다. 적어도 19세기 초 프랑스에서는 그랬다고 한다.)

그의 결론은 큰 논란을 불러일으켰다. 개인의 행동과 선택이 각자가 가진 속성의 산물임을 시사했으니, 이는 자유의지 개념과 상충하는 듯했다. 그의 연구는 후에 등장하는 이른바 '과학적 인종주의'의 토대가 되기도 했다. 케틀레의 추종자 중 한 명인 루이아돌프 베르티용은 두브라는 마을에 사는 젊은 남성 인구의 키 분포 곡선에서 마치 남성과 여성의 키를 나타낸 것처럼 두 개의 봉우리가 나타나는 것을 발견했다. 이 마을에 두 종류의 '평균인'이 거주한다는 의미였다. 베르티용은 두브의 주민이 켈트인과 부르군트인의 두 인종으로 이루어져 있기 때문이라고 주장했다.[68] 이는 후에 착오로 드러났다. 베르티용이 인치를 센티미터로 변환하는 과정에서 실수를 저질러 데이터를 잘못 해석했다는 것이 여러 해 후에 밝혀진 것이다. 그러나 이로써 후속 연구의 문이 열렸다. 그리고 인간의 속성 측정을 둘러싼 논란으로 인해 통계학자들은 확률론의 주관성을 인정하는 베이즈·라플라스 모델을 기피하고 외양상 객관적이고 확실한 통계학의 방패 뒤에 숨으려는 성향을 띠게 되었다. 적어도 클레이턴의 견해에 따르면 그렇다.

그로부터 얼마 지나지 않아 등장한 사람이 바로 프랜시스 골턴이었다.

골턴, 피어슨, 피셔와 빈도주의의 부상

베이즈와 라플라스가 남긴 업적에도 불구하고 통계학자와 과학자들은 대체로 일상 작업에 베이즈 정리를 이용하지 않는다. 대부분은 이른바 빈도주의자라고 할 수 있다.

빈도주의 통계학은 지금까지 우리가 논의한 것과 정반대의 기능을 한다. 베이즈 정리가 데이터에서 가설로 가면서 '이런 데이터가 나왔을 때 가설이 옳을 가능성이 얼마인가'를 묻는다면, 빈도주의 통계학은 가설에서 데이터로 가면서 '주어진 가설이 옳다고 할 때 이런 데이터가 나올 가능성이 얼마인가'를 묻는다.

후자는 물론 한 세기도 더 전에 베르누이가 연구한 이래 여러 사람이 넘어서려고 했던 개념이다. 그런데 왜 되돌아간 것일까?

설명을 계속하기 전에 한마디하겠다. 아직 모르는 독자가 있을지 몰라서 밝혀두는데, 지금부터 다룰 것은 엄청나게 논쟁적인 주제다. 나는 과학계의 논쟁을 주제로 여러 해 동안 글을 썼고, 그중에는 꽤 치열한 것도 많지만, 베이즈주의와 빈도주의의 '통계 전쟁'이야말로 가장 험악한 논쟁이라 할 만하다. 따라서 다음에 이어질 설명은 비록 기본적인 줄기가 옳다 해도 많은 독자의 불만을 살 수 있다.

어쨌든 내가 기본적으로 이해하는 바는 이렇다. 사전확률은 문젯거리다.

우선 기술적이고 실제적인 이유에서 문제가 된다. 사전확률을 어떻게 택해야 하는가? 베이즈는 당구대 비슷한 테이블의 예제에서 흰 공이 테이블 위 어디에 놓일 확률도 똑같다고 가정했다. **균일한 사전확률**을 전제한 것이다. 물론 충분히 납득할 수 있는 전제다. 공을 충분히 세게 굴리기만 하면 멈추는 위치는 사실상 무작위적이라고 볼 수 있다. 그렇지만 만약 상황에 대해 아는 바가 하나도 없어서 그 어떤 사전확률도 가정할 근거가 없다면?

수학자이자 논리학자 조지 불은 기술적인 측면에서 반론을 제기했다. 한마디로 무지에도 종류가 있다는 것이다. 클레이턴이 단순화하여 제시한 예를 살펴보자.[69] 눈앞에 놓인 단지에 공 두 개가 들어 있다. 공은 흰색 아니면 검은색이다. 여기서 우리는 검은 공이 두 개일 확률, 검은 공이 한 개일 확률, 검은 공이 없을 확률이 모두 같다고 가정할 것인가? 아니면 공마다 검은색일 확률과 흰색일 확률이 같다고 가정할 것인가?

분명히 차이가 있다. 앞의 가정을 택한다면 사전확률은 각 경우에 대해 1/3이다. 반면 뒤의 가정을 택한다면 이항분포가 되므로, 검은 공이 두 개인 경우의 수와 검은 공이 없는 경우의 수는 하나씩이고, 검은 공과 흰 공이 하나씩인 경우의 수는 둘이다. 따라서 사전확률은 검은 공 두 개일 확률 1/4, 검은 공 하나와 흰 공 하나일 확률 1/2, 흰 공 두 개일 확률 1/4이 된다.

두 종류의 무지가 완전히 다른 결과를 낳고 있다. 더 나아가 단지에 공 두 개가 아니라 10,000개가 들어 있다고 하자. 첫 번째 종류의 무지를 가정하면 검은 공 하나와 흰 공 9,999개가 들어 있을 확률이나 검은 공과 흰 공이 5,000개씩 들어 있을 확률이나 똑같다. 그러나 두 번째 종류의 무지를 가정하면 전혀 그렇지 않다. 동전을 10,000번 던져서 앞면이 9,999번 나올 확률이나 5,000번 나올 확률이나 똑같다고 하면 말이 되겠는가. 두 번째 종류의 무지는 비록 무지라고 해도 흰 공과 검은 공의 비율이 90:10이나 100:0보다는 50:50에 가까울 가능성이 훨씬 높다는 것을 분명히 아는 상태다.

그럼 사전확률을 어느 쪽으로 잡아야 할까? 각 공의 색깔이 서로 독립적인가, 서로 관련이 있는가? 아무리 철저한 무지를 가정하고 싶다 해도 무지에는 여러 종류가 있으니, 그중 하나를 택하지 않으면 안 된다.

그렇지만 베이즈 사전확률의 근본적인 문제는 철학적이다. 문제는 그 **주관성**이다. 앞에서 말했듯이 사전확률은 세상에 대한 진술이 아니라 우리의 지식과 무지에 대한 진술이다.• 그 점은 어딘지 불편하게 느껴진다. 과학과 숫자는 늘 객관성을 약속했다. 지금도 그렇지만, 케틀레 같은 사람이 '사회물리학' 같은 용어를 써도 물리학자들의 비웃음을 사지 않았던 18세기와 19세기에는 더 그랬을 것이다. 어떤 실험 결과가 나왔다거나

• 베이즈주의자 중에는 해럴드 제프리스, 그리고 특히 E. T. 제인스처럼 '객관적 베이즈주의'를 말하는 사람들이 있다. 사전확률을 논리적 원칙에 기반해 설정하려는 노력인데, 오픈대학교의 케빈 매콘웨이는 내게 "제인스가 성공하지는 못했다고 보지만, 시도는 좋았다"고 말했다.

스코틀랜드 군인들의 가슴 둘레 측정 조사 결과가 나왔다거나 하면 누구나 그걸 보고 그것이 무엇을 말하는지에 대해 동의할 수 있어야 하지 않겠는가.

그러나 베이즈 모델은 무언가가 참인지 아닌지의 여부가 내가 그것을 애초에 얼마나 강하게 믿었느냐에 따라 달라진다고 말하는 것 같다. 예컨대 A와 B라는 두 사람이 가령 민간요법이나 힉스 입자에 대한 연구를 해서 뭔가 긍정적인 결과가 나왔을 때, A는 그 결과가 진짜일 가능성이 아주 높다고 생각하는 반면 B는 그렇게 생각하지 않더라도, 두 사람의 사전확률이 크게 달랐다면 둘 다 옳은 결론일 수 있다.

확률이 세상에 실재하는 것이 아니라 결국 주관적이고 개인적인 것이라는 개념은 어딘지 막연하고 어중간하게 느껴지는 면이 있다. 내가 만약 "이 동전을 던졌을 때 앞면이 나올 확률은 50퍼센트다"라고 말한다면, 그건 동전에 관한 진술처럼 느껴진다. 동전에 관한 내 믿음에 관한 진술로 느껴지지는 않는다.

물론 뒤에서 다시 논하겠지만 '주관적'이라는 말이 '무작위적'이라거나 '근거 없음'을 의미하지는 않는다. 가령 내게 두 가지 믿음이 있다고 하자. 하나는 정상적인 동전을 정상적으로 던지면 50퍼센트의 빈도로 앞면이 나오리라는 믿음이고, 또 하나는 내가 내일 외계인에게 납치될 가능성이 90퍼센트라는 믿음이다. 둘 다 나의 내적 믿음에 관한 주관적 진술이지만, 대부분의 사람들은 첫 번째 믿음은 합리적인 반면 두 번째 믿음은 그렇지 않다는 데 동의할 것이다. 그럼에도 어쨌든 확률이 머릿속 생각이라는 개념, 다시 말해 '이 주사위를 던졌을 때 6이 나올 확률은 약 6분의 1이다'라는 말이 주사위에 관한 진술이 아니라 우리의 믿음에 관한 진술이라는 개념은 통계 연구가들에게 널리 받아들여지지 않았고, 지금도 마찬가지다.

이와 같은 주관성에 대한 반감이 빈도주의의 부상을 촉발한 것으로 보인다.

빈도주의자는 인종차별주의자?

지금부터는 상당한 논란이 따르는 주제를 다룬다. 일단 인정해야 할 사실이 있다. 통계학의 황금기라 할 시대에 활동했던 인물 중 몇몇은 21세기의 기준으로 볼 때(그리고 아마 당대의 기준으로 보았을 때도) 아주 끔찍한 견해를 가지고 있었다. 문제는 그런 견해와 그들이 제시한 통계 이론을 떼어서 별개로 취급할 수 있느냐 하는 것이다.

예컨대 프랜시스 골턴(1822~1911)은 여러모로 예사롭지 않은 사람이었다. 찰스 다윈의 사촌으로, "마지막 신사 과학자"라는 평을 받는다.[70] 의사 자격을 취득했으나 거액의 유산을 물려받은 후 의사의 길을 접고, 자신이 하고 싶은 일을 마음껏 했다. 아프리카를 탐험하고 그 공로로 왕립지리학회의 훈장을 받았으며, 유럽 전역의 기상관측소에 관측 양식을 기입시켜 얻은 데이터를 통해 고기압권(위성 사진에서 흔히 공기의 소용돌이처럼 보이는 곳)을 최초로 발견했다. 그러나 가장 중요한 것은 통계를 활용한 인간 연구를 추진했다는 점이다. 특히 재능과 같은 특질이 가문 내에서 어떻게 대물림되는지를 연구했다.

골턴은 일생의 대부분을 유니버시티 칼리지 런던UCL에 재직하며 무척 획기적인 각종 발견을 내놓았다. 한 예로, 당시에는 정규분포와 관련된 문제 하나가 시원하게 풀리지 않고 있었다. 포도의 크기를 관측한다고 하자. 정규분포를 예상할 수 있을 것이다. 즉, 평균 정도의 크기가 가장 흔하고 아주 큰 것과 아주 작은 것은 드물 것이다. 그런데 한 언덕의 포도밭을 세 구역으로 나누어 생각해보자. 북향 밭, 동향과 서향의 밭, 남향 밭이다. 북향 밭은 해가 가장 적게 들어서 포도의 크기가 작은 편이다. 동향과 서향의 밭은 해가 좀 더 들어서 크기가 중간쯤이다. 남향 밭은 해가 가장 많이 들어서 포도가 큰 편이다.

각각의 밭 안에서는 포도의 크기가 정규분포를 이루리라 예상할 수 있다. 그런데 밭 전체를 보았을 때도 정규분포가 되는 것인가? 그래프에 세 개의 봉우리가 나타나야 하지 않을까? 만약 세 그룹이 아니라 그 이상으로 나뉜다면? 혹은 입력값이 연속적으로 변화한다면? 일조량뿐 아니라 강우량에도 차이가 있다면? 이렇게 입력값이 다양하다 해도 전체적으로 정규분포가 나타나는 이유는 무엇인가?

골턴은 수학에 그리 뛰어난 사람은 아니었기에, 문제를 풀기 위해 영리한 방안을 생각해냈다. '퀸컹크스quincunx'라는 이름의 장치인데, 생김새는 핀볼 게임을 닮았다. 커다란 판에 핀이 배열되어 있고 하단에는 칸들이 배치되어 있다. 상단에 있는 깔때기 모양 투입구에서 구슬이 떨어진다. 떨어지는 구슬은 핀에 부딪칠 때마다 왼쪽 또는 오른쪽으로, 이론상 무작위적으로 튀다가 결국 하단의 어느 칸으로 떨어진다. 이때 구슬은 정규분포와 비슷한 모양으로 쌓이는 경향을 보인다. 무작위적인 반사가 거듭되면서 편차가 상쇄되어 평균화되는 경향이 있는 것이다. 드무아브르도 예상했을 만한 현상이다. 물론 때로는 구슬이 어느 한쪽으로 많이 튀어 가기도 한다.

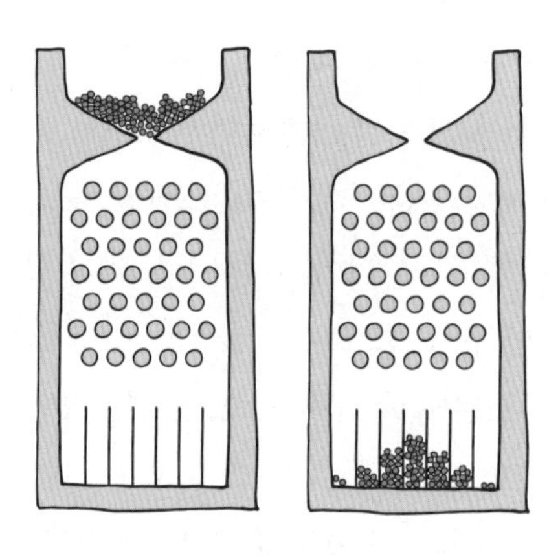

골턴의 탁견은 중간에 칸을 한 층 더 두는 것이었다. 중간에 모인 구슬은 칸을 개별적으로 열어 다시 떨어뜨릴 수 있다.[71] 구슬은 이제 중간층에 정규곡선 형태로 쌓이게 되며, 칸을 하나 열어 떨어뜨리면 바로 밑에 작은 정규곡선을 다시 이룬다. 이때 모든 칸을 열고 나면 정규곡선 하나하나가 합쳐져 큰 정규곡선을 이룬다는 것을 골턴은 입증했다.

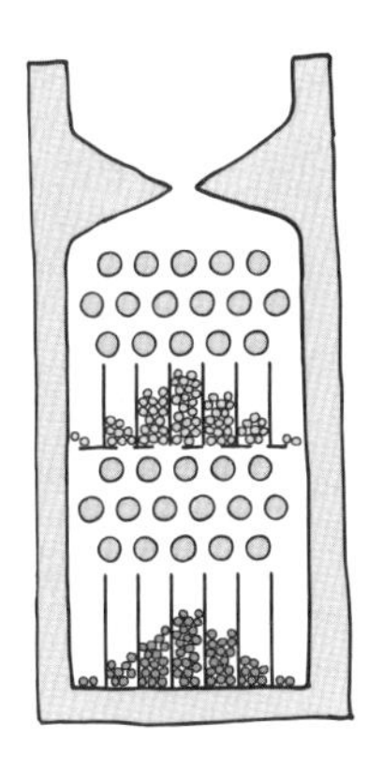
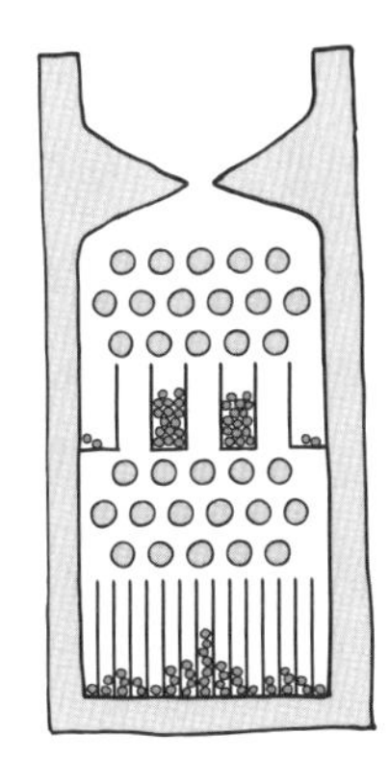

골턴은 이 실험에서 드러나는 것처럼, 앞의 포도밭과 같은 상황에서도 작은 정규분포가 여러 개 합쳐져 하나의 큰 정규분포를 이룰 수 있다고 보았다. 단, 중간 크기의 분포가 상대적으로 흔하다는 조건에서다(앞의 예에서도 일조량이 중간인 밭은 동향과 서향의 두 곳이고 일조량이 극단적인 밭은 북향과 남향 한 곳씩이었다). 이 결론을 바탕으로 골턴 자신뿐 아니라 이후의 통계학자들은 다양한 집단이 모여 하나의 큰 집단을 이룬다는 개념을 연구할 수 있었다.

골턴은 오늘날 '평균으로의 회귀regression to the mean'로 불리는 현상을 처음으로 설명하기도 했다. 그가 당시 사용한 용어는 '평범함으로의 회귀regression to mediocrity'였다.[72] 골턴이 완두콩을 관찰하다가 인간으로 관찰 대상을 확대해보니, 키가 매우 큰 부모의 자식은 부모 키의 평균만큼 크지 않은 경향이 있고, 키가 매우 작은 부모의 자식은 의외로 꽤 큰 경향이 있었다. 자식의 키가 부모의 키를 중심으로 정규분포를 보이리라는 예측에 어긋나는 결과였으니 선뜻 이해하기 어려웠다. 골턴은 이것이 일반적인 현상임을 보였다. 상관관계가 어느 정도 있되 불완전한 두 변수(예컨대 부모의 키와 자식의 키, 개인의 키와 몸무게, 나라의 인구와 GDP 등) 사이에서는 늘 그런 현상이 나타난다는 것이다. 가령 몸무게가 대단히 많이 나가는 사람이나 GDP가 유난히 높은 나라처럼 한 변수가 극단값을 보이는 경우에 다른 한 변수는 그리 극단적이지 않을 가능성이 많다. 극단적인 값은 그리 잘 발생하지 않기 때문이다.

골턴은 재능의 대물림에 관해서도 큰 관심을 가졌다. 《천재성의 유전》이라는 책을 저술하여 탁월한 사상가들이 특정 가문에 집중적으로 나타나는 경우가 많은 이유를 고찰했다(이래즈머스 다윈과 찰스 다윈을 가까운 친척으로 둔 본인의 집안에 착안했을 수도 있다). 유전적 영향과 환경적 영향을 가리키는 '본성 대 양육nature and nurture'이라는 표현을 처음 만들기도 했다. 그러나 골턴이 가장 주력했던 목표는 인종의 개량에 관한 과학을 창설하는 것이었다. 이름하여 우생학eugenics, 역시 골턴이 만든 용어다.

일각에서는 인간 지능과 그 유전성에 관한 모든 연구를 우생학이나 '과학적 인종주의'와 연관시키는 경향이 있기에, 이 지점에서는 조심스럽게 서술하고자 한다. 사람의 지능은 IQ라는 불완전하지만 대체로 유용한 지표를 통해 꽤 잘 측정할 수 있고, 지능이 유전되는 것도 사실이다. 유전적 요인과 환경적 요인을 분리할 수 있도록 기발하게 설계된 여러 연구에서 IQ 차이의 약 절반은 부모에게서 물려받은 유전자에 기인한다는 사실이 밝혀졌다.[73] 이는 여러 차례 반복을 통해 잘 정립된 결론이며, 지능 연구는 건전하고 중요한 연구다.

그러나 골턴이 추구한 목표는 단지 지능의 분포 양상을 관찰하고 기록하는 것뿐만이 아니라, 인종의 개량이었다. 골턴은 "말과 소의 품종을 개량하는 데 들인 비용과 노력의 20분의 1만이라도 인류 개량 대책에 할애한다면 천재들을 얼마나 무수히 탄생시킬 수 있겠는가!"라면서,[74] "선지자와 문명의 지도자가 태어날 수도 있을 것"이라고 했다. 그런 논리에서 그는 성공한 집안의 자손 번식을 장려하고 성공하지 못한 집안의 자손 번식을 억제하는 정책에 찬성했다.

골턴은 극단적 인종차별주의자였다.[75] 〈더 타임스〉에 편지를 보내 아프리카인은 "열등"하며 "게으르고 말 많은 야만인"이고 아랍인은 "타인의 농산물을 먹어치우기만 하는 자로, 창조자가 아닌 파괴자"라고 칭했으며, 동아프리카는 중국에 이양되어야 하는데 그 이유는 중국인이 "거짓말과 비굴한 행동"을 잘하긴 하나 그것은 교육의 산물이며 천성은 "근면하고 질서를 사랑"하기 때문이라고 주장했다.[76] (골턴에 따르면 현존하는 최고의 인종은 앵글로색슨인이며 역대 최고의 인종은 고대 아테네인이다. "아테네인의 평균 능력은 가장 낮게 추정해도 우리보다 거의 두 등급[표준편차]이 높다"면서 이는 앵글로색슨인과 아프리카인의 차이와 비슷한 수준이라고 했다.) 그는 인종을 분류하고 비교하는 데 집착했고, 자신이 발견이나 제작에 직접 기여한 과학 도구들을 이용해 작업했다.

골턴의 연구에서 영감을 받은 후대 통계학자들 중 대표적 인물로 칼 피어슨(1857~1936)과 그 뒤를 이은 로널드 피셔(1890~1962)가 있다. 골턴과 마찬가지로 피어슨과 피셔도 탁월한 학자였고, 역시 골턴과 마찬가지로 오늘날의 기준으로 볼 때는 물론이고 아마 당대의 기준으로 보았을 때도 불쾌할 만큼 인종에 집착했다. 그리고 두 사람은 서로를 아주 싫어했다.

피어슨은 역사학자, 철학자, 물리학자, 변호사, 정치가의 길을 거쳐 수학자가 된 다재다능한 인물이었다. 1885년 골턴의 뒤를 이어 유니버시티 칼리지 런던의 응용수학 교수가 됐다. 골턴은 사망하면서 이 대학에 유산을 남겨 우생학 교수직을 새로 만들게 했는데 피어슨이 그 자리에 처음 임명됐다.

피어슨은 골턴, 그리고 래피얼 웰던이라는 사람과 함께 통계학 학술지 〈바이오메트리카〉를 창간했다. 수학자들이 데이터 표본이 정규분포를 따르는지 혹은 다른 곡선에 더 잘 맞는지 알아보는 데 사용하는 '카이제곱 검정'이라는 방법을 고안하기도 했다. 또 '표준편차'라는 용어를 처음 만든 장본인이기도 하다.

피셔는 피어슨이 UCL 우생학 교수직에서 은퇴한 후 그 자리에 임명됐다. 아니, 정확히 말하면 자리가 둘로 나뉘었고 한 자리는 피어슨의 아들 이곤 피어슨이 차지했다. (UCL에 '우생학 교수직'이 있었다는 사실이 의외라면, 그에 관해서는 뒤에서 설명하겠으니 일단 넘어가자.) 피셔는 통계학 이론의 대가

이자, 미국 통계학자 브래들리 에프런에 따르면 20세기 통계학의 "거두"다.[77] 피셔가 발명하거나 확장한 현대적 통계 도구를 꼽아보면 놀라울 정도다. '분산분석ANOVA'에 사용되는 다양한 모델, '통계적 유의성' 개념, 데이터에 가장 잘 부합하는 분포 가설을 판정하기 위한 '최대가능도추정법'을 비롯해 수많은 도구가 피셔의 작품이다. 피셔는 선구적인 유전학자이기도 했다. 통계학자들은 생명과학자들과 대화하면서 피셔가 위대한 유전학자로 불리는 데 놀라고, 생명과학자들은 통계학자들과 대화하면서 피셔가 위대한 통계학자라고 하는 말에 놀란다.

피어슨도, 피셔도, 주관적 사전확률에 의존하는 라플라스와 베이즈의 통계학에서 벗어나려고 했다. 그런데 아이러니하게도 두 사람의 사이가 틀어진 것 역시 베이즈 때문이었다. 구체적으로 말해 문제가 된 것은 최대가능도추정법이다. '가능도likelihood'는 피셔가 만든 용어로, 한마디로 주어진 데이터를 설명하는 데 어떤 가설이 더 유리하냐를 말해주는 지표다. 예를 들어 동전을 열 번 던졌는데 앞면이 여덟 번 나왔다고 하자. 정상적인 동전이라면 그런 결과가 나올 가능성이 매우 낮아서 약 20분의 1밖에 되지 않는다. 그러나 동전이 조작되어 있어서 80퍼센트는 앞면이 나오게 되어 있다면, 앞면이 딱 여덟 번 나올 가능성은 약 3분의 1이다. 즉, '이 동전은 정상적이다'라는 가설보다 '이 동전은 편향되어 있어서 열 번에 여덟 번은 앞면이 나온다'라는 가설하에서 그런 데이터가 나올 가능성이 일곱 배 높아지는 셈이다. 따라서 두 가설 사이의 가능도비likelihood ratio는 약 7이다.

피셔는 이 같은 내용의 논문을 피어슨의 학술지 〈바이오메트리카〉에 발표했다.[78] 그런데 그 논문을 읽은 피어슨은 피셔가 베이즈 방식을 슬그머니 도입하고 있다고 생각했다. 그렇게 생각할 만도 했다. 피셔의 최대가능도추정법, 약자로 MLE는 역확률과 어딘지 비슷해 보인다. '이 가설이 저 가설보다 더 가능성이 높다'고 말하는 듯하다. 하지만 그렇지 않다. 정상적인 동전이 조작된 동전보다 주변에 훨씬 많다면, 앞면이 여덟 번 나왔다 해도 정상적인 동전일 가능성이 여전히 더 높을 수 있다. MLE는 서로 다른 가설하에서 주어진 결과가 나올 가능성이 어떻게 달라지는지를 비교할 뿐이다. MLE 자체는 어느 쪽 가설이 더 가능성이 높은지 말해주지 않는다.

그러나 MLE가 그런 기능을 한다고 생각한 피어슨은 다른 몇 저자와 함께 쓴 부록을 피셔의 논문에 덧붙였는데, 한마디로 논문이 베이즈주의라는 지적이었다. 거기엔 각 가설의 사전확률을 동일하게 취급한다는 가정이 깔려 있다고 했다. 그리고 (그 같은 가정하에서) 피셔의 방법은 틀렸음을 보였다. 피셔는 베이즈주의자로 불리는 것을 정말 싫어했고, 이 사건으로 둘 사이의 우정은 완전히 깨졌다. 피셔는 이후로 자신이 눈을 감을 때까지, 이미 사망한 지 오래인 피어슨, 피어슨의 아들 이곤, 피어슨의 후계자 예지 네이만과 다툼을 계속한다.

골턴과 마찬가지로 피어슨과 피셔도 오늘날의 관점에서 아주 불쾌한 견해를 가지고 있었다. 구체적으로 말해, 두 사람 다 우생학을 열렬히 지지했다.

여기서 다시 한번 조심스럽게 서술하고자 한다. 당시 사회에서 상당히 진보적인 입장을 취했던 사람들의 다수도 우생학에 찬성했다. 피임과 낙태, 여성 인권을 옹호한 운동가 마리 스톱스는 우생학의 강력한 지지자이기도 했다. 위대한 경제학자이자 진보주의자였던 존 메이너드 케인스도 마찬가지였다(케인스는 내 종증조부였으니 내게는 이 모든 것이 별일 아니었다고 주장할 만한 개인적 이해관계가 있음을 밝혀둔다). 사회주의와 진보주의 운동의 거두였던 시드니 웹·비어트리스 웹 부부, 조지 버나드 쇼, 버트런드 러셀도 더 나은 사회 건설을 위한 인간의 선택적 번식에 찬성했다. 우생학이란 용어는 오늘날처럼 우파와 강하게 연관된 것으로 인식되지 않았다. (실제로 내가 2000년대 말과 2010년대 초에 장애 여부 판단을 위한 배아 진단검사, 시험관 수정, '세 부모 아기'로 잘못 알려진 미토콘드리아 기증 시술 등의 주제로 기사를 썼을 때 그런 시도를 '우생학'이라고 비판한 것은 주로 종교적 우파 쪽이었다.)

예컨대 피셔가 골턴의 학술지 〈우생학 평론〉에 "더 우수하고 건강한 남녀를 생산하는 데 기여하는 제도, 법률, 전통, 이상을 가진 나라"가 "타락을 조장하는 조직을 가진 나라"를 "대체"할 것이라는 글을 썼을 때[79] 독자들이 받은 충격은 오늘날만큼 크지 않았을 것이다. 또 여성 해방에 관해 당시로서는 진보적인 견해를 가졌던 사회주의자이자 진보주의자 피어슨이 "외래 유대인 주민"은 "토착민에 비해 신체적, 정신적으로 다소 열등하다"고 적었을 때도[80] 마찬가지였을 것이다. 당시 일반 영국인은 물론이고, 테오도르 폰 카르만이나 바뤼흐 스피노자 같은 유대인 사상가들을 존경하던 영국의 진보적 지식인들 사이에도 반유대주의는 만연했다. 과거 사람들은 오늘날 우리가 당연하게 전반적으로 폐기한 견해를 가진 경우가 많았다. 심지어 당대의 기준으로 매우 진보적인 인물이었던 다윈조차도 지금 관점에서는 엄청난 인종차별주의자로 보일 만한 견해를 갖고 있었다.

그러나 좀 더 흥미로운 주제라면 골턴, 피어슨, 피셔의 우생학적 견해가 그들의 과학적 견해에 과연 영향을 주었느냐가 될 것이다. 클레이턴은 그렇다고 강력히 주장한다. 그는 "통계학과 우생학은 적어도 역사적으로는 밀접하게 얽혀 있다. 그걸 알아야 스토리의 전모를 이해할 수 있다"라고 내게 말했다. 피셔도, 어느 정도는 피어슨도, 베이즈주의를 싫어한 근본적 이유가 따로 있다고 했다. 바로 자신들의 우생학적 견해에 씌울 객관성의 허울이 필요했던 것. 어떤 인종은 열등하고 어떤 인종은 우수한 것이 과학적 사실이라면, 가난한 사람의 자손 번식을 억제해야 한다는 것이 객관적 진리라면, 거기엔 논박할 여지가 없게 된다. 베이즈주의의 주관성과 '내 생각은 무엇인가?'를 묻는 애매모호성은 그런 목표에 해가 되었다고 클레이턴은 말한다. "그들이 추구했던 것은 일종의 과학적 권위였다"면서, "그처럼 급진적인 변화는 저항에 부딪칠 게 뻔했으므로 최대한 논박 불가능한 권위로 뒷받침하고자 했던 것"이라고 그는 내게 말했다.

클레이턴은 자신의 주장을 뒷받침하기 위해 피어슨 본인의 말을 인용한다. 피어슨은 유대 아동의 열등성을 주제로 한 논문의 서문에서 "우리는 골턴 연구소만큼 공정하게 통계 조사를 수행할 수 있는 기관은 없다고 믿는다"면서, "우리에게는 정치적, 종교적, 사회적인 편견이 일체 없다고 굳게 믿는다. … 우리는 숫자와 통계값을 그 자체로 반기며, 모든 과학자가 그리하듯이 인간적 오류 가능성을 전제로 자료를 수집함으로써 그 안에 담긴 진실을 찾아내고자 한다"라고 말했다.

우생학과 초기 과학의 긴밀하게 얽힌 역사에 관해서는 책 한 권을 쓸 수 있을 것이다. 실제로 이미 많은 책이 나와 있다. 클레이턴 본인의 저서《베르누이의 오류》는 그 주제를 상세히 다루고 있으며, 애덤 러더퍼드의《통제》는 현대 문화의 상당 부분이 골턴에서 주로 기인한 우생학적 발상에 뿌리를 두고 있음을 말하고 있다.

그러나 클레이턴의 주장은 빈도주의 통계학의 역사 자체가 우생학을 추진해야 할 필요성 때문에 그 길로 갔다는 것이다. 나는 그 의견에 동의하지 않지만, 클레이턴이 자신의 동기를 무척 솔직하게 밝히고 있다는 점은 주목할 만하다. 그는 빈도주의와 베이즈주의가 전쟁을 벌이고 있는 상황을 인정하면서, 자신의 책에서 이렇게 말한다. "이 책을 하나의 전시 프로파간다로 보아도 좋다. 전단지에 인쇄하고 적의 영토에 비행기로 투하하여, 아직 편을 정하지 못한 사람들의 마음과 생각을 얻기 위한 선전 자료다. 이 책의 목표는 평화 협정을 맺는 것이 아니라, 전쟁을 이기는 것이다." 빈도주의자들이 인종차별주의자로 밝혀진다면 전쟁을 이기는 데 도움이 될 것임은 틀림없다.

베이즈의 전기를 쓴 통계학자 데이비드 벨하우스는 회의적이다. "그 주장은 전혀 믿을 수 없다"고 말했다. 그렇다고 해서 우생학이 괜찮다는 것은 아니다. 또 20세기 초 과학의 역사가 백인 우월주의 운동과 추악하게 얽혀 있는 것도 사실이다. 예컨대 나치의 인종 이데올로기 중 일부는 그리 어렵지 않게 골턴으로 기원을 거슬러 올라갈 수 있다. 그러나 그 주제는 다른 책의 몫이다. 이 책에서 내가 관심을 둔 주제는 '어느 쪽 지지자들이 더 불쾌한 사람들이었는가?'가 아니라 '어느 쪽이 옳은가'다. 아니, 더 정확히 말하면 '어느 쪽이 더 유용한가?'가 되겠다.

베이즈주의의 몰락

베이즈주의를 비판한 사람은 골턴, 피셔, 피어슨뿐만이 아니었다. 사람들이 대체로 문제 삼았던 부분은 '어느 결과가 나올 가능성이 가장 높은지 모르겠으면 가능성이 다 똑같다고 간주해야 한다'는 개념이었다. 짧은 기간 동안 라플라스·베이즈 모델의 비판자였던 존 스튜어트 밀은 1843년에 이렇게 적었다. "두 사건이 일어날 확률이 똑같다고 말하려면 둘 중 한 사건이 반드시 일어나고 그중 어느 쪽일지 추측할 근거가 없다는 것만으로는 부족하다. 경험상 두 사건이 똑같은 빈도로 일어난다는 것을 알 수 있어야 한다."[81]

밀은 확률이란 단지 무지의 표현일 뿐이라는 개념이 말이 되지 않는다고 보았다. 그의 생각에 확률은 세상의 어떤 실제 특성, 즉 사건이 일어나는 빈도를 나타내는 것이었다. 그는 이렇게 말했다. "우리는 동전을 던질 때 왜 앞면과 뒷면이 나올 확률이 같다고 간주하는가? 경험상 많이 던지면 앞면과 뒷면이 거의 똑같은 빈도로 나온다는 것을, 그리고 많이 던지면 던질수록 그 똑같은 정도가 더 완벽에 가까워진다는 것을 알기 때문이다." 그리고 라플라스·베이즈 역확률 개념은 숫자로 장난질을 치면 "무지도 과학으로 둔갑시킬 수 있다"는 이야기라고 했다.

베이즈주의와 빈도주의의 관점 차이를 더없이 깔끔하게 요약한 말이라고 생각한다. 베이즈주의는 확률을 주관적인 것으로 간주한다. 즉, 확률은 세상에 대한 우리의 무지를 표현한 것이라고 본다. 빈도주의는 확률을 객관적인 것으로 간주한다. 즉, 엄청나게 여러 번 시행했을 때 어떤 결과가 얼마나 자주 나오느냐를 표현한 것이라고 본다.

앞에서 논했듯이, 구체적인 비판 의견도 있었다. 불이 제기한 문제는 무지에도 종류가 있어서 그에 따라 사전확률이 달라진다는 것이었다. 우리가 단지 속 공의 전체적 분포를 모르는 것인가, 아니면 각 공의 색깔을 모르는 것인가? 비슷한 문제로 프랑스 수학자 조제프 베르트랑이 제기한 '베르트랑의 역설'이 있다[82](여기서는 클레이턴이 제시한, 조금 변형된 형태로 소개한다). 누가 종이에 정사각형을 그리고는 당신에게 보지 말고 크기를 맞혀보라고 했다고 하자. 한 변의 길이는 0에서 10cm 사이의 임의의 값이다.

균일한 사전확률을 가정한다면 한 변의 길이가 어떤 값일 가능성도 똑같다고 보아야 한다. 그렇다면 정사각형이 1cm×1cm일 가능성이나 9cm×9cm일 가능성이나 똑같다.

그러나 또 한편으로는 우리가 정사각형의 면적에 대해서도 균일한 수준으로 무지하다고 해야 할 것이다. 가능한 최대 면적은 $100cm^2$이므로(10cm×10cm), 균일한 무지를 가정하면 면적이 $50cm^2$ 이하일 가능성과 $50cm^2$ 이상일 가능성이 똑같아야 한다.

문제는 두 주장이 모두 참일 수 없다는 것이다. 우리가 변의 길이에 대해 균일하게 무지하다면, 면적이 $50cm^2$ 이하일 가능성이 70퍼센트가 넘는다(7cm×7cm여도 7×7=49이므로 $49cm^2$밖에 안 된다). 반면 우리가 면적에 대해 균일하게 무지하다면, 변의 길이가 5cm 이상일 가능성이 75퍼센트다(5×5=25이므로). 불이 지적했던 것처럼 무지에도 종류가 있고, 어느 종류의 무지를 택해야 할지에 대해 무지한 상황이다. (후대의 베이즈 학자들은 어느 쪽 사전확률을 택해야 하는지에 대한 무지를 나타내는 '상위 사전확률higher-level prior'이라는 개념을 도입한다.)

영국의 철학자이자 유명한 벤 다이어그램의 창시자인 존 벤은 피셔의 케임브리지대학교 스승이기도 했는데, 확률이란 현실 세계에서 사건이 실제로 발생하는 빈도를 나타내며 사건의 발생 가능성에 대한 우리의 추정값이 아니라는 밀의 논리를 채택하여 확장했다. 벤에 따르면 '정상적인 동전을 던졌을 때 50퍼센트의 확률로 앞면이 나온다'는 말은 '무한한 횟수로 던졌을 때 절반의 비율로 앞면이 나온다'는 뜻이다. 물론 실제로 동전을 무한한 횟수로 던질 수는 없다. 그렇지만 무한한 횟수로 던지는 것을 가정해야 한다고 벤은 말했다.[83]

피셔는 벤의 논리를 이어받아 명확하게 표현했다. "주사위를 던졌을 때 5가 나올 확률이 6분의 1이라는 말을 여섯 번 던지면 5가 반드시 딱 한 번 나온다는 의미로 받아들여서는 안 된다. 600만 번 던지면 정확히 100만 번 나온다는 의미도 아니다. 주사위의 상태가 처음과 동일하다는 조건에서 무한한 횟수로 주사위를 던지는 가상의 상황을 생각할 때 5가 나오는 비율이 정확히 6분의 1이라는 의미다."[84]

여기에는 재미있는 뒷이야기가 있다. 피셔는 베이즈주의를 깎아내린 공로를 벤과 불, 그리고 수학자 조지 크리스털에게 돌렸다. "(베이즈주의에 대한) 본격적 비판 논리를 처음 고안한 사람은 불"이라면서, "19세기 후반에는 벤과 크리스털이 역확률 이론을 더욱 명백하게 논박했다"고 적었다.[85]

그러나 이는 사실이 아니었다.[86] 불은 균일한 사전확률 개념의 문제점을 지적하긴 했지만, 개념 자체를 폐기해야 한다고는 하지 않았고 어려움이 있다고 했을 뿐이다. 그는 매우 베이즈적이고 주관적인 논조로 "확률론의 모든 절차는 어떤 가설에 따라 문제를 마음속으로 구성한 것에 기반을 둔다"고 말했고,[87] 무지의 원칙이 좋은 출발점임을 인정했다.

벤 역시 비판을 하긴 했으나, 비판 대상은 베이즈 사고법의 한 부분에 불과했다. 이름하여 후속 규칙the rule of succession이라고 하는 것으로, 앞에서 베이즈의 테이블 예제에서 논했듯이 x번의 시행에서 n번 일어난 사건이 다음번에는 $(n+1)/(x+2)$의 확률로 일어나리라는 개념이다. 가령 테이블 위에 공을 다섯 번 굴렸는데 선 왼쪽에 두 번 멈췄으면 여섯 번째도 왼쪽에 멈출 확률은 2/5가 아니라 3/7이라고 했다. 피셔는 이 부분에서 벤의 논리를 강하게 비판했는데, 정작 피셔 자신의 연구도 같은 비판에서 자유롭지는 못했다.

크리스털은 어이없게도 단순히 착각한 경우였다. 그가 '베르트랑의 상자 역설'이라는 또 다른 문제에 베이즈 정리를 적용해보았더니, 상자에서 흰 공을 뽑을 확률이 3:1로 계산되는 경우가 있었다. 그러나 정답은 1:1인 것이 명백하므로 베이즈 정리는 틀렸다고 그는 주장했다. 하지만 착각이었다. 정답은 3:1이 맞고, 크리스털은 자신의 직관에 이끌려 잘못 판단한 것이다.

피셔가 베이즈주의에 대한 공격을 거든 공로자로 언급한 세 명 중 누구도 제대로 공격했다고는 볼 수 없고, 실제로 공격한 사람은 피셔였다(그 밖에 네이만, 그리고 어느 정도는 피어슨도 기여했다). 그럼에도 베이즈주의는 오랜 세월 동안 한물간 이론으로 취급되었고, 피셔·피어슨 통계학은 오늘날 전문 통계학자와 과학자들 사이에 확고한 표준으로 자리잡았다. 베이즈 정리를 가리켜 "어처구니없는 허위"이자[88] "수학계가 유례없이 깊숙이 빠져든 오류"로서[89] "전적으로 배격되어야 한다"고[90] 주장했던 피셔가 승리한 것이다.

통계적 유의성

이쯤에서 빈도주의 통계학이란 실제로 어떤 것인지 설명해두면 좋을 듯하다. 여러 요소가 있지만, 그 본질은 역확률이 아닌 표집확률이다. 베르누이를 비롯해 페르마와 파스칼도 익히 알고 있던 확률로, 주어진 가설이 맞다고 할 때 어떤 결과가 나올 확률이다.

과학 기사를 읽는 독자라면 '통계적으로 유의하다'는 표현을 접해봤을 것이다. 'p값'이라는 말도 들어봤을지 모른다.

p값은 영가설이 맞다고 할 때 현재 나온 결과만큼 극단적인 결과가 나올 확률을 가리키는 말이다. 영가설은 우리가 확인하고자 하는 효과가 실제로 존재하지 않는다는 가설이다.

당신이 모종의 데이터를 수집해서 관찰 중이라고 하자. 가령 사람들의 IQ 데이터와 신발 치수 데이터를 수집해서, 발이 큰 사람이 머리가 좋은 경향이 있는지 알아본다고 하자. IQ의 평균값은 정의상 100이다. 발 크기가 평균을 넘는(가령 290mm 이상인) 사람 50명을 모아서 IQ 검사를 해보았더니 평균 점수 103이 나왔다.

물론 50명이라면 많은 수가 아니다. 표본이 작으면 클 경우보다 신뢰도가 떨어진다는 건 베르누이를 거론하지 않더라도 누구나 아는 사실이며, 50은 그리 큰 표본 크기라고 할 수 없다. 이때 이 결과를 놓고 가설에 대해 어떤 판단을 내릴 수 있을까? 피셔 계통의 빈도주의 통계학에서는 이렇게 한다. 일단 아무 효과가 존재하지 않는다고 가정한다. 즉, 발이 큰 사람이라고 해서 IQ가 높을 가능성이 더 크진 않다고 가정한다. 그 가설이 영가설이 된다.

그런 다음, 영가설하에서 지금과 같은 데이터가 나올 확률을 계산한다. 앞에서 베르누이가 많이 했던 계산이다. 그렇게 얻은 확률이 p값이다. 가령 지금 나온 것만큼 극단적인 결과가 열 번에 한 번꼴로 예상된다면, p값은 1/10, 즉 0.1이다.

지금 논하고 있는 예제를 온라인 계산기에 집어넣고 표본의 특성에 대해 몇 가지 가정을 하고 나니, p값이 약 0.16으로 나왔다. 그 뜻은 한마디로 이렇다. 만약 발 큰 사람이라고 해서 IQ가 높을 가능성이 더 크지 않다면, 그리고 모집단에서 발 큰 사람 50명을 무작위로 뽑았다면, 대략 여섯 번에 한 번꼴로 모집단 평균에 비해 높은 쪽으로든 낮은 쪽으로든 지금 이상의 차이가 나타나리라는 것이다.

자, 그래서 어떻다는 걸까? 발 큰 사람이 머리가 좋다고 할 수 있는 건가, 없는 건가?

피셔의 제안은 이랬다. 기준을 임의로 정해서 이렇게 하자는 것이다. "좋아, 영가설하에서 이만큼 극단적인 결과가 나올 가능성은 상당히 작네. 그럼 효과가 실제로 존재한다고 치자고."

피셔 본인은 p값 0.05, 즉 스무 번에 한 번꼴로 나올 만큼 극단적인 결과를 기준으로 잡으면 좋을 것이라고 했다. 물론 이는 대략적인 경험 법칙에 불과했다. 피셔의 말을 들어보자. "'시험군에 뭔가 차이가 있거나, 아니면 스무 번에 한 번 이상 일어나지 않는 우연의 일치가 일어났거나 둘 중 하나'라고 말할 수 있는 정도의 지점에 기준선을 그으면 편리하다." 다시 말해 p=0.05로 잡으면 편리하다는 것이다. 그러나 이는 완전히 임의적인 선택이고, 현재 다루고 있는 작업에 가장 적합한 수준을 선택하는 것이 가능할 뿐 아니라 바람직하다. 다시 피셔의 말을 옮기면, "20분의 1이라는 기준이 충분히 높아 보이지 않는 경우에는 원한다면 50분의 1(2퍼센트) 또는 100분의 1(1퍼센트) 지점에 기준선을 그으면 된다. 본 저자는 개인적으로 유의성 기준을 5퍼센트로 낮게 설정하고 그 수준에 이르지 못하는 모든 결과는 **전적으로 무시하는** 방법을 선호한다."[91]

여기서 선택된 유의성 수준을 **알파**라고 부른다. p값이 알파보다 낮게 나왔다면, 영가설을 기각하고 효과가 실재하는 것으로 간주할 수 있다. 그러한 경우를 가리켜 **통계적으로 유의하다, 통계적 유의성에 이르렀다**고 말한다. p값이 알파보다 높게 나왔다면, 영가설을 기각할 수 없으며 효과가 실제로 없는 것으로 간주한다.

한쪽 꼬리냐 양쪽 꼬리냐

앞의 예제에서는 생략한 정보가 많다. 앞에서 수행한 절차는 '단일표본 t검정'이라고 하는 것으로, 표본의 평균을 알려진 모집단의 평균(이 경우는 IQ)과 비교한다. 이때 표본 크기뿐만 아니라 표준편차도 알아야 하는데, IQ의 경우는 15다. 거기에 더하여 한쪽꼬리검정(단측검정)을 할 것인지 양쪽꼬리검정(양측검정)을 할 것인지 결정해야 한다.

무슨 뜻인지 설명하겠다. 동전을 던져서 정상적인 동전인지 여부를 알아내려 한다고 하자. 50번 던졌는데 앞면이 32번 나왔다. 그런 사건이 일어날 확률은 얼마일까? 파스칼 삼각형으로 계산해보면(혹은 훨씬 간단하게 온라인 계산기를 이용하면) 동전을 50번 던져 앞면이 32번 이상 나올 확률은 0.03, 즉 3퍼센트다. 이 값은 피셔가 제시한 마법의 수 0.05보다 작다. 그렇다면 통계적으로 유의한 결과라고 선언하고 〈네이처〉에 〈동전 던지기의 통계적 고찰〉 논문을 발표할 수 있다!

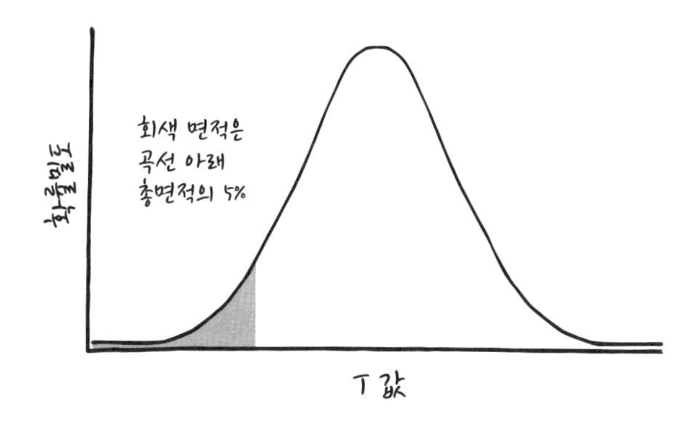

그런데 잠깐. 동전이 앞면 쪽으로 편향됐다고 생각할 이유가 딱히 있었는가? 뒷면이 32번 나왔어도 똑같이 놀라지 않았을까? 그렇다면 양쪽 중 어느 쪽으로든지 놀라운 결과가 나올 확률을 따져봐야 하는 상황이다. 뒷면이 32번 이상 나올 확률도 역시 0.03이므로, 둘을 더하면 원하는 확률을 얻을 수 있다. 0.03+0.03=0.06이다.

요컨대 분포의 한쪽 끝만 따져야 할 이유가 딱히 있지 않다면, 극단적인 결과가 양쪽 중 어느 쪽으로 출현하든 똑같이 놀라운 상황이 될 것이다. 이럴 때는 양쪽 '꼬리'를 다 봐야 한다. 그럼 무엇이 달라질까? 한쪽 꼬리만 볼 때보다 두 배 더 극단적인 결과가 나와야 통계적으로 유의하다고 판단할 수 있다.

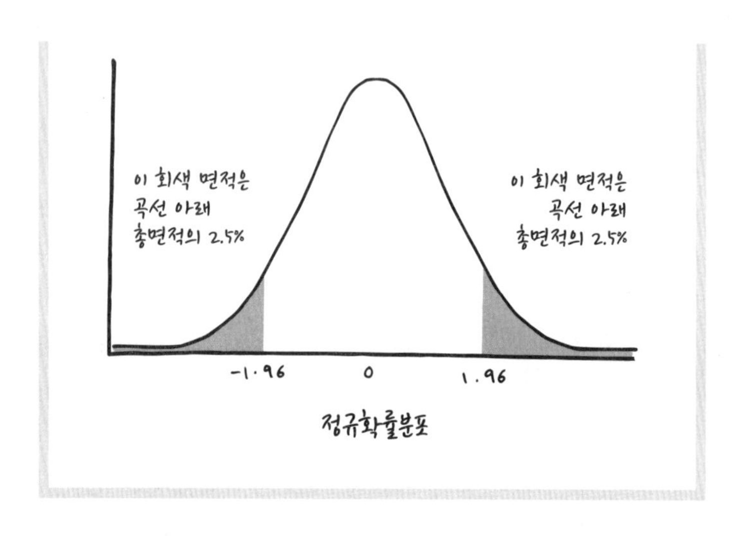

물론 그 밖에도 많은 내용이 있지만, 핵심만 말하면 다음과 같다고 할 수 있다. 영가설과 그에 반하는 대립가설을 세운다. 영가설은 효과가 없다는 것이고, 대립가설은 효과가 있다는 것이다. 얻은 데이터를 관찰해보니 영가설하에서 스무 번에 한 번꼴 이하로 나타나리라 예상될 만큼 극단적인 결과라면, (피셔가 임의적이라고 직접 밝힌 기준에 의거하여) 영가설을 기각하고 대립가설이 참인 것으로 간주할 수 있다.

이상적인 상황에서 길게 보았을 때는 유효한 논리다. 발 크기와 IQ 사이에 상관관계가 없다는 영가설이 맞다면, 발이 큰 수많은 사람들의 IQ를 계속 검사해나가다 보면 특이한 극단값이 스무 번에 한 번꼴로만 나올 것이다. 그런데 $p < 0.05$인 결과가 그보다 자주 나온다면, 상관관계가 있다는 증거다.

문제는, 뒤에서 다시 알아보겠지만, 상황이 이상적이지 않다는 것이다. 그래서 p값이 0.05 이하면 가설이 틀렸을 확률이 20분의 1 이하라고 오해하거나 속이기가 매우 쉽다. 실제로는 그보다 아주 많이 높을 수 있다.

위기의 베이즈

베이즈 모델은 인기를 잃긴 했지만 결코 완전히 사라지진 않았다. 피셔도 인정했지만, 특정 상황에서는 베이즈 모델을 쓰지 않고선 통계 계산을 제대로 할 수가 없었다. 가령 어떤 병의 유병률을 알고 있다면, 베이즈 정리를 이용해 검사 결과 양성인 사람이 실제로 병에 걸렸을 확률을 정확히 계산할 수 있다. 검사 자체의 정확도만을 기준으로 판단한다면 오판할 가능성이 엄청나게 높다.

피셔가(그리고 네이만과 피어슨이) 그토록 맹렬히 배격했음에도, 사람들은 베이즈 방법론을 끊임없이 재발견하거나 재발명했다. 문제를 푸는 데 실제로 유용했기 때문이다.[92]

케임브리지대학교의 지질학자 해럴드 제프리스는 베이즈의 과학적 응용 초기에 중요한 역할을 한 인물이다. 그는 "기하학에 피타고라스 정리가 있다면 확률론에는 베이즈 정리가 있다"고 말했다.[93] 피셔는 완두콩과 생쥐를 연구하여 결과가 정확하게 떨어지고 얼마든지 반복 가능한 실험을 할 수 있었던 반면, 제프리스는 지구 내부를 통과하는 지진파의 전파 양상을 관찰했다. 지구의 핵이 액체로 되어 있다는 사실을 1926년에 최초로 밝힌 사람이 제프리스였다.[94] 구체적으로 바깥쪽의 맨틀은 주로 규소 기반의 암석으로, 안쪽의 핵은 주로 철과 니켈로 이루어져 있다는 사실을 밝혀냈다.

제프리스가 다룬 데이터는 피셔가 손에 넣었던 데이터보다 훨씬 지저분했다. 제프리스는 여러 지진 관측소에서 지진파가 감지된 시각을 관찰해 진원지를 파악하면서, 지진파가 통과한 매질의 특성도 알아내고자 했다. 그러나 지진은 그리 자주 일어나는 현상이 아니고 데이터는 잡음이 많았기에, 불확실성이 많이 존재했다. 통계사학자 데이비드 하우이는 이렇게 말한다. "오직 잠정적인 추론만 할 수 있는 상황이었다. 모든 추론은 완벽한 확신이 아니라 어느 정도의 신뢰도로 이루어졌으며, 새로운 정보가 들어오면 그에 따라 신뢰도를 갱신하거나 수정했다."[95] 다시 말하면 베이즈식으로 추론한 것이다.

제프리스는 정보를 새로 입수할 때마다 자신의 가설에 대한 사전 신뢰도를 갱신했다. 그는 "모든 과학적 진보는 완전한 무지에서 시작하여, 점차 확실해지는 증거에 기반한 부분적 지식의 단계를 거쳐, 실질적인 확실성의 단계로 나아가는 과정을 거친다"면서, 과학의 불확실한 부분이야말로 "가장 흥미로운 부분"이라고 말했다.[96] 그는 모든 것에 불확실성이 있음을 인정했고, 심지어 과학 법칙도 예외가 아니라고 보았다. 역시 베이즈주의의 대가인 데니스 린들리는 제프리스 사후에 쓴 추모의 글에서 "통계학자들은 보통 데이터와 관련된 불확실성에만 확률을 적용하지만, 제프리스는 확률이 모든 불확실성을 나타내는 데 적합한 수단이라고 보았다"고 말했다.[97] 예컨대 우리가 스위스의 수도가 제네바인지 아닌지, 혹은 우주의 나이가 138억 년인지 아닌지, 혹은 남편이 바람을 피우고 있는지 아닌지 확실히 알지 못한다고 하자. 정답을 아는 사람이 있건 없건, 정답이 참 아니면 거짓인 문제들이다. 이런 경우에 제프리스는 각 명제에 대한 우리의 신뢰를 얼마든지 확률로 나타낼 수 있다고 보았다.

(하우이에 따르면 제프리스는 "열렬한 추리소설 연구가"이기도 했다. 독자와의 '페어플레이'를 중시하는 정통 추리소설은 작중에서 탐정이 사건을 해결하는 데 이용하는 모든 정보가 독자에게도 주어진다. 이 장르의 애호가들은 마치 크로스워드 퍼즐을 풀듯이 추리소설을 읽는다. 제프리스는 모든 등장인물의 알리바이와 동기 등을 메모하면서 책을 읽었다. "불완전하고 신뢰할 수 없는 데이터에서 추론을 이끌어내는 또 하나의 사례다!"라고 하우이는 말하고 있다.)

제프리스는 매우 자상한 성품이었던 것 같다. "워낙 조용하고 온화하여 그 누구에게도 짜증내는 모습을 상상하기 어려운 사람"이었다고 린들리는 말한다.[98] 제프리스는 유년 시절 다니던 더럼 카운티의 학교에서 케임브리지의 세인트존스 칼리지로 진학해 사망할 때까지 75년간 그곳에 재직했다. 독설을 뿜던 동시대 인물 피셔와는 묘한 대조를 이루었으나, 두 사람은 심대한 철학적 이견에도 불구하고 친구 비슷한 관계였다. 제프리스는 빈도주의 통계학의 근본 개념 자체, 즉 p값이나 통계적 유의성, '영가설이 맞다고 할 때 이런 데이터가 나올 가능성'을 묻는 방식 등이 주객이 전도된 것이라고 생각했다.

제프리스와 피셔는 〈런던 왕립학회 회보〉의 지면상으로 2년에 걸쳐 논쟁을 벌였다. 뚜렷한 결론은 나지 않았지만, 빈도주의는 표준 자리를 지켰으니 제프리스가 실질적으로 패배한 셈이다.

비슷한 무렵, 다른 과학자들도 사전확률의 주관성 문제를 해결하려는 노력을 하고 있었다. 제프리스와 피셔가 논쟁을 벌이던 바로 그 시기 즈음에 서로 똑같은 아이디어를 내놓은 과학자가 세 명 있었으니, 에밀 보렐, 프랭크 램지, 브루노 데 피네티였다. 세 사람 모두 사전확률이 주관적인 건 맞지만, 아무렇게나 지어낸 숫자는 아니라고 했다. 세 사람은 각기 독자적인 연구를 통해, 사전확률을 정량화하는 한 가지 방법으로 베팅을 제안했다.

여기서는 램지의 설명을 소개하기로 한다. 프랭크 램지는 논리학, 수학, 철학, 경제학 분야에서 큰 업적을 남기고 26세의 나이에 요절한 영국의 천재다. 확률론 분야에서 그의 견해는, 확률이란 믿음이라는 것이었다. 우리가 어떤 믿음이 있고 그 믿음을 행동으로 옮긴다면, 믿음 자체가 일종의 베팅이라고 할 수 있다. 램지의 설명을 들어보자. "우리는 어떻게 보면 일생 동안 베팅을 한다. 우리가 기차역에 갈 때는 기차가 실제로 운행할 것이라는 데 베팅하는 셈이다. 만약 우리에게 기차가 운행하리라는 믿음이 충분치 않다면, 베팅을 거절하고 집에 있어야 할 것이다."[99] 그런 식으로 본다면 정량화가 가능해진다. "1/3이라는 확률은 배당률 2:1의 베팅으로 이어질 만한 믿음과 분명히 관련이 있다"는 것이다.[100]

베이즈주의를 결정이론decision theory에 적용하는 발상의 시작이었다. 이 주제는 뒤에서 다시 다룬다. 램지의 통찰은 경제적 합리성, 불확실성하에서의 의사결정 등 후대 연구의 토대가 되었다. 램지의 전기를 쓴 셰릴 미색은 그가 "행위자의 믿음과 욕구를 고려할 때 무엇이 합리적인지 판단할 수 있는 틀을 제시했다"며 이렇게 말했다.

> 당신이 운전 중 교차로에 서서 어느 길로 가야 주차장에 가장 빨리 도착할 수 있는지 고민 중이라고 하자. 가령 더 빠른 길로 가면 행복을 30단위 얻게 되고, 더 느린 길로 가면 행복을 18단위 얻게 된다고 하자. 당신은 오른쪽 길이 빠른 길이라는 믿음을 2/3, 왼쪽 길이 빠른 길이라는 믿음을 1/3 갖고 있다. 램지의 모델을 이용하면 각 선택의 주관적 기대효용을 계산할 수 있다. 이 경우에는 당신의 믿음과 욕구를 고려할 때 오른쪽 길을 선택하는 것이 합리적이라는 결론이 나온다.[101]

다시 말해 사전확률이 주관적인 것은 맞다. 그렇지만 정확할 수도 있고 부정확할 수도 있는 것이다. 그리고 검증도 할 수 있다. 게다가 모순이 있을 수도 있다. 확률의 합이 맞아떨어지지 않으면 베팅할 때 속기 쉽다. 가령 어떤 경마업자가 말 세 마리의 배당률을 다음과 같이 제시했다고 하자. 첫째 말은 1:1(적중하면 건 돈의 두 배를 돌려받는다), 둘째 말은 3:1(건 돈의 네 배를 받는다), 셋째 말은 4:1이다. 세 말 모두에 베팅하면서 첫째 말에는 10만 원, 둘째 말에는 5만 원, 셋째 말에는 4만 원을 걸었다고 하자. 그러면 총 19만 원을 걸었지만 어느 말이 이기든 돌려받는 돈은 20만 원이 보장된다. 확률이 믿음이라면, 그리고 믿음이 일종의 베팅이라면, 믿음도 이처럼 모순이 있을 수 있다. 주관적인 믿음이라 해도 그렇다.

과학과 전문 통계학의 영역 밖에서, 베이즈 정리는 조용하면서 활발하게 계속 논의되었다. 과학자들 사이에서 피셔의 빈도주의가 주종을 이루고 있던 제2차 세계대전 중에도, 제한된 데이터로 양질의 추론을 해야 하는 긴급하고 실제적인 고민에 처한 사람들은 베이즈 정리를 활용하거나 직접 개발해 썼다.[102]

케임브리지대학교 출신의 위대한 수학자 앨런 튜링은 전쟁 중 영국군에 투입되어 독일군의 암호를 해독하는 작업을 맡았다. 대서양을 횡단하는 수송 선박이 독일군 잠수함에 침몰당하는 것을 막아야 했다. 독일군 잠수함은 무전으로 기지와 통신했는데, 메시지를 암호화하는 데 에니그마라는 기계 장치를 사용했다. 암호 체계는 주기적으로 바뀌었다. 튜링은 초기 형태의 컴퓨터를 만들어 암호 해독에 나섰다. 어떤 문자가 실제로 어떤 문자를 의미하는지 알아내야 했다.

문제는 가능한 경우의 수가 어마어마하게 많았다는 것이다. 모든 경우가 똑같은 정도로 가능하다고 간주한다면, 해독기가 1초에 100개의 조합을 검사한다고 할 때 모든 경우를 검사하는 데 우주 나이의 몇조 배에 달하는 시간이 걸리게 된다. 사전확률을 이용하지 않으면 안 되는 상황이었다. 즉, 특정한 문자 조합이 출현할 가능성이 상대적으로 높으리라는 가정을 해야 했다. 튜링은 가령 독일어로 부정관사 또는 '하나'를 뜻하는 E-I-N의 세 문자 조합이 J-X-Q보다 출현 가능성이 높으리라 보았다. 또 'WIND(바람)' 또는 'CONVOY(호송)' 같은 단어가 'ITCH(가려움)' 또는 'BALLET(발레)' 같은 단어보다 출현 가능성이 높을 것이 분명했다.

튜링은 이러한 직관을 베이즈적인 틀로 형식화했고, 이를 바탕으로 현대 정보이론의 기초를 구축했다. 그는 현대의 비트나 바이트와 비슷하게 정보의 기본 단위를 가리키는 '밴ban'이라는 용어를 창안하기도 했다.

한편 보험계리사들은 각종 산업재해 보장을 위한 보험료 책정에 베이즈 기법을 사용하고 있었다. 군수품 제조업계의 품질관리 담당자들은 베이즈 원리를 이용해 포탄의 테스트 횟수를 최소화하면서 신뢰성을 확보하고자 했다. 포병 지휘관들은 베이즈 규칙을 적용해 최적의 발포 방법을 모색했다. 그러나 과학계는 여전히 빈도주의가 지배적이었고, 그러한 상태는 1970년대까지 이어졌다.

"전 지금까지 딱 한 번 가봤습니다." 앤디 그리브는 당시를 이렇게 회상한다. "그 후로는 아내가 못 가게 했어요. 제가 돌아오는 비행기를 놓쳐서 그다음 주에 있었던 친지 결혼식에 참석하지 못했거든요. 그때 정말 엄청났지요."

그리브는 통계학자다. 왕립통계학회 회장을 지내기도 했고, 제약업계에서 50년 가까이 재직한 후 지금은 반은퇴한 상태다. 그리고 베이즈주의자다. 그가 이야기하는 것은 전설의 발렌시아 학회다. 베이즈주의를 오늘날의 형태로 발전시킨 모임이었다.

1970년대에 유니버시티 칼리지 런던의 통계학과장으로 있던 통계학 거장 데니스 린들리는, 당시 그곳에서 갓 박사 학위를 땄던 스페인 수학자 호세-미겔 베르나르도의 표현에 따르면, 자신의 학과를 "유럽 대표 베이즈주의 학과"로 만들어놓았다.[103]

생각만큼 대단한 영예는 아니었을 수도 있다. UCL 밖에서 베이즈주의는 거의 찬밥 신세였다. 베르나르도는 이렇게 회상했다. "UCL에서는 세상이 다 베이즈로 보였다. 그런데 현실을 알고 보니 적잖은 충격이었다. 대부분의 통계학 학회에 가서 발표할 때면 냉랭한 청중 앞에서 베이즈 통계학에 기반한 연구 방법이 합당하다는 것을 싸우다시피 설득해야 했고, 그러고 나면 정작 연구 내용은 자세히 설명할 시간이 없었다." 그리브도 비슷한 일을 기억한다. “처음에 베이즈를 주제로 사람들 앞에서 강연할 때는 점심 직전 아니면 직후 시간을 배정받는 경우가 많았다. 잠시 쉬어가는 코너랄까. ‘앤디의 이번 강연 주제는 베이즈입니다.’ 뭐 이런 분위기였다.”

1976년, 린들리와 베르나르도는 그 당시 연로한 브루노 데 피네티와 함께 프랑스 퐁텐블로에서 열린 세계 최초의 국제 베이즈 학회에 참석했다. 그곳에서 보낸 며칠 동안 그들은 모든 대화를 베이즈주의냐 빈도주의냐 하는 논쟁으로 시작할 필요도 없었고, 저녁 아홉 시 뉴스 말미에 ‘마지막으로 날씨 알아보겠습니다’ 하는 식으로 대접받지도 않았다. 세 사람은 즐거운 점심 식사를 나누며 다음에도 또 오자고 다짐했다. 이듬해 이탈리아 피렌체에서도 비슷한 경험이 반복되었고, 그 후 베르나르도는 예일대학교에 자리를 얻고 한동안 미국 각지를 돌아다니며 연구를 발표했다. 그러면서 탁월한 사상가를 몇 명 만났는데, 그중에는 조지 박스(로널드 피셔의 사위)와 I. J. 굿(튜링과 함께 작업한 암호 해독가이자 초창기 AI 이론가)도 있었다. 한번은 어느 발표회를 마치고 통계학자 모리스 디그루트와 대화를 나누었다. “긴 밤 동안 스카치를 잔뜩 마시며 이런저런 인생 이야기를 나누다가, 새벽녘에 통계학 이야기가 나왔고, 우리는 가급적 빠른 시일 내에 국제적인 베이즈 대회를 조직할 수 있도록 힘써보기로 했다.”

그 후 베르나르도는 발렌시아대학교 생물통계학 교수로 임용되었다. 스페인이 수십 년간의 파시스트 독재에서 벗어나 막

개방을 시작하던 시기였다. 그는 스페인 교육부 장관에게 발렌시아를 "첫 베이즈 세계 대회"의 개최지로 만들자고 제안했다. 제1회 대회는 1979년에 열렸다.

통계학 학술대회가 그랬다고 하면 아무도 믿지 않을 것 같아서 가급적 조심스럽게 표현하려고 하지만, 상당히 열광적인 분위기였던 것 같다. 그리브는 동경에 젖은 듯한 어조로 "아주 재미있었다"고 회상한다. "힘들기도 했지만 아주 재미있었다. 오전에 회의를 하고 오후에는 낮잠 시간을 가졌다. 두 시부터 여섯 시까지는 통계학 관련된 일은 아무것도 하지 않았다. 여섯 시부터 열 시까지는 다시 회의를 하고, 그런 다음 저녁 식사를 했다. 파티를 벌이고 노래를 부른 건 밤 열 시 이후였다."

그렇다, 파티를 벌이고 노래를 불렀다. 베르나르도에 따르면 첫 대회 뒷풀이 자리에서 조지 박스는 어빈 벌린의 〈쇼 비즈니스만큼 멋진 비즈니스는 없다There's No Business Like Show Business〉라는 노래를 패러디한 〈베이즈 정리만큼 멋진 정리는 없다〉를 불렀다고 한다.[104] '베이즈 카바레'라는 이름으로 불리는 전통의 시작이었다. 인터넷에서 잠깐만 검색해봐도 딱히 필요하지 않았던 정보가 쏟아져 나온다. 왠지 모를 이유로 미네소타대학교 서버에 저장된 〈베이즈 노래책〉이라는 자료가 있는데, 거기에 수록된 명곡의 예를 들면 다음과 같다.

토머스 베이즈의 군대(라스 푸엔테스 전투찬가)
작사: P. R. 프리먼, A. 오헤이건

작곡: 구전가요('공화국 전투찬가')

토머스 베이즈 님의 영광 내 눈에 보이네
모순투성이 빈도주의자들을 짓밟으시네
라스 푸엔테스 호텔에서 대군을 일으키시고
그의 부대가 진군하나니
영광, 영광, 확률이여
영광, 영광, 주관성이여
영광, 영광, 언제까지나
그의 부대가 진군하나니!

이런 식으로 길게 이어진다.[105]

학회가 해를 거듭하면서 〈호세 베르나르도〉라는 제목의 노래도 나왔는데 스페인 유행가 〈마카레나〉의 곡조를 붙여서 불렀다. 앤디 그리브는 중세 학생들의 권주가 〈가우데아무스 이기투르〉를 개사한 노래를 역시 후에 왕립통계학회 회장을 지내는 데이비드 스피겔할터 교수와 함께 불렀다. 그 밖에도 〈한밤의 낯선 이들Strangers in the Night〉을 살짝 바꾼 〈한밤의 베이즈주의자들〉, 〈처녀처럼Like a Virgin〉을 패러디한 〈베이즈주의자처럼〉 등등이 있었다.

내가 트위터에서 이런 언급을 했더니 스피겔할터 교수가 직접 연락을 해와서는 "'풀 몬티 카를로The Full Monty Carlo'('알몸 공연'을 뜻하는 '풀 몬티'와 통계 계산 방법의 하나인 '몬테카를로'를 재미있게 합성한 말—옮긴이)라는 공연도 했는데 스마트폰 시대 이전이어서 영상이 남아 있는 게 없다"며 안타까움을 표했다.[106] ("하긴 남성 베이즈 통계학 교수 여섯 명이 스페인 나이트클럽의 괴성 지르는 군중 앞에서 옷 벗는 영상을 누가 보고 싶겠냐"고 했는데,[107] 내가 보기엔 스피겔할터 교수가 요즘 인터넷의 특성을 잘 모르고 한 말 같다.) 한편 이후 학회에서 촬영된 영상은 남아 있는데, 몽키스의 〈난 믿어요I'm a Believer〉를 재해석한 〈베이즈를 믿어요〉, 루이 암스트롱의 〈정말 멋진 세상What a Wonderful World〉을 개사한 〈정말 베이즈 세상〉 등이다.

제2회 발렌시아 학회의 어느 참석자에게서 들은 이야기다. 자신과 호세 베르나르도가 세계에서 가장 저명한 베이즈 통계학자들의 무리와 함께 해변에서 배를 타다가 바다에 뛰어들었는데, 강풍에 바위에 내동댕이쳐질 뻔한 아찔한 상황 속에서 다들 구명 튜브를 잡고 겨우 구조되었다고. "그때 우리가 다 익사했더라면 베이즈 통계학의 발전에 심대한 지장이 있었을 것"이라고 한다.

그리브는 "제3회 발렌시아 학회 때 받은 스웨트셔츠가 있는데 "'베이즈주의자가 더 잘 논다Bayesians have more fun'라는 문구가 쓰여 있다"라고 유쾌하게 말했다.

피셔와 제프리스가 끝장 토론을 벌인 이후로 수십 년 동안, 과학계 밖에서는 베이즈 방법이 소리 소문 없이 거의 디폴트로 이용되고 있었음에도 과학계에서는 거의 배제된 신세였다. 그러던 중 베이즈주의가 재조명되기에 이른다. 제프리스의 책이 거의 금서처럼 입에서 입으로 전해지며 읽힌 것도 한 요인이었다('그래, 가설이 옳을 때 이런 데이터가 나올 확률이 아니라 가설이 옳을 확률을 계산하고 싶다고 하였나? 자, 이 방법을 써보게'). 그런가 하면 여러 분야에서, 특히 수십 년 전 튜링의 예에서 보았듯이 소프트웨어 공학 분야에서 베이즈주의는 데이터를 다루는 기본 방식으로 자연스럽게 자리잡았다. 오브리 클레이턴은 이렇게 말한다. "재미있는 역학 관계가 있다. 기계 학습이나 실리콘밸리 정보기술 업계 등 데이터 과학 쪽 사람들은 이 논쟁을 이미 결론이 난 문제로 본다. 튜링이 그랬던 것과 똑같다. 그쪽 문제를 풀다보면 베이즈 방법을 쓸 수밖에 없다. 과학계 밖에서는 '베이즈주의가 당연히 기본'이라고 생각될 만하다."

그리브도 역시 비슷한 말을 한다. "밀레니엄이 시작될 즈음에 코네티컷주에 있는 화이자에서 일하고 있었는데 한번은 주말에 옛 친구를 만나러 갔다. 휴렛 팩커드 출신의 전자 엔지니어였는데, 자기 회사를 차려서 대용량 디스크에 담긴 데이터를 빠르게 검색하는 방법을 개발하고 있었다. 그가 개발한 알고리즘은 한마디로 베이즈 방식이었다. 자기가 하고 있는 게 뭔지는 전혀 알지 못했다. 수많은 분야의 사람들이 각자 베이즈 알고리즘을 개발하면서 그게 뭔지는 모른다."

베이즈 방법이 점점 널리 보급되면서 긴장이 고조되기 시작했다. 베이즈주의자는 약자이자 떠오르는 신예였고, 빈도주의자는 기성 세력이었다. (기성 교회에 속하지 않은 비국교도였던 베이즈가 이 사실을 알았다면 아이러니라고 생각했을 만하다.) 공론의 장에서는 놀랄 만큼 열띤 논쟁이 벌어졌다.

그리브는 이렇게 말한다. "모리스 켄들이라는 유명한 통계학자가 있었다. 나는 학생 때 그가 쓴 통계학 교과서로[108] 공부하기도 했다. 그가 1968년에 쓴 논문에서, 베이즈주의자들이 다 베이즈처럼 사후에 논문을 내주면 우리가 이렇게 고생할 일이 없을 거라는 말을 했다."[109] 한편 데니스 린들리도 분란을 가라앉히는 데 도움이 되진 않았으니, 1975년 어느 학회에서 이렇게 말했다. "우수한 통계학은 오로지 베이즈 통계학뿐이다. 베이즈는 가령 다변량분석처럼 기존 레퍼토리에 추가해서 쓰는 하나의 기법이 아니라, 올바른 추론과 결정을 내릴 수 있는 유일한 방법이다."[110] 베이즈주의자들은 마치 눈을 반짝이는 복음주의자와도 같은 열성을 띠곤 했다. 자신들이 진실을 알고 있다고 믿는, 비주류의 소규모 집단에서 흔히 나타나는 모습이다(예컨대 환경운동가, 자전거 애호가, 실제 복음주의 기독교인 등). 그 사실이 그들이 틀렸음을 의미하지는 않는다. 믿음을 가진 사람들의 심리를 분석하여 그 믿음이 옳은지 여부를 판단할 수는 없다. 그렇지만 그 사실은 베이즈주의자들이 상당히 짜증을 유발하는 성향이 있었음을 의미하며, 이는 기존 빈도주의자들의 짜증을 유발했다.

또한 그 사실로 인해 베이즈주의자들은 종종 '컬트' 집단으로 불리기도 했다. "영광, 영광, 확률이여"를 열창하는 모습도 그런 인식을 불식하는 데 도움이 되진 않았을 것이다. 통계학자 래리 와서먼은 2013년에 '베이즈 추론은 종교인가?'라는 제목의 블로그 글을 썼다.[111] (그가 내놓은 답은 일부 베이즈주의자들에게는 종교가 맞다는 것이었다.) 한때 베이즈 통계학자였던 익명의 블로거는 그 글을 논하면서 "나도 예전에 '베이즈 진리교'의 신자"였지만 "믿음을 잃었다"고 말했다.[112]

베이즈주의자와 빈도주의자의 적대 관계를 과장해서는 안 될 것이다. 특히 오늘날은 더 그렇지만, 발렌시아 학회가 개최되고 베이즈주의가 자신감을 키워가던 시절에도 마찬가지였다. 그리브는 왕립통계학회에서 격론이 벌어지고 난 뒤의 분위기를 이렇게 회고한다. "공개적으로 논쟁할 때는 서로 물어뜯기 바쁘다가도, 끝나면 같이 택시를 타고 저녁 장소로 갔다. 듣기엔 살벌했을 것 같지만, 서로 친분이 돈독한 이들이 많았다." 그리브는 1990년대에 동료 베이즈주의자 스피겔할터의 논문을 읽고는 '논란을 피하고 실리를 추구하는 요즘 관례를 따라가기로 했구나'라고 생각했다면서, "논란이 더 재미있긴 했다. 거기엔 어느 정도 오락성이 있었다고 본다"고 말한다.

프로레슬링에는 '케이페이브kayfabe'라는 용어가 있다. 모든 것이 각본이 아니라 현실인 것처럼 철저히 위장하는 연출을 가리키는 말이다. 이를테면 언더테이커가 헐크 호건과의 경기가 끝난 후에 인터뷰할 때나 심지어 쇼핑하러 갈 때도 헐크 호건에 대한 증오를 끝없이 표출하는 식이다. 베이즈주의 대 빈도주의의 전쟁에도 케이페이브의 요소가 있었던 것으로 보인다.

그리브는 발렌시아 카바레의 첫 무대 주인공이었던 조지 박스가 1985년에 이에 대해 사실상 인정하는 논문을 썼다고 지적한다. 〈통계학에서의 포용주의에 대한 옹호〉라는 제목의 논문에서 박스는 "과학적 방법에는 한 가지가 아닌 두 가지 종류의 추론이 이용되며 또 필요하다고 믿는다"며 그것은 베이즈 추론과 빈도주의 추론이라고 했다.[113]

그 말이 맞는 것으로 보인다. 런던정치경제대학교의 인지심리학자 젠스 코드 매드슨은 문제의 성격에 따라 빈도주의 통계와 베이즈 통계를 둘 다 쓴다고 내게 말했다. 베이즈 통계학자이자 '베이즈Bays'라는 컨설팅 회사의 설립자인 소피 카는 자신이 하는 일의 상당 부분은 베이즈적 성격이 전혀 아니라고 말한다. 통계에 조예가 깊은 심리학자이면서 빈도주의의 대가이자 베이즈주의의 저격수로 명성이 높은 다니엘 라컨스도 자신의 온라인 강의 코스에서, 가설이 얼마나 타당성이 있는지 말하려면 베이즈주의가 필요하다고 유쾌하게 인정한다. 그리고 나와 대화할 때도 베이즈는 결정이론에 정말로 필요하다고 말했다.

그렇다면 이제는 오늘날 과학 분야에서 통계학이 처한 상황을 살펴봐야 할 것 같다.

2

과학 속의 베이즈

EVERYTHING IS PREDICTABLE

과학의 재현성 위기와 해결 방안

2011년, 반갑지 않은 일들이 연달아 일어나면서 과학의 근본이 흔들렸다.

눈치채지 못한 사람도 많았다. 이른바 '재현성 위기'로 불린 이 문제는 아마 독자의 일상에 영향을 주지는 않았을 것이다(직업이 과학 저술가인 나조차도 몇 년 동안은 영향을 느끼지 못했다). 대부분의 과학자들은, 심지어 가장 큰 타격을 받은 심리학자들도, 한동안은 아무 일 없었던 것처럼 지냈다. 그러나 2011년은 과학계에 매우 중요한 해였다. 통계학을 막연하게나마 이해하는 과학자들, 그리고 논문 피인용과 종신 교수직보다 진실을 밝히는 데 관심 있는 과학자들에게는 일종의 '원년'처럼 느껴지는 해였다.

먼저, 한 중견 과학자가 데이터를 부정하게 날조한 사실이 밝혀졌다. 사회심리학계의 떠오르는 스타이자 네덜란드 틸뷔

르흐대학교 교수인 디데릭 스타펄은 이목을 집중시키는 일련의 논문으로 큰 화제를 모았다. 육식을 하면 반사회적 성향이 강해진다거나,[1] 주변 환경이 지저분하면 인종차별주의자가 될 가능성이 높다는[2] 등의 결론을 제시한 논문들이었다. 그러나 그 두 연구를 포함한 여러 연구에서 실험을 수행하지도, 데이터를 수집하지도 않은 것으로 드러났다. 그냥 데이터를 지어낸 것이다.[3] 심각한 문제였지만, 연구 부정은 때때로 일어나기 마련이고, 결국 밝혀져 다행이었다. 스타펄은 해고되었고, 그의 논문 수십 편이 과학계에서 퇴출되었다.

그러나 사려 깊은 과학자들이 더 우려했던 것은, 과학자가 부정을 저지르지 않아도 과학이 엉뚱한 길로 갈 수 있다는 점이었다.

같은 해 3월, 뉴욕주 코넬대학교의 사회심리학자 대릴 벰은 〈미래를 예감하다Feeling the Future〉라는 제목의 논문을 발표했다.[4] 이른바 '점화priming'라고 불리는 효과를 연구한, 어느 모로 보나 전형적인 사회심리학 논문이었다. 점화 효과를 알아보는 실험은 대개 이런 식으로 이루어진다. 피험자 여러 명(보통 소액의 참여비나 학점을 약속받은 대학생들)에게 어떤 개념을 제시함으로써 점화를 유발하고, 그로 인해 행동이 어떻게 달라지는지 관찰한다. 이를테면 피험자에게 철자가 뒤섞인 단어를 주고 제대로 맞추게 한 다음, 어떤 과제를 수행하게 한다. 이때 직전에 제시됐던 단어가 과제 수행에 어떤 영향을 미치는지 관찰하는 것이다.

점화 효과에 대한 연구는 처음에 비교적 사소한 관찰로 시작했다. 예컨대 피험자에게 '의사'라는 단어의 철자를 맞추게 하면, 그 후 다른 단어보다 '간호사'라는 단어를 더 빨리 인식하더라는 것이었다. 그러다가 점점 더 놀라운 연구가 이루어졌는데, 미묘한 점화가 사람의 행동에 크고 극적인 효과를 미친다는 결론이었다.

예를 들어 아주 유명한 사례로 1996년 존 바그의 연구가 있다.[5] 피험자들에게 '주름살', '빙고', '플로리다'처럼 (특히 미국에서) 고령자를 연상시키는 단어들을 제시하여 점화 효과를 유발한 결과, 실험을 마치고 실험실을 나설 때 그동안 마치 노화라도 진행된 것처럼 더 천천히 걷더라는 것이었다. 또 2006년의 한 연구에 따르면, 돈과 관련된 개념으로 점화를 시도한 결과 피험자들은 남에게 도움을 주거나 받으려는 의향이 줄어들었다. 쉽게 말해 더 이기적으로 변한 것이다.[6] 그런가 하면 사람들에게 생선 냄새를 맡게 하니 의심하는 경향이 높아졌다는 연구도 있었다. '비린내가 난다smells fishy(수상쩍다)'는 말이 딱 들어맞는 셈이다.[7]

이러한 연구는 1990년대와 2000년대 사회심리학 연구의 주종을 이루었다. 1970년대 말에 등장한 후 몇십 년이 지나 전성기를 맞은 것이다. 이들 연구는 인간의 정신이 미묘한 신호에 굉장히 잘 감응한다는 사실을 보여주는 듯했다. 사람에게 그런 신호를 무의식적으로 주입하면 온갖 특이한 행동을 유발할 수 있다는 것이다. 존 바그의 실험실에서 느릿느릿 걸어 나오던 사람들은 '플로리다'라는 단어를 접하고는 실내 레크리에이션을 즐기는 은퇴자들을 자기도 모르게 상상했고, 더 나아가 그 상상 속의 고령자처럼 행동한 것이다. 사람의 의식은 마치 바람에 흩날리는 낙엽처럼, 눈에 잘 띄지 않는 주변 신호에 반응하여 이리저리 휘둘린다는 증거인 듯했다. 독자에게 '점화'라는 용어가 낯설더라도, 거기에서 파생된 '넛지(미묘한 방식으로 타인의 행동에 영향을 미치는 행위)'와 '서브리미널 광고(잠재의식에 호소하는 광고)'라는 개념은 아마 더 익숙할 것이다. 영화 〈파이트 클럽〉을 보면 등장인물이 아동용 영화에 포르노 영상을 한 프레임씩 눈에 띄지 않게 집어넣는 장면이 나오는데, 그런 발상이 바로 심리학의 점화 효과 연구에서 유래한 것이다.

노벨상 수상자인 심리학자 대니얼 카너먼은 2011년에 출간한 저서 《생각에 관한 생각》에서 점화 효과에 관해 이렇게 말했다. "믿지 않을 방법이 없다. 이 같은 실험 결과는 조작도 아니고, 통계적 우연도 아니다. 이들 연구의 주요 결론이 옳다는 것을 받아들일 수밖에 없다."[8]

그런데 그때 벰이 등장했다.

벰의 연구는 여러 가지 실험으로 이루어졌지만, 여기서는 그 중 한 실험만 살펴보겠다. 딱 한 가지 면만 빼면, 어느 모로 보나 전혀 특이할 게 없는 점화 효과의 한 사례였다. 피험자에게 점화를 유발하고, 행동에 미치는 영향을 관찰했다. 구체적으로,

긍정적 단어 또는 부정적 단어(예를 들면 '아름답다', '추하다')를 제시하고 나서 이미지를 보여주면서 이미지가 유쾌한지 불쾌한지 최대한 빨리 버튼을 눌러 응답하게 했다. 기존 점화 이론에 따르면, 긍정적 점화가 유발된 사람은 유쾌한 이미지에 유쾌하다고 응답하는 속도가 빠르고 불쾌한 이미지에 불쾌하다고 응답하는 속도가 느릴 것으로 예상됐다.

그런데 여기서 반전이 있었다. 실험 건수 중 절반의 경우에는 피험자에게 **이미지를 먼저 보여준 다음에 점화를 유발했다**는 것. 그랬더니 놀랍게도, 점화 효과가 있었다. 긍정적 단어를 제시받은 사람은 유쾌한 이미지에 유쾌하다고 응답하는 속도가 더 빨랐다. 응답하고 난 다음에 단어를 접했는데도 그랬다는 것이다.

이 결과는 통계적으로 유의했다. p값이 0.01이었으니 현대 학계의 관행에 따르면 영가설을 기각하기에 충분했다. 벰은 이것이 초능력의 하나인 예지력의 증거라고 주장했다. 연구에 포함된 나머지 여덟 가지 실험도 방법만 약간 다를 뿐 기본적으로 앞뒤 순서를 바꾼 점화 실험이었고, 역시 마찬가지로 유의한 결과가 나왔다.

아마도 대부분의 사람이 초능력이란 존재하지 않는다는 데 동의할 것이다. 그러나 외견상 올바르게 수행된 연구에서, 초능력이 존재한다는 결과가, 그것도 아홉 번이나 나왔다. 여느 심리학 연구와 똑같은 방법론과 통계 도구를 사용했고, p=0.05라는 동일한 유의성 기준을 적용한 연구였다. 그렇다면 예지력이 실제로 존재하거나, 통계적 관행에 뭔가 문제가 있거나 둘 중 하나다. (참고로 대릴 벰은 예지력이 실제로 존재하며 자신의 연구 결과가 옳다는 믿음을 고수하고 있다.)

2011년에 찾아온 세 번째 충격의 주인공은 심리학자 조지프 시먼스, 레이프 넬슨, 유리 사이먼손이 발표한 〈거짓 양성 심리학False Positive Psychology〉이라는 논문이었다.[9] 이 논문도 벰의 논문처럼 통상적인 통계 기법을 사용해 도무지 불가능한 일이 일어났음을 증명했다. 그러나 이번에 다른 점은, 의도적으로 그렇게 했다는 것이었다. 과학계 전반에서 쓰이는 통상적 통계 기법에 심각한 결함이 있음을 보이기 위해서였다.

이 연구에도 다양한 실험이 포함돼 있었지만, 가장 유명한 실험을 소개하겠다. 학부생 20명을 두 집단으로 나누어 비틀스의 〈내 나이 예순넷에When I'm Sixty-Four〉와 미스터 스크러프의 〈칼림바〉라는 곡을 각각 듣게 했다. 그런 다음 두 집단의 연령을 비교했다. 그 결과, 〈내 나이 예순넷에〉를 들은 사람들은 나이가 18개월 가까이 젊어진 것으로 나타났다. $p=0.04$로, 통계적으로 유의한 결과였다.

역시 대부분의 사람은 비틀스 노래를 듣는다고 나이가 젊어질 리 없다는 데 동의하리라 생각한다. 여기서 나이가 젊어진다는 것은 젊어진 기분을 느끼는 것이 아니라 정말로 생년월일이 더 최근의 날짜가 되는 것을 말한다. 뚱딴지같은 결과였다. 그러나 〈거짓 양성 심리학〉 논문은 이 현상이 진짜임을 증명했다. 현대 사회과학의 기준에 부합하는 방식으로, 여느 과학자들이 일상적으로 사용하는 통계적 방법을 똑같이 사용해서 얻은 결과였다.

전부터 이런 일이 일어날 것이라고 경고한 과학자들도 있었다. 2005년에 스탠퍼드대학교의 존 이오아니디스는 〈발표된 연구 결과의 대부분이 거짓인 이유〉라는 직설적인 제목의 논문을 썼다.[10] 많은 과학 분야에서 일반화된 통계적 관행으로 인해 그런 문제를 피할 수 없다는 주장이었다. 과학의 문제는 다양하고 많지만, 그중 큰 문제 하나가 과학자들이 '수집된 데이터에 비추어 가설이 옳을 가능성'을 따지지 않고, (베르누이와 피셔가 그랬던 것처럼) '가설이 틀리다면 수집된 것과 같은 데이터가 나올 가능성'을 따지는 것이라고 했다.

흥미롭게도 현대 베이즈주의의 전도사 데니스 린들리가 일찍이 1991년에 이런 문제를 예견한 바 있다. 그는 학술지 〈챈스Chance〉에 기고한 해럴드 제프리스에 대한 추모의 글에서 "많은 실험학자들이 유의수준 5퍼센트의 의미를 물으면 영가설의 확률이 0.05라고 답하는 경우가 많다"고 말했다. 물론 그게 아니고, 영가설이 옳다고 했을 때 지금처럼 극단적인 데이터가 나올 확률을 의미할 뿐이다. 린들리는 우리가 만약 제프리스의 베이즈 방법을 사용하고 영가설의 확률이 5퍼센트일 때만 논문을 발표하기로 합의한다면 발표된 논문의 다수를 철회해야 할 것이라며, "영가설의 확률이 5퍼센트 이하가 되는 것보다 유의수준 5퍼센트를 만족시키기가 쉽다. 따라서 같은 5퍼센트

수준에서는 제프리스의 방법보다 유의성 검정이 차이를 시사할 가능성이 높다"고 지적했다.

린들리는 문제의 핵심도 짚어냈다. "과학자들이 검정을 선호하는 이유도 그런 맥락에서 어느 정도 설명되리라 본다. 과학자들은 차이를 입증하고자 할 때가 많기 때문이다. 유의하게 나온 결과 중 실제로 차이가 있는 경우가 얼마나 많은지 알아보면 흥미로울 것이다."

20년 후 과학계가 알게 된 그 질문의 답은, 충격적이게도 '생각보다 훨씬 적다'는 것이었다.

하지만 어떻게 그럴 수 있을까? 어떤 연구에서 p값이 0.05 이하로 나왔다는 말은, 그런 극단적인 결과가 기껏해야 스무 번 중 한 번만 우연히 나온다는 뜻 아닌가? 모든 연구가 그 기준을 사용한다면, 거짓 양성 결과가 그리 많이 나오진 않을 것 아닌가?

취지는 그게 맞다. 그런데 그게 꼭 그렇지가 않다. $p < 0.05$, 즉 우연적으로 스무 번에 한 번밖에 나오지 않는 결과를 가장 쉽게 얻는 방법이 있다. 실험을 스무 번 해서 한 번 그렇게 나온 것을 발표하면 된다. 〈거짓 양성 심리학〉 연구팀이 바로 그 방법을 썼다. 실험에 참여한 학부생들을 대상으로 온갖 데이터를 다 측정했다. 부모님의 생일, 체감하는 나이, 정치적 성향, 과거를 '좋은 시절'로 지칭하는지 여부… 기타 등등이다. 노래도 두 곡 외에 하나 더 들려주었다. 위글스의 〈핫 포테이토〉였다.

그런 다음 데이터를 다양한 방식으로 나누어 분석했다. 〈핫 포테이토〉를 들은 사람이 〈칼림바〉를 들은 사람보다 우파 성향을 더 많이 띠는가? 〈칼림바〉를 들은 사람은 〈내 나이 예순넷에〉를 들은 사람보다 향수를 더 많이 느끼는가?

20명 정도의 작은 표본을 이렇게 다양한 방식으로 나누어 분석하면 거짓 양성 결과를 쉽게 얻을 수 있다. 연구팀은, 예를 들면 p값이 잠시라도 0.05 밑으로 떨어지면 바로 데이터 수집을 중단하는 등 그 밖에도 여러 방법을 동원했다. 시먼스, 넬슨, 사이먼손은 이처럼 몇 가지 간단한 수법을 쓰면 외견상 유의한 결과를 건질 확률이 60퍼센트 이상에 이른다고 추정했다.

이런 행위를 가리켜 '결과를 알고 나서 가설 세우기hypothesising after results are known', 줄여서 '하킹HARKing'이라고 하며, 다른 말로 'p해킹p-hacking'이라고도 한다. 비판을 위해 의도적으로 수행한 연구에서뿐만 아니라 늘상 일어나는 행위다. 한 예로, 비디오게임의 심리적 영향 등을 연구할 때 공격성을 측정하는 데 사용되는 CRTT(경쟁적 반응 시간 작업)라는 지표가 있다. 참가자에게 폭력적인 내용 또는 비폭력적인 내용의 비디오게임을 하게 한다. 그런 다음 다른 참가자를 상대로 경쟁적인 게임을 하게 한다. 주어진 신호에 먼저 반응하는 사람이 이기는 방식이다. 이긴 사람에게는 상대방을 향해 시끄러운 소음을 발생시킬 수 있는 기회가 주어진다. 이때 듣기 고통스러울 정도의 소음을 발생시킬 수도 있다.

피험자는 알지 못하지만, 여기서 사실 게임 속 상대방은 실제 사람이 아니라 프로그램이다. 그런데 심리학자 말테 엘슨은 2019년까지 CRTT를 사용해 비디오게임의 공격성 유발을 연구한 논문 130편에서 데이터가 총 157가지 방식으로 분석되었다는 사실을 발견했다.[11] 처음 발생시킨 소음의 크기를 측정하기도 하고, 스무 번 발생시킨 소음의 평균 크기를 측정하기도 하고, 첫 소음의 지속 시간을 측정하기도 하고, 음량과 지속 시간의 곱을 측정하기도 하는 식이었다. 그런 식으로 했을 때 유의한 결과가 나오지 않는다는 것은 불가능에 가까울 것이다.

'왜?'라는 의문이 들지도 모른다. 다들 진실을 밝히려고 연구를 하는 것 아닌가. 그런데 왜 그런 식으로 할까? 어느 정도 답이 될 만한 설명이 있다. 과학자들에게는 진실을 밝히려는 욕구도 물론 있지만 승진하고, 종신 교수직을 얻고, 가족을 먹여 살리려는 지극히 인간적인 욕구도 있다는 것이다. 학계에서 성공하기 위한 조건은 '논문 낼래, 쫓겨날래publish or perish'라는 표현에 집약되어 있다. 학술지에, 그것도 가급적이면 〈네이처〉나 〈사이언스〉처럼 '영향력이 큰' 학술지에 논문을 꾸준히 게재하지 않으면 명문 대학 교수 자리를 얻을 수 없다.

그렇다 해도 학술지들이 논문 저자가 원하는 결과를 얻었건 얻지 못했건 제출받은 논문을 모두 게재해주면 문제가 되지 않을 것이다. 그런데 물론 현실은 그렇지 않다.

과학 학술지는(모든 과학 학술지는 아닐지라도 유명 학술지의 대부분을 포함해 많은 과학 학술지는) 흥미롭고 참신한 연구 결과를 게재한다. 그게 뭐 큰 문제인가 싶을 수도 있지만, 그렇기 때문에 흥미로운 결론이 나온 연구(가령 '초능력은 실재한다')가 따분한 결론이 나온 연구(가령 '초능력이 실재하는지 증거를 찾아봤는데 못 찾았다')보다 게재될 가능성이 높다.

그리고 물론 많은 학술지가(역시 전부는 아니지만 특히 사회과학 쪽 학술지를 비롯해 다수가) '흥미로운 결론'의 기준점으로 $p < 0.05$를 사용한다. 실험 결과 $p = 0.045$가 나왔으면 게재되기 쉽고, $p = 0.055$가 나왔으면 게재되기 어렵다.

이런 사정은 그 자체만으로도 과학의 문제다. 가령 100곳의 연구실에서 초능력이 실재하는지 여부를 연구했다고 하자. 95곳은 아무 증거를 찾지 못했지만, 다섯 곳은 통계적으로 유의한 결과($p < 0.05$! 초능력이 실재하지 않는다면 100번에 다섯 번꼴로만 나올 결과!)를 발견했다. 이때 학술지들은 흥미롭고 참신한 논문을 게재하고 싶어하므로 '초능력은 실재한다'고 하는 논문 다섯 편은 모두 게재하고, '초능력은 실재하지 않는다'고 하는 논문은 하나만 게재하거나 할 것이다. 이제 과학 문헌을 조사해보면 초능력을 연구한 논문의 85퍼센트가 초능력이 실재한다는 결론을 내린 것으로 나온다. 과학자들과 대화해보면 연구 결과가 '참신'하지 않아서 게재를 거절당했다는 이야기를 많이 듣게 된다. 그렇다면 과학 문헌은 '참신'하고 흥미진진한 논문으로 메워질 수밖에 없는 구조다. 반면 참신하지 않고 따분하지만 실제로 참일 경우가 더 많은 논문들은 거절당하기 쉽다.

게다가 이런 현상은 파급 효과를 낳는다는 문제가 있다. 과학자들은 $p < 0.05$라는 결과를 얻기 위해 가능한 모든 방법을 무의식적으로라도 동원하려는 동기가 생기게 된다. 결국 〈거짓 양성 심리학〉 연구팀이 능숙하게 수행한 것과 똑같은 방법을 채택하기 일쑤다.

가장 유명한 사례는 아마도 오바마 행정부 시절 미국 연방정부로부터 수백만 달러의 연구비를 지원받은 코넬대학교의 스타 식품과학자 브라이언 완싱크일 것이다. 완싱크는 사람들의 식습관에 관해 수많은 연구를 발표했는데, 특히 남성이 여성과 함께 있을 때 (아마도 여성의 감탄을 사기 위해) 더 많이 먹는다는 연구와[12] 채소에 '호감이 가는' 이름을 붙이면(예를 들어 당근을 '투시력 당근'이라고 부르면) 초등학생들이 채소를 두 배 더 많이 먹는다는 연구가[13] 대표적이다.

그러던 2016년, 완싱크는 '절대 포기를 모르는 대학원생'이라는 제목의 블로그 글을 게시하는 실수를 했다.[14]

그가 말한 대학원생은 튀르키예 출신의 박사과정 학생이었다. 코넬에서 갓 학업을 시작한 그녀에게 완싱크는 "자체 재원으로 수행했으나 아무 결과가 나오지 않은 실패한 연구의 데이터를 건넸다"고 한다. 이탈리아 뷔페 식당에서 사람들의 식사 행동을 한 달 동안 관찰한 데이터였다. 그의 주문은 다음과 같았다. "우리 돈으로 시간을 엄청 들여 수집한 데이터다. 훌륭한 (풍부하고 독특한) 데이터이니 뭔가 건져낼 게 틀림없이 있을 거다." 작업에 나선 박사과정 학생은 데이터를 다양한 방식으로 나누어 분석했다. 예상할 수 있는 결과지만, $p < 0.05$인 상관관계가 여러 개 발견됐다. 워낙 많이 발견해서 학생과 완싱크는 그 데이터로 논문 다섯 편을 낼 수 있었다('남성이 여성의 감탄을 사기 위해 더 많이 먹는다'는 논문도 그중 하나였다).

이 글을 계기로 우려와 의심이 촉발된 몇몇 과학자와 과학 저널리스트들은 완싱크의 다른 연구도 샅샅이 훑기 시작했다. 그리고 인터넷 언론매체 〈버즈피드〉의 과학 저널리스트 스테퍼니 리가 완싱크의 이메일을 입수했는데, 알고 보니 그는 박사과정 학생에게 데이터를 "남성, 여성, 점심을 먹는 사람, 저녁을 먹는 사람, 혼자 앉은 사람, 2인 그룹으로 식사하는 사람, 3인 이상 그룹으로 식사하는 사람, 술을 주문하는 사람, 청량음료를 주문하는 사람, 뷔페 테이블에 가까이 앉는 사람, 멀리 앉는 사람, 기타 등등"의 기준으로 나누어 분석하라고 주문한 것으로 밝혀졌다. 그렇게 하여 "유의성을 발굴해내라, 한 방울이라도 있는 힘껏 짜내서" "인터넷에서 크게 한번 뜨게" 만들라고 지시했다고 한다.[15]

결과적으로 완싱크의 논문 중 18편이 철회되었고, 7편은 학술지 측에서 철회까지는 하지 않겠지만 완전히 신뢰할 수는 없다는 의미의 '우려 표명'을 했으며, 15편은 내용이 수정되었다.[16] 한편 완싱크 본인은 코넬대학교에서 연구 부정행위 판정을 받고 교육 및 연구 활동을 금지당한 후 2019년 사임했다.[17]

무척 극심한 사례였지만, 어찌 보면 완싱크는 운이 나빴다. 자기는 거의 일반적인 관행을 따랐을 뿐인데 공개적으로 파멸을 당했으니까. p해킹은 이보다 훨씬 덜 극적인 방식으로, 항상 이루어진다. 더군다나 자신이 뭔가 잘못하고 있다는 인식조차 전혀 없는 과학자가 많다. 앞서 예로 들었던 대릴 벰은 1987년에 출간된 책의 한 장에서 학생들에게 논문 게재 요령을 조언하며 이렇게 언급했다. "여러분이 쓸 수 있는 논문은 두 가지다. 하나는 연구를 설계하던 시점에 쓰려고 계획했던 논문, 또 하나는 결과를 보고 난 시점에 가장 타당해 보이는 논문이다. 올바른 답은 후자다."

그의 조언은 이렇게 이어진다. "남녀를 따로 분석하고, 복합지수를 새로 만들라. … 데이터를 더 두드러지게 부각되도록 재구성하라. … 데이터가 충분히 강력하다면 논문의 중심을 발견된 결과에 맞추어 다시 잡고 원래의 가설을 격하시키거나 더 나아가 무시하는 것이 합당할 수 있다. … 데이터를 보석이라고 생각하라. 여러분이 할 일은 그것을 자르고 광내고, 부각시킬 면을 선택하고, 최적의 세팅을 만들어주는 것이다."[18] p해킹을 하라는 말은 아니지만, "논문의 중심을 발견된 결과에 맞추어 다시 잡는다"는 것은 〈거짓 양성 심리학〉 연구팀과 완싱크가 했던 바로 그 작업이다. 그리고 그들이 보여주었듯이, 그렇게 하면 완전히 무의미한 잡음에서도 통계적으로 유의한 결과를 매우 쉽게 얻을 수 있다.

지금까지는 특정 과학자들의 사례만 살펴봤지만, 과학계 전반적으로 이 문제가 얼마나 심각했는지 알아볼 필요가 있다.

2011년 말, 그해에 드러난 각종 문제에 우려를 품은 버지니아 대학교 심리학자 브라이언 노섹은 '재현성 프로젝트'라는 작업을 시작했다. 연구자 270명을 모아 심리학 연구 100편에 대한 재현 시도를 벌였다. 다시 말해, 실험을 똑같은 방법으로 반복하되 새로 얻은 데이터를 사용하여 결과가 똑같이 나타나는지 확인했다.

노섹과 공동 연구자들은 2015년에 그 결과를 논문으로 발표했다.[19] 조사한 100편의 연구 중 97편에서 원래 통계적으로 유의한 결과가 나왔지만, 반복해보니 36편에서만 그런 결과가 나왔다. 재현된 연구의 효과크기effect size는 평균적으로 원래 연구의 절반 수준에 불과했다. 그중 절반 이상의 경우, 효과크기가 원래 논문에서 제시된 95퍼센트 신뢰구간 밖에 위치했다. 이오아니디스와 린들리가 경고한, 발표된 문헌에 실린 과학 연구 결과의 다수, 아니 어쩌면 대부분이 거짓일 가능성이 현실로 드러난 결과였다.

이게 다 베이즈 정리와 무슨 관련이 있는지 궁금할 것이다. 상당한 관련이 있다. 재현성 위기를 부른 원인에 관해서는 많은 논의가 있었다. 주원인으로 지목되는 것은 '논문 낼래, 쫓겨날래', 참신성에 대한 요구 등으로 대표되는 부적절한 인센티브다. 그리고 과학자들은 합리적인 해결 방안을 많이 내놓았다. 유의성의 기준점을 더 엄격하게 잡는 것이 그 첫 번째다. 가설의 사전 등록을 의무화하여 '하킹'을 방지하는 것이 두 번째다. 학술지들이 결과의 성격이 아닌 방법의 타당성을 기준으로 논문을 게재하게 하여 참신성 편향을 피하는 것이 세 번째다.

하지만 더 깊이 들어가면 재현성 위기의 근본 원인은 더 기초적인 데 있다고도 할 수 있다. 300년 전 야코프 베르누이처럼, 과학에서 추론확률이 아닌 표집확률을 사용하는 게 문제라는 것.

지금까지 논했듯이 p값은 현재 데이터에 비추어 가설이 옳을 가능성을 말해주는 척도가 아니다. 어떤 가설이 옳다고 할 때 현재와 같은 데이터가 나올 가능성을 말해주는 척도다. 그러나 베이즈가 지적했고 이후 라플라스가 상술했듯이, 그걸로는 충분치 않다. 가설이 옳을 가능성을 측정하려면 사전확률을 피할 수 없다. 베이즈 정리가 필요하다. 물론 문제는, 필요한 건 맞는데 원하느냐 하는 것이다.

초능력, 치즈로 이루어진 달, 빛보다 빠른 입자

베이즈주의 관점에서 볼 때 문제의 핵심은 다음과 같다. 당신이 어떤 가설을 검증하기 위해 연구를 수행했더니(어떤 가설인지는 나중에 밝히겠다), p값이 0.02로 나왔다고 하자. 가설이 옳을 확률은 얼마나 될까? 당연히 그 정도는 알 만한 사람들 중 다수가 여기에 98퍼센트라고 답한다는 것은 참으로 답답한 현실이나. '지금과 같은 결과가 우연히 나올 확률이 2퍼센트이니,

우연이 맞을 확률이 2퍼센트 아닌가요?' 이 책을 지금까지 읽은 독자는 그렇지 않다는 걸 잘 알 것이다. 그러나 대부분의 과학자들은 그 점을 모르는 듯하다.

2007년의 한 연구에서는 심리학 학부생 44명, 심리학 교수 39명, 그리고 통계적 방법론 강의를 맡고 있는 심리학 교수 30명에게 통계적 유의성에 관한 문장 6개를 제시하고 참 또는 거짓으로 표시하게 했다.[20] 그 결과 학부생 전원, 일반 교수의 90퍼센트, 통계적 방법론을 학생들에게 가르치고 있는 교수의 80퍼센트가 적어도 한 건 이상의 오답을 냈다. 뒤의 두 그룹 중 3분의 1과 학부생 중 3분의 2가, p값이 데이터에 비추어 결과가 우연적으로 나왔을 확률을 나타낸다고 보았다. p값이 0.05라면 검증하고자 하는 가설이 틀렸을 확률이 20분의 1에 불과하다는 것이다. 물론 그렇지 않다.

더 충격적인 사실도 있다. 또 다른 연구에서 '심리학 입문' 교과서 30권을 조사해보니, 그중 25권이 '통계적 유의성'의 정의를 수록했고 그중 22권이 틀린 정의를 내린 것으로 드러났다.[21] 이번에도 가장 흔한 오류는 p값이 결과가 우연적으로 나왔을 확률을 나타낸다고 본 것이었다. 우리가 지금까지 숱하게 논했지만, 완전히 거꾸로 된 생각이다. p값이 말해주는 것은 가설이 옳다고 할 때 지금의 데이터가 나올 확률이다.

그러나 모든 사람이 p값을 이해하지는 못한다는 사실이, p값을 옹호하는 모든 사람이 바보이거나 p값을 이해하지 못한다는 의미는 아니다.

네덜란드 에인트호번 공과대학교의 심리학자이자 내가 활동하는 그룹에서 빈도주의의 대가로 통하는 다니엘 라컨스와 이야기를 나눴다.* 그는 가설의 사전확률을 알지 못하면 p값을 가지고 가설이 참일 가능성을 알 수 없다고 유쾌하게 인정한다.

그에 따르면 p값이 하는 역할은, 영가설이 참일 경우 거짓 양성 결과가 장기적으로 얼마나 자주 나오는지를 알려주는 것이다. 그리고 p값이 0.05 미만이면 영가설이 기각된 것으로 간주할 수 있다. 연구를 더 하든지, 논문을 발표하든지 할 수 있다. 하지만 이는 어디까지나 잠정적인 결론일 뿐이다.

이 접근법에 대한 베이즈주의자들의 불만은, 어처구니없는 가설을 지나치게 높이 평가할 수 있다는 점이다. 앞에서 p=0.02가 나왔다고 한 연구로 돌아가보자. 연구 주제가 '망치가 헬륨 풍선보다 (지상의 일반적인 중력과 대기 조건에서) 더 빨리 낙하하는가'였다고 하자. 망치와 헬륨 풍선을 동시에 여섯 번 떨어뜨렸더니 매번 망치가 먼저 땅에 떨어졌다. 한쪽꼬리검정을 해보니 p값이 약 0.02다. 통계적으로 유의하다! 그런 결과가 우연히 나올 가능성은 매우 낮다. 만세! 그런데 그다지 흥미로운 결과는 아니다.

그렇다면 이번엔 연구 주제가 '초능력이 존재하는가'였다고 해보자. 한 학부생에게 똑같은 사진 두 장 중 하나를 선택하게

---

* 이런 주제에 관해 더 자세히 알고 싶은 독자에게 공개 강의 플랫폼 코세라에서 무료로 제공하는 라컨스의 온라인 강좌 '통계적 추론 능력 키우기Improving Your Statistical Inferences'를 강력히 추천한다.

한 후, 한 장이 있던 자리에 포르노 사진을 순간적으로 보여준다(벰이 했던 실험 중 하나다). 이 과정을 여섯 번 반복했더니 여섯 번 모두 학부생은 포르노 사진이 나오는 쪽을 선택했다. 이번에도 p값은 약 0.02다.

빈도주의 통계를 적용한다면 이용할 수 있는 정보는 이게 전부다. 즉, 데이터와 가설뿐이다. 두 가설 중 어느 쪽도 다른 쪽보다 우월할 게 없다.

빈도주의 모델에 따르면 두 결과를 동등하게 취급하는 것이 옳다. 즉, 두 경우 모두 영가설이 틀렸으며 효과가 실제로 있다고 간주할 수 있다. 대부분의 사람은 '망치가 헬륨 풍선보다 빠르게 낙하한다'는 연구에서는 효과가 실제로 있다는 데 동의할 것이다. $p \approx 0.02$가 나온 것도 큰 영향은 없다. 이미 그렇게 믿고 있었으니까. 반면 대부분의 사람은 '학부생들이 포르노 사진을 예지력으로 감지할 수 있다'는 연구에서는 효과가 실제로 없다는 데 동의할 것이다. 그런 초능력이 존재한다면 정말 놀랄 일이다.

알다시피 학술지들은 참신하고 흥미로운 결과를 원하고, 빈도주의 모델은 사전확률을 고려하지 않으며, 실험을 스무 번 하면 설령 효과가 실제로 없다 해도 한 번 정도는 통계적으로 유의한 결과가 나오게 되어 있다. 그렇다면 '학부생들에게 초능력이 있는가?' 실험을 하는 쪽에 분명히 인센티브가 있다. 오브리 클레이턴은 이렇게 말한다. "어차피 모든 가설을 똑같은 기준으로 평가한다면, 최대한 기이한 가설을 선택하는 편이 낫다. 그래야 화제를 불러일으키고 악명을 떨칠 수 있으니까. 빈도주의는 사람들에게 신기하고 놀라운 학설을 내놓게 하는 인센티브로 작용한다."

클레이턴은 그 대신 사전확률을 고려해야 한다고 주장한다. "가령 '달이 치즈로 이루어져 있다'라는 가설을 세웠다면 사전확률이 매우 낮을 테니 데이터를 새로 얻어도 믿음이 크게 변하지 않는다. 살짝 믿음이 커질 수는 있겠지만 이전에 갖고 있던 회의론을 완전히 잠재우지는 못한다. 베이즈 통계학이 과학자에게 제공하는 것이 바로 그것이다. 회의론의 도구가 되어주고, '이 학설은 믿을 수 없다'고 말할 수 있는 방법을 제공한다."

그의 주장은 이렇게 이어진다. "선험적으로 회의를 품을 수밖에 없는 학설에 과학자들이 주목하게 만드는 인센티브는 비뚤어진 것이다. 우리는 증거의 기준을 높여야 한다."

그러나 이는 라컨스가 보기에 어리석은 주장이다. 그는 "대릴 벰의 연구가 완벽한 예"라며, "포퍼(20세기의 위대한 과학철학자 칼 포퍼)는 도그마(독단적인 신념)에 관해 많이 이야기했는데, 도그마가 과학적 과정에 개입되어선 안 된다는 것"이라고 말한다.

"그렇기에 '이런 예지력 따위 주장은 믿을 수 없다'고 하는 편집자가 있으면 나는 '알 바 없다. 닥치고 게재하라'고 할 거다."

라컨스는 더 중요한 다른 예를 들었다. 2011년 유럽입자물리연구소(일명 세른CERN, 대형강입자충돌기LHC로 유명하다)에서 실험 중 놀라운 사실을 발견했다.[22] 제네바에 입자가속기가 있고 730km 떨어진 이탈리아에 입자검출기가 있는데, 전자가 후자를 향해 중성미자를 발사했다. 연구팀은 엄청나게 정밀한 원자시계를 사용해 중성미자가 가속기를 떠나고 검출기에 도달하는 시각을 기록했다.

그런데 중성미자가 이탈리아에 도달한 시각이 연구팀이 가능하다고 생각했던 것보다 10억분의 60초 빨랐다. 이는 통계적으로 극도로 유의한 결과였다. p값이 약 0.000000002였다. 순전히 우연이라면 5억 번에 한 번꼴로 일어날 만큼 극단적인 사건이라는 의미였다.

물론 이게 사실일 가능성도 극도로 희박했다. 중성미자가 정말 60나노초만큼 일찍 도착했다면 빛의 속도를 돌파한 것이 된다. 그러나 상대성이론의 기본 공리에 따라 그 어떤 것도 빛의 속도보다 빠를 수는 없다. 물체의 속도가 빨라질수록 질량이 커지고, 빛의 속도에 접근하면 질량이 무한히 커진다. 질량을 조금이라도 가진 입자를 빛의 속도로 가속하려면 무한한 에너지가 필요하므로, 이는 불가능하다. CERN의 실험 결과가 진짜라면 현대 물리학을 대대적으로 다시 써야 했을 것이다.

따라서 아무리 $p=0.000000002$라는 결과가 나왔다 해도 대부분의 물리학자는 그 결과가 진짜가 아니라고 굳게 확신했을 것이다. 라컨스는 "도무지 있을 수 없는 결과"라면서도 이렇게 말한다. "그렇다면 부끄러운 실수이니 숨기는 게 옳을까? 그렇지 않다. 숨겨선 안 된다. 그런 식으로 하는 게 아니다. 역사적으로 (그런 괴상한 결과가) 절대 놓쳐서는 안 되는 획기적인 발견일 때가 있었다. 나는 과학에서 도그마를 좋아하지 않는다."

물론 알고 보니 CERN의 실험 결과는 진짜가 아니었다. 조사를 해보니 시계 장치의 광섬유 케이블이 제대로 고정되지 않은 탓에 시계 내부의 레이저 신호가 제때에 포착되지 않아 중성미자의 외견상 도착 시각이 약 75나노초 빨라짐으로써 마치 빛의 속도를 돌파한 것처럼 보였을 뿐이었다.[23]

이쯤에서 한 가지를 지적해두어야 할 것 같다. 어떻게 보면 이 사례에서 빈도주의·베이즈주의 논쟁은 무의미하다. 아니, 무의미하진 않더라도 생각보다 복잡하다. 우리가 베이즈 사전 확률을 어떻게 잡았든, 극단적으로 잡지 않은 한 6시그마 수준의 $p = 0.000000002$라는 결과 앞에서는 쉽게 뒤집히기 마련이다. 그래도 합리적인 베이즈주의자라면 그걸 곧이곧대로 믿진 않으리라 본다. 광속의 벽이 깨질 확률은 수억분의 1에 불과하다고 생각하지 않을까. 그러나 우리가 중성미자가 외견상 일찍 도착한 것을 설명할 유일한 방법이 정말 그렇게 빨리 이동했다는 것뿐이라고 믿는다면, 그 결과에 우리는 설득됐어야 한다.

하지만 아무도 그렇게 생각하지 않았다. 사실, 효과가 얼마나 크게 나타났든 상관이 없었을 것이다. 그랬다고 해서 상대성이론이 뒤집혔다고 믿는 물리학자는 없었을 테니까. 대신 측정오차나 장비 결함, 의도적인 기만 등 다르게 설명할 방법이 있다고 짐작했을 것이다. 물론 그 짐작이 맞았다. 즉, 우연적인 결과가 아니라 실제 효과가 있었던 건 맞지만, 그 원인은 입자의 초광속 운동이 아니라 광섬유 케이블의 결함이었다.

매우 믿기 어려운 가설에 대해 강력한 통계적 증거가 나왔을 경우 어떻게 되는지에 관해서는 뒤에서 논하겠지만, 베이즈주의 입장에서는 증거에 뭔가 문제가 있다고 간주하는 것이 현명할 때가 많다(논란의 여지가 있는 부분이다).

어쨌거나 라컨스의 요지는, 입맛에 따라 취사선택할 수는 없다는 것이다. 어떤 과학 실험이 외견상 잘 수행되었고 깜짝 놀랄 결과가 나왔다면, 단지 사전확률이 낮다는 이유로 게재하지 않는 것은 옳지 않다고 그는 말한다. 그는 다시 포퍼를 언급한다. "포퍼는 베이즈를 싫어했다. 베이즈를 자신의 과학철학에 수용하고 싶지 않았다. 나도 같은 의견이다." 포퍼의 과학철학은, 과도하게 단순화해서 표현하자면 과학적 가설은 결코 증명할 수 없고, 다만 반증하거나 반증하지 못할 뿐이라고 말한다. 가설에 부합하는 증거나 반하는 증거를 쌓아갈 수 있다고 보는 베이즈적 사고방식은 포퍼와 정면으로 반대된다.

라컨스는 베이즈주의 혁명의 전제 자체에, 아니 '베이즈주의 신앙의 기본 교리'에 동의하지 않는다. 내가 이 책에서 반복했던 말이 있다. 빈도주의 통계학은 '이 가설이 옳다고 할 때 이런 데이터가 나올 가능성'을 알려주지만, 우리가 정말 알고 싶은 정보는 '이런 데이터가 나왔을 때 내 가설이 옳을 가능성'이라고 했다. 라컨스는 그 개념을 아예 인정하지 않는다. 그의 말을 들어보자. "내가 통계학자의 오류라고 부르는 개념이다. 무슨 뜻이냐 하면, 통계학자의 역할은 사람들이 알고 싶어하는 것을 알려주는 게 아니다. 나는 과학자로서 내가 무엇을 알고 싶은지 스스로 결정할 수 있다. 그런데 어떤 가설이 옳을 확률을 알고 싶지는 않다. 아니, 더 정확히 말하면 그건 이룰 수 없는 일이라고 본다. 세계 평화를 이루고 싶어하는 마음과 마찬가지다. 이론상으로는 이루고 싶다. 하지만 어느 가설이 옳은지 안다는 것은 유감스럽게도 우리 능력 밖의 일이다."

그렇다고 그가, 가령 '망치가 헬륨 풍선보다 빨리 떨어진다'는 가설이 '학부생들이 포르노를 감지하는 초능력이 있다'는 가설보다 더 타당하다는 사실을 부인하는 것은 아니다. "포퍼라면 타당성이나 인식 과정이 중요한 게 아니라 엄격한 검증을 거쳤느냐가 중요하다고 말할 것이다. 중력 이론은 예지력 이론보다 더 엄격한 검증을 거쳤으므로, 나는 후자가 아닌 전자를 기반으로 할 것이다. 믿음이 중요한 게 아니고, 믿음은 정량화할 수도 없다. 나는 중력 이론이 옳을 확률을 따지지 않고 그냥 옳다고 간주한다."

내가 라컨스와 대화하면서 흥미로웠던 것은, 그가 베이즈주의에 상당 부분 동의한다는 점이다. 그는 자신의 훌륭한 온라인 통계학 강좌에서 초반에 베이즈에 관한 꼭지를 다루면서, 사전확률 없이는 가설이 옳을 가능성을 판단할 수 없다는 점을 분명히하고 있다. 또한 p값의 의미가 사전확률에 따라 크게 달라진다는 점도 명확히 설명한다. 발표된 과학 연구 결과가 대부분 거짓이라는 이오아니디스의 말을 인용하면서, 그 이유는 대부분의 연구가 선험적으로 가능성이 낮은 가설을 대상으로 수행되었기 때문이라고 지적한다.

사실 그는 자신이 암묵적으로 베이즈 방식을 따르고 있다는 것을 인정한다. 연구 주제를 고를 때 '선험적으로' 옳을 가능성이 높다고 생각하는 가설을 택한다는 것이다. "내가 예지력을 연구할 것인가? 그렇지 않다. 그 점에서 나는 암묵적으로 베이즈 의사결정 방식을 사용하고 있는 셈이다. 가치 있는 결과가 나올 사전확률이 낮다고 보기에 연구할 생각이 없다. 과학자로서, 그리고 한 인간으로서, 나는 베이즈 방식을 사용해 주제를 선택한다. 하지만 데이터를 평가할 때는 사전확률을 개입시키지 않는다."

그는 일단 데이터가 나오면 p값을 그 자체만으로 해석해야 한다고 말한다. "우리가 힉스 입자의 존재를 믿는 이유가 사전확률을 설정하고 데이터를 관찰하여 사전확률을 갱신했기 때문인가? 아니다. 과학자들이 5시그마 검정(p값 약 0.0000003에 해당)을 두 번 수행했다. 그렇다면 나온 결과가 참이거나, 아니면 우리가 1100만 개의 세계 중 그런 극단적 데이터가 우연히 발생한 하나의 세계에 살고 있거나 둘 중 하나다."

사전확률에 의존하는 대신 더 양질의 데이터를 얻기 위해 노력해야 한다고 라컨스는 말한다. 예를 들면 통계적 유의성의 기준을 강화하는 것이 한 방법이다. "내가 사람들의 감탄을 사고자 한다면 오류율을 낮추겠다. 즉, 알파 수준(통계적 유의수준과 같은 말)을 크게 낮추는 것이다. 그러면 뭔가가 나왔을 때 그게 우연히 나왔을 가능성은 아주 낮아진다." 입자가속기를 쓰는 물리학이나 대규모의 유전체 비교 연구를 하는 유전학에서는 쉽게 할 수 있는 일이지만, 사회과학에서도 가능하다고 그는 말한다. "매니랩스(브라이언 노섹이 재현성 연구를 위해 결성한 조직)의 연구에서도 그렇게 강화된 기준점을 사용한다. 메타분석(선행 연구를 종합하여 분석하는 연구)에서는 5시그마 기준점을 사용한다. 아니면 미국 식품의약국FDA에서 요구하는 것처럼 강화된 기준을 암묵적으로 사용하기도 한다. 알파 수준은 통상적인 수준으로 잡되, 실험을 두 번 하는 것이다. 한 번 5퍼센트가 나온 것은 우연일 수 있어도, 두 번째도 그렇게 나오면 5퍼센트의 5퍼센트 확률이니 매우 엄격한 검증이 되는 셈이다."

포퍼의 백조

라컨스가 베이즈주의를 거부하는 이유로 칼 포퍼를 거론했으니, 포퍼가 무슨 주장을 했는지 알아보는 게 좋을 것 같다.

일찍이 18세기에 데이비드 흄은 귀납의 문제를 제기했다. 그는 모든 과학적 추론에 미래가 과거와 같으리라는 가정이 깔려 있다고 했다. 예컨대 내가 망치와 헬륨 풍선을 1,000번 떨어뜨렸는데 매번 망치가 먼저 땅에 떨어졌다면, 우리는 1,001번째에도 그러리라 예측할 수 있다고 가정한다.

그러나 우리가 미래가 과거와 같으리라고 생각하는 이유는,

과거에도 항상 그랬기 때문이라는 것밖에 없다. 흄은 《인간 오성에 관한 탐구》에서 "모든 실험적 결론은 미래가 과거와 같으리라는 가정에 근거한다"고 말했다.[24] 똑같은 증거를 가지고 미래가 과거와 같음을 입증하려는 행위는 "명백히 순환논리에 해당하며, 증명해야 할 바로 그 점을 당연시하는 오류"라고 했다. 어쩌면 1,001번째 시도에서는 떨어뜨린 망치가 정북 방향으로 날아가거나, 공중에 뜬 채 빙글빙글 돌거나, 벌새로 변신하거나 하고 헬륨 풍선은 바닥에 쿵 하고 떨어질지도 모르는 일 아닌가.

물론 우리는 과거를 미래의 길잡이로 삼고 있고, 이는 "바보와 광인 외에 아무도 부정하지 않을" 사실이다. 그러나 흄은 아무리 생각해도 그러한 추론의 확고한 철학적 근거를 찾을 수 없었다. 그는 미래가 과거와 같으리라는 우리의 기대는 결국 '관습'에 따른 것이라고 말했다. "아마 우리는 더 이상 깊이 파고들 수도 없고, 그 원인의 원인을 밝힐 수도 없으며, 다만 그것을 경험에 근거한 모든 결론의 궁극적 원리로 받아들이고 만족할 수밖에 없을 것이다."[25] 흄은 "미래는 과거를 닮을 것"이라는 명제를 증명 불가능한 공리로 받아들일 수밖에 없다고 봤다. 그리고 과거를 관찰하여 미래의 가능성을 예측하는 경험주의는, 그 합리적 근거가 무엇이든 여전히 믿을 만했다.

당연히 철학자들은 여기에 만족할 수 없었고, 귀납의 문제는 지난 250년간 철학자들을 성가시게 했다. 특히 과학철학자와 철학적 성향의 과학자들에게는 골치 아픈 문제다. 어떤 약을 쓰면 병이 낫는다거나 우라늄-238이 납-206으로 붕괴한다는 연구 결과가 나왔다면, 단지 한 번 그랬다는 의미가 아니라 앞으로도 계속 그럴 것이라는 의미가 되어야 하지 않겠는가. 그 약을 써서 사람들 병도 고치고, 그 우라늄을 써서 발전소를 가동하든지 폭탄을 만들든지 할 수 있어야 하지 않겠는가.

파울 파이어아벤트로 대표되는 일부 철학자들은 이 문제로 인해 모든 과학은 비합리적이며, 따라서 어떤 과학 이론도 다른 과학 이론보다 우월하다고 생각할 이유가 없다고 주장했다. (그렇다면 왜 당신은 빗자루 대신 비행기를 타고 다니느냐는 질문에 파이어아벤트는 "비행기 사용법은 알지만 빗자루 사용법은 모르고, 배우기도 귀찮아서"라고 대답했다.)[26]

오스트리아 출생의 영국 과학철학자 칼 포퍼는 과학이 귀납에 전혀 의존하지 않는다고 주장하며 이 문제를 회피하려 했다. 그는 과학자가 이론을 검증한다는 것은 이론을 입증하는 것이 아니라 반증에 실패하는 것일 뿐이라고 했다. 그가 든 유명한 예로, '모든 백조는 희다'라는 간단한 가설이 있다. 흰 백조 한 마리를 보았다고 하자. 그것으로 모든 백조가 희다는 것이 증명될까? 물론 아니다. 흰 백조를 한 마리 더 보아도 증명은 되지 않는다. 흰 백조를 아무리 많이 보았다 해도 '모든 백조는 희다'고 확실히 말할 수 없다. 간단한 고전 논리다. 개별적인 예로부터 보편적인 법칙을 추론할 수는 없다. '이것은 백조다, 이 백조는 희다, 그러므로 모든 백조는 희다'는 올바른 삼단논법이 아니다.

그렇지만 만약 희지 않은 백조를 보게 된다면, '모든 백조는 희다'라는 진술은 참이 될 수 없다. '모든 백조는 희다'라는 보편적 진술은 검은(또는 녹색이나 다채로운 색의) 백조가 한 마리라도 있을 가능성을 부정한다. 그런 백조를 한 마리라도 본다면 '모든 백조는 희다'라는 가설은 반증된다.

포퍼는 과학이 이렇게 참인 가설을 입증하는 것이 아니라 거짓인 가설을 반증함으로써 발전한다고 보았다. "나는 우리가 사실 전혀 귀납 추론을 하지도, 오늘날 '귀납절차'로 불리는 방법을 쓰지도 않는다고 생각한다. 그 대신 우리는 항상 시행착오, 추측과 논박, 실수로부터의 학습이라는 본질적으로 다른 방법을 통해 규칙성을 발견한다."[27]

혹시 독자도 나처럼, 다 그렇게 설명되는 건 아니지 않나 하는 생각이 들지도 모른다. 공기역학 이론도 반증되지 않았고, 목성의 위성 유로파에 생명체가 있다는 가설도 반증되지 않았다. 하지만 나는 공기역학 이론에 큰 신뢰가 간다. 심지어 날개 위아래의 압력차만으로 공중에 지탱되는 쇳덩어리를 타고 수천 킬로미터를 날아갈 용의가 얼마든지 있다. 공기역학 이론과 그 실제 응용을 믿기 때문이다. 반면 유로파 생명체 가설에는 신뢰가 훨씬 덜 간다. 맞을 수도 있겠지만, 직접 가서 확인해본 사람도 없고, 배당률을 아주 높게 쳐준다면 모를까 거기에 베팅할 생각이 없다. 단순하게 보면, 포퍼의 모델은 이 두 가설의 타당성이 동등하다고 말하는 셈이다.

포퍼는 그래도 차이가 있다고 말할 것이다. 한쪽은 엄격한 검증을 거쳤고, 다른 한쪽은 그렇지 않다고 할 것이다. 그는 이렇게 말했다. "우리는 다른 이론들과의 경쟁에서 가장 잘 버티는 이론, 즉 자연선택에 의해 생존에 가장 적합함을 스스로 증명하는 이론을 선택한다. 지금까지 가장 엄격한 검증을 견뎌냈을 뿐 아니라 가장 엄밀한 방법으로 검증할 수 있는 이론이 선택받을 것이다."[28] 그리고 그런 이론을 가리켜 '승인되었다corroborated'라는 표현을 썼다.

나는 포퍼처럼 현대철학의 거장이 아니니(석사과정에서 학점은 잘 받았지만!) 이 주제에 있어서 지적으로 열세다. 그렇지만 포퍼의 이런 입장은 기이하게 생각된다는 말을 하지 않을 수 없다. '엄격한 검증을 거친' 이론이나 '승인된' 이론이 그렇지 않은 이론보다 어떤 면에서 옳을 가능성이 더 높다는 점을 부인한다는 것은 이상하다. 당신이(혹은 포퍼 본인이) 다음 두 가지에 베팅을 한다고 하자. 하나는 공기역학 이론에 따른 어떤 예측이 맞아떨어지리라는 것, 가령 내가 탄 보잉 777 비행기가 활주로를 달리다가 시속 270km에 이르면 성공적으로 이륙하리라는 것이다. 다른 하나는 목성의 위성 유로파에 어류 생명체가 존재한다는 것이다. 이때 당신은(그리고 내 생각엔 포퍼도) 비행기 쪽에 훨씬 낮은 배당률로 베팅할 용의가 있을 것이다. 전자에 대한 증거를 후자에 대한 증거보다 훨씬 많이 보았기 때문이다. 비행기 쪽이 '더 엄격한 검증을 거쳤다'는 말이나 '옳을 가능성이 더 높다'는 말이나 표현만 다를 뿐 실질적으로는 차이가 없어 보인다.

나만 포퍼를 불신하는 건 아니다. 암스테르담대학교 심리학과의 통계 및 방법론 교수인 에릭-얀 바헨마커르스는 "포퍼! 제발!"이라며 이렇게 말한다. "포퍼는 아주 이상한 얘기를 몇 가지 했다. 옳은 가설이란 존재하지 않고, 다만 기각하기 쉽거나 어려울 뿐이다? 그럼 애초에 반증하려고 애쓸 필요가 뭐가 있나?"

같은 네덜란드 사람인 라컨스와 달리, 바헨마커르스는 스스로를 "전투적인 베이즈주의자"라고 칭하며 "오브리(오브리 클레이턴)만큼 전투적이진 않지만 그래도 꽤 전투적"이라고 한다. 그가 제시하는 대안은, 당연히 베이즈 방법이다.

포퍼의 반증 모델이 가진 문제점은, 실제적으로 도움이 되지 않는다는 것이다. 대부분의 과학 가설은 하나의 반례만으로 바로 반증되지 않는다. 가령 내가 '아세트아미노펜(대표적인 해열·진통제 성분—옮긴이)이 두통을 낫게 한다'라는 가설을 세웠다면, 그건 아세트아미노펜이 모든 두통을 낫게 한다는 의미가 아니다. 한 사람이 아세트아미노펜을 복용했는데 두통이 가시지 않았다고 해서 반증되는 가설이 아니다. 아세트아미노펜이 대부분의 두통을 낫게 한다는 의미조차 아니다. 아세트아미노펜을 복용하면 복용하지 않는 것보다(혹은 위약을 복용한 것보다) 통계적으로 두통이 빨리 나을 가능성이 높다는 의미일 뿐이다.

내가 이해하기로는 바로 여기서 포퍼와 피셔의 접근법이 서로 통한다. 두 사람 모두 가설이 확증되었다고는 절대 말하지 않고, 기각되지 않았다고만 한다. 피셔는 p값이 0.05 미만이면 가설이 옳은 것으로 잠정적으로 간주한다고 할 것이고, 포퍼는 가설이 많은 검증을 거쳐 결함이 발견되지 않았으면 '승인되었다'고 말할 수 있다고 할 것이다. 다만 숫자를 붙이지 않을 뿐이다.

그러나 바헨마커르스 같은 베이즈주의자가 보기에 이것은 현실 회피에 불과하다. 베이즈 사전확률을 초장부터 거부하기로 결정한 빈도주의자들이니 어쩔 수 없이 그런 입장을 취한다는 것이다. 그는 이렇게 말한다. "그들이 사전 지식을 숫자로 코드화하는 게 타당하다는 점을 인정한다면, 베이즈주의자가 되는 수밖에 없다. 그러니 직관적인 사전확률에 의지하는 것이다. 직관에 따라 타당한 쪽으로 추론하되 비형식적으로만 하는 모습이다." 라컨스가 자기는 연구 주제를 선택할 때 베이즈식으로 한다고 하는 것이나, 포퍼가 가설 중에서도 '더 엄격한 검증'을 거친 가설을 기반으로 삼아야 한다고 하는 것이나 다 그런 예라고 그는 말한다.

아닌 게 아니라, 포퍼는 후기에 '승인' 개념을 정량화하려고 실제로 시도했다.[29] 그런데 그가 결론적으로 내놓은 공식은 베이즈 척도의 하나인 '상대적 확신 비율relative belief ratio'과 기능적으로 동일하다.[30]

바헨마커르스는 연구자들이 추론확률 문제에는 사실 관심이 없다는 라컨스의 말에도 강한 이의를 제기한다. 거듭 요약하자면 빈도주의 통계학에서는 '가설이 옳다고 할 때 이런 데이터가 나올 가능성이 얼마인가'를 묻는다면, 비록 라컨스 등의 빈도주의자들은 부인하지만 연구자들이 알고 싶어하는 것은 역방향의 질문, 즉 '이런 데이터가 나왔을 때 이 가설이 옳을 가능성이 얼마인가'라고 했다.

바헨마커르스는 이렇게 말한다. "빈도주의 통계가 다루는 질문은 연구자들에게 관심 밖이다. 조건의 설정부터 잘못됐다. 우리가 알고 싶은 것은 영가설이 참일 때 얼마나 놀라운 데이터가 나왔느냐가 아니라, 데이터로 미루어 볼 때 영가설이 얼마나 타당한가 하는 것이다. 궁극적으로, 근본적으로 중요한 질문은 바로 그것이다."

그는 공동 연구자들과 함께 그 가설을 검증해보았다. 학술지 〈네이처 인간 행동〉에 게재된 논문의 저자 여러 명에게 믿음의 변화를 물었다. "논문의 제목에 들어 있는 주장, 가령 '남성은 배보다 사과를 좋아한다'라거나 하는 주장을 기준으로 했다. 저자들에게 데이터를 보기 전과 본 후에 주장의 타당성이 각각 어느 정도였는지 물었다. 과학 연구에서 이런 결과는 드물지만, 한 명도 빠짐 없이 모든 응답자가 데이터로 인해 주장의 타당성이 더 높아졌다고 답했다.[31] 그런 건 빈도주의 통계의 영역을 벗어난 문제인데도!"

과학자들이 쓴 글을 읽어보면 가설이 옳을 확률을 논하는 경향이 분명히 드러난다. 한 예로, 아인슈타인이 쓴 글이다. "나는 빛의 속도의 불변성이 상대성 가정과는 무관하다는 것을 알고 있었으므로, 둘 중 어느 쪽이 더 가능성이 높은지 저울질해 보았다."[32] 그는 이렇게 말하기도 했다. "(아브라함과 부헤러의) 이론이 옳을 확률은 상당히 낮게 보아야 한다. 그들이 움직이는 전자의 질량에 관해 세운 기본 가정이 더욱 광범한 현상을 설명하는 이론 체계에 비추어 타당하지 않기 때문이다."[33] 과학자들이 단순히 가설의 반증 여부가 아닌 가설이 옳을 확률의 관점에서 사고한다는 것은 분명하다. 과학자들은 적어도 본능적으로는 베이즈주의자처럼 사고하는 셈이다.

베이즈와 재현성 위기

빈도주의와 차별화되는 베이즈주의의 기본적 장점이라면, 데이터를 버리지 않고 다 활용한다는 것이다. 앞에서 빈도주의 방법과 베이즈 방법 중 내키는 것을 쓴다고 소개했던 런던정치경제대학교의 심리학자 젠스 코드 매드슨은 그 점을 이렇게 설명한다. "빈도주의는 그 밖의 정보를 다 내버린다는 이상한 특성이 있다. 그러니 결과의 변동이 엄청나게 심할 수밖에 없다." 다시 말해, 새 연구를 할 때마다 이전 연구에서 얻었던 모든 정보를 깡그리 잊고 다시 시작한다는 것이다. 적어도 이론상으로는 그렇다. '망치가 헬륨 풍선보다 빨리 낙하한다'는 가설이나 '학부생들이 포르노를 감지하는 초능력이 있다'는 가설이나 다

백지 상태에서 시작한다. 이는 세상에 대한 우리의 믿음이 바람에 흩날리는 낙엽처럼 쉽게 변동하는 결과를 낳는다. 그뿐이 아니다. 매드슨에 따르면, "그러면 유의한 효과를 찾기 쉬워진다. p값을 이리저리 주물러도 된다. 항상 지금 연구가 이 주제의 첫 연구라고 가정하니까."

예를 들어, 당신이 어떤 데이터를 수집한다고 하자. (이 예제에 나오는 숫자는 코세라Coursera에서 제공하는 다니엘 라컨스의 훌륭한 온라인 강좌, '통계적 추론 능력 키우기'에서 가져온 것이다. 정말 강력히 추천하는 강좌다.) 연구 주제는 '빨간 머리를 가진 사람이 수프를 먹을 가능성이 더 높은가?'라고 하자. 인구 중 수프를 먹는 사람의 비율은 이미 알려져 있으므로, 당신은 빨간 머리를 가진 사람 200명에게 수프를 먹는지 여부를 묻고 결과를 기록한다.

그런데 빨간 머리를 가진 사람이라고 해서 수프를 먹을 가능성이 실제로 더 높지는 않다고 하자. (논의의 편의를 위해 그렇게 가정하자. 내가 실제로 검증해본 가설은 아니다.) 그래도 앞서 살펴봤듯이 $p = 0.05$라는 유의수준의 특성상 실험을 스무 번 하면 평균 한 번꼴로 유의한 결과가 나오리라 기대할 수 있다. 기억하겠지만, p값 0.05의 의미가 바로 그것이다. 즉, 효과가 존재하지 않는다면 스무 번에 한 번꼴로만 나올 만큼 극단적인 결과라는 뜻이다.

이제 당신은 실험을 한다. 처음 10명의 빨간 머리 피험자에게 수프를 먹는지 물어본 후 조사를 중단하고 데이터를 살펴본다. 이때 p값이 0.05 미만이면 거기서 멈추고, "아하, 유의한 결과가 나왔군!"이라고 외치며 논문을 써서 〈네이처〉에 발표한다. p값이 0.05 미만이 아니면 계속 조사한다. 한 명을 조사할 때마다 상황 변화가 있는지 확인한다. 이런 식으로 해도 그리 큰 문제는 없지 않나 싶다. 그냥 시간이 절약되는 방법 아닌가? 아닌 게 아니라, 그런 식으로 하면 생명을 구할 수 있는 경우도 많다. 예컨대 백신 임상시험을 하는데 초기 결과가 강력하게 나타난다면 그 사실을 알 필요가 있다. 그러면 결과가 마저 나올 때까지 몇 달을 기다리지 않고 바로 백신 보급을 시작할 수 있으니까.

그러나 놀랍게도, 이렇듯 비교적 무해해 보이는 '결과 미리 들여다보기' 방법만으로도 통계적으로 유의한 결과를 얻을 확률이 엄청나게 달라진다. 영가설이 참이고 실제 효과가 없는 경우, 미리 들여다보지 않으면 $p \leq 0.05$인 결과가 스무 번에 한 번꼴로 나올 것이다. 그러나 미리 들여다보면 그 비율이 약 두 번에 한 번꼴로 대폭 높아진다.

아래 그래프를 보자. 라컨스가 만든 스크립트를 이용해 통계 소프트웨어로 그린 것이다.[34] 데이터를 하나 추가할 때마다 계속 확인하는 경우 p값이 어떻게 변동하는지 보여주는 예다.

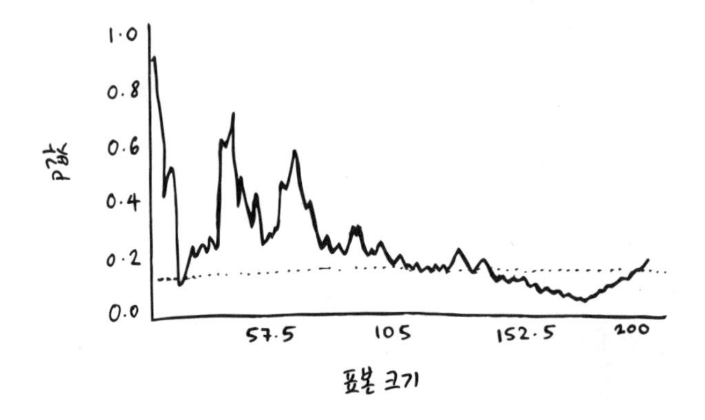

점선은 $p=0.05$에 그어져 있다. 그래프가 점선 밑으로 떨어지는 순간, 데이터는 유의수준 0.05에서 통계적으로 유의하게 된다. 위 예에서는 두 번에 걸쳐 점선 밑으로 떨어지고 있다. 두 지점 중 어느 곳에서든 실험을 중단하고 결과를 발표하면 성공이다. 실제로는 아무 효과가 존재하지 않는데도(소프트웨어를 애초에 그렇게 설정했으니까!) 말이다.

내가 이 스크립트를 몇 번 실행해보니, 그래프는 항상 갈팡질팡 요동쳤다. 그중 대략 절반의 경우는 첫 200건 이내에서 그래프가 점선 밑으로 떨어지는 현상을 보였다. 비양심적인 연구자라면, 아니 아무 생각 없는 연구자라 해도, 의미 없는 잡음투성이 데이터에서 외견상 통계적으로 유의한 결과를 아주 쉽게 찾아낼 수 있다. 데이터를 원래 계획했던 것보다 일찍 몇 번 확인하기만 하면 된다.

반면 베이즈 방식에서는 이런 것이 문제가 될 일이 없다. 사전확률 데이터를 뭐든 우선 확보하고 시작하기에, 새 데이터 포인트가 하나하나 들어올 때마다 의견이 변동하는 폭이 훨씬 작다. 물론 새로 얻은 결과는 항상 그다음 데이터에 적용될 사전확률을 새로 구하는 데 쓰인다.

베이즈주의의 거장 데니스 린들리는 "실험자는 데이터를 수집해나가다가 유의수준 알파에 도달하면 중단할 수 있고, 그렇게 하는 것이 베이즈 통계에서는 문제가 되지 않는다"고 주장했다.[35] 한 발 더 나아가 20세기 미국의 심리학자이자 베이즈주의자인 워드 에드워즈,[36] 그리고 에릭-얀 바헨마커르스[37] 등은 이와 같은 선택적 중단 방법이 베이즈 분석에는 오히려 유용하다고 말한다. 2014년에 발표된 한 논문에서는[38] 내가 앞에서 보인 것과 비슷하지만 더 정교한 시뮬레이션을 해보았는데, 사후확률 또는 베이즈 인수Bayes factor(개념은 뒤에서 설명하겠지만 일단은 베이즈 통계의 p값 같은 것이라고 해두자)가 일정 값 아래로 떨어질 때마다 데이터 수집을 중단하는 경우에도 결과를 모두 얻을 때까지 기다리는 경우와 평균적으로 동일한 확률이 나오는 것으로 나타났다. 그런데 물론 시간은 단축되므로, 더 일찍 신약을 출시하거나 새로운 발견을 발표하거나 하고 그다음 단계로 넘어갈 수 있다.

빈도주의 기법에 비해 베이즈 기법이 갖는 기술적 장점이 또 하나 있다. 단순히 영가설을 기각하거나 채택해버리는 것이 아니라는 점이다. 즉, 가설을 '참' 또는 '거짓'으로 판정하는 대신,

일정 범위의 가능한 현실에 대해 확신도를 부여한다. 이 점이 중요한 이유는, 현실에서 영가설이란 존재하지 않기 때문이다. 더 정확히 말하면, 인간 집단을 관찰할 때 영가설은 궁극적으로 항상 거짓일 수밖에 없다.

당신이 사회를 이루는 두 집단의 차이를 알아보는 연구를 한다고 하자. 이번에도 주제는 '빨간 머리를 가진 사람이 수프를 좋아하는가?'라고 하자. 빨간 머리인 사람 200명과 그 밖의 머리색을 가진 사람 200명을 조사해보면, 우연히라도 어느 정도의 작은 차이가 나타날 것이다. 빈도주의 통계를 사용한다면, 그 차이가 과연 영가설을 기각할 만큼 큰지 판단해야 한다.

하지만 전국의 빨간 머리인 사람과 빨간 머리가 아닌 사람을 한 명도 빼지 않고 모두 조사했다면, 차이가 있을 수밖에 없다. 설령 100만 명당 한 명에 불과한 극미한 차이라 해도, 두 집단의 수프를 좋아하는 비율 간에는 차이가 분명히 있을 것이다. 그러므로 표본크기를 충분히 크게 잡기만 하면 영가설을 틀림없이 기각할 수 있다. 그리고 그건 우연적인 차이가 아닌 실제 차이다. 시카고대학교 심리학자 데이비드 바컨은 1968년에 이렇게 언급했다.

> 몇 년 전 필자는 미국 전역에서 약 60,000명의 참여자를 대상으로 수집한 각종 테스트 결과에 대해 여러 가지 유의성 검정을 수행해볼 기회가 있었다. 어떤 검정을 해도 유의한 결과가 나왔다. 데이터를 완전히 임의적인 기준으로, 예를 들면 미시시피강

동쪽 지역과 서쪽 지역, 메인주와 그 밖의 지역, 북부와 남부 등으로 나누어 분석해보아도 모든 경우에 평균이 유의한 차이를 보였다. 표본 평균의 차이가 매우 근소한 경우도 있었지만, p값은 모두 매우 낮았다.[39]

위대한 심리학자 폴 밀도 비슷한 말을 했다. 밀은 미네소타주의 고등학생 57,000명을 대상으로 수십 가지 문항으로 이루어진 설문조사를 했다. 질문 내용은 종교, 여가 습관, 형제자매 수, 출생 순서, 졸업 후 희망 진로 등 다양했다. 수집된 응답 자료는 총 990가지 방법으로 분류할 수 있었다. 요리를 좋아하는 학생은 외동일 가능성이 높은가? 침례교 가정 출신 학생은 교내 정치 동아리에 가입할 가능성이 높은가? 그런 여러 가지 조합으로 데이터를 쪼개어 분석해보니 가능한 조합의 92퍼센트에서 통계적으로 유의한 상관관계가 나왔다.[40] 모두 우연적 차이가 아닌 실제 차이다. 그리고 거기엔 다면적이고 복잡한, 실제 원인이 있었을 것이다.

마찬가지로, 빨간 머리인 사람 30,000명과 빨간 머리가 아닌 사람 30,000명을 조사해본다면 두 집단의 수프 선호 여부에 차이가 나타날 것이고, 그 결과는 거의 틀림없이 통계적으로 유의할 것이다. 그리고 거짓 양성이 아니라 실제 차이일 것이다. 그러나 우리가 거기에서 알 수 있는 중요한 사실이 있는지는 분명치 않다. 상관관계가 미미한 수준일 수도 있고, 빨간 머리인 사람의 집단을 약간 다르게 잡으면 상관관계가 사라질 수도 있다.

빈도주의 통계는 그 특성상 영가설을 기각하거나 기각하지 않거나 양자택일을 해야 한다. 효과가 실재하거나 실재하지 않거나 둘 중 하나다. 따라서 표본이 충분히 크다면 뭔가가 있다는 결론이 나올 수밖에 없다. 반면 베이즈주의는 효과의 크기를 추정하여 확률분포를 구할 수 있다.*

확률분포란 일어날 수 있는 결과 전체를 그래프로 나타낸 것이다. 예컨대 주사위 하나를 굴렸을 때 나올 수 있는 결과를 그래프로 나타낸다면, 높이가 똑같은 막대 여섯 개를 그리면 된다. 막대는 각각 1, 2, 3, 4, 5, 6 중 한 면이 나오는 결과에 해당한다. 막대 하나의 확률은 1/6, 즉 0.167이고, 모두 합하면 1이 된다. 어떤 면이든 뭔가가 나올 확률은 100퍼센트이기 때문이다. (엄밀히는 '기타 이상한 결과'라는 막대 하나를 더 그리고 '주사위가 애매하게 땅에 박힌다', '주사위가 너구리로 둔갑한다' 같은 결과를 아우르게 해야 할 것이다. 하지만 논의의 편의를 위해 주사위를 굴리면 반드시 한 면이 확실히 나온다고 가정하자.) 그려진 그래프는 다음과 같다.

* 물론 빈도주의자들도 바보가 아니어서, 이런 문제를 생각해보지 않은 게 아니다. 빈도주의 통계학의 틀에서도 효과의 크기를 추정할 수 있고, '동등성 검정'이라는 것을 하여 관찰된 효과가 의미를 부여할 만큼 큰 것인지 판정할 수 있으며, 앞에서 논했듯이 영가설을 기각하거나 채택한다는 결정은 확정적인 것이 아니다. 그러나 이런 방법들이 베이즈처럼 시스템 자체에 내장되어 있지 않고, 필요에 따라 임시로 쓰는 수단에 가깝다.

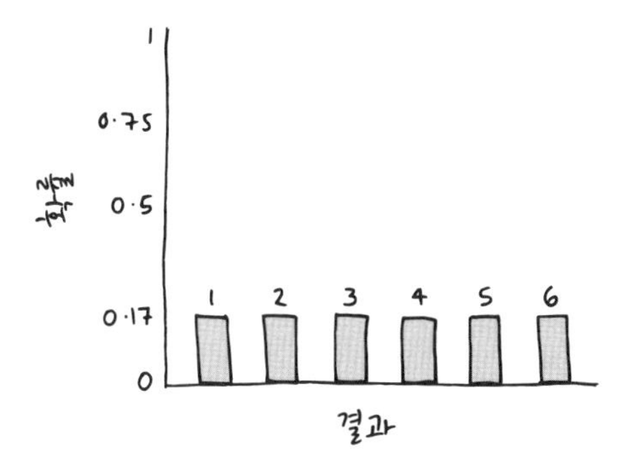

주사위를 두 개 굴린다면 그래프가 달라져서, 정규분포와 닮은 모양이 된다. 예컨대 합이 7이 되는 경우는 여섯 가지가 있지만(1+6, 2+5, 3+4, 4+3, 5+2, 6+1), 합이 2나 12가 되는 경우는 한 가지밖에 없다(1+1, 6+6). 따라서 결과마다 확률이 달라진다.

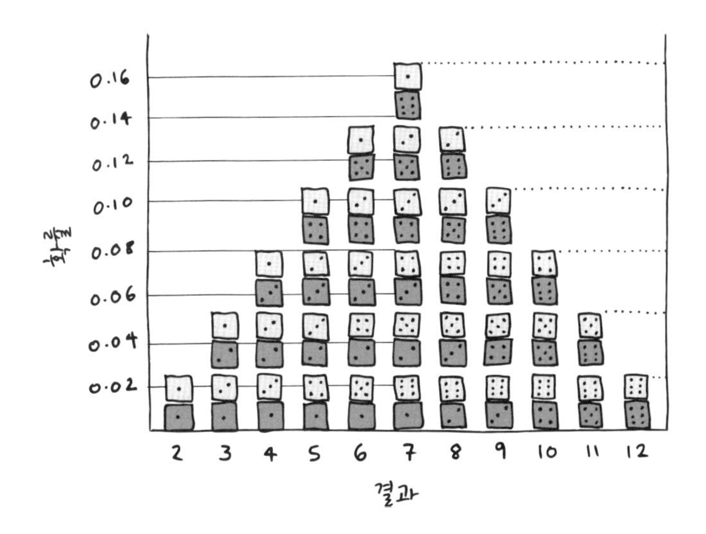

주사위의 눈 수처럼 이산적인(띄엄띄엄한) 변수가 아니라 키나 몸무게처럼 연속적인 변수를 측정할 때는 그래프가 연속적인 곡선으로 그려진다. 그 모양은 측정하는 대상에 따라 정규분포일 수도 있고 그 밖의 다른 형태일 수도 있다. 그러나 앞에서와 같이 곡선 아래 면적의 총합이 1이 된다는 사실은 변함이 없다. 특정한 결과가 나올 확률, 예를 들어 '키가 173cm에서 178cm 사이인 남성의 비율'을 구하고 싶다면 X축의 두 지점 사이에 위치한 그래프 아래의 면적을 확인하면 된다.

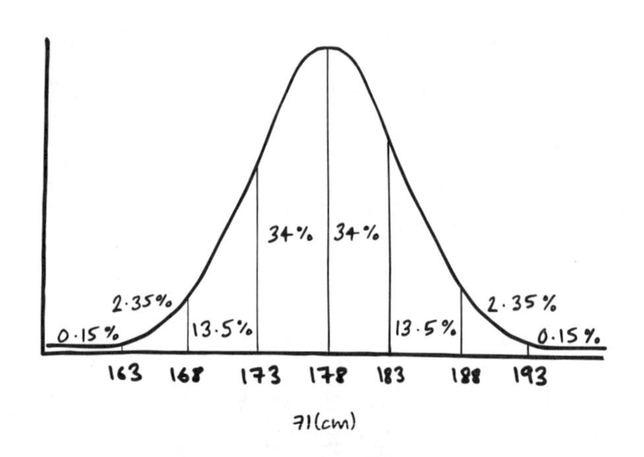

여기까지는 베이즈 특유의 개념이 아니다. 이 같은 확률분포 개념은 야코프 베르누이도 잘 알고 있던 것이다.

베이즈만의 특징은 다음과 같다. 첫째, 확률분포를 이용해 우리의 주관적 믿음, 즉 어떤 주제에 관해 우리가 주어진 정보에 근거해 내린 최선의 추측을 나타낼 수 있다. 둘째, 새로운 정보를 바탕으로 기존의 확률분포를 갱신하여 새로운 확률분포를 얻는다.

무슨 뜻인지 설명하겠다. 우선 사전확률분포를 설정한다. 다시 말해, 데이터가 나오기 전에 효과의 크기에 대한 최선의 추정을 미리 해놓는다. 이번에도 연구 주제는 '빨간 머리인 사람은 수프를 좋아하는가?'라고 하자. 우리가 내린 최선의 추정은 빨간 머리인 사람도 다른 사람과 똑같은 양의 수프를 먹는다는 것이다. 물론 확신하진 못한다. 실제 효과는 남들보다 약간 더 먹거나 약간 덜 먹는 것일 수 있다. 아니면 가능성은 더 낮지만, 남들보다 훨씬 많이 먹거나 훨씬 덜 먹을 수도 있을 것이다. 어쨌거나 빨간 머리인 사람이 수프를 먹는 양은 0에서 '세상의 수프 총량' 사이의 어느 값일 것으로 확신할 수 있다(확률≈1).

실제 정답이 어떤 값에 가까우리라는 확신이 클수록 그 값 주변에 높은 확률을 배치하면 된다. 결과적으로 확률분포의 모양은 확신이 클수록 뾰족해지고, 확신이 작을수록 평퍼짐해진다.

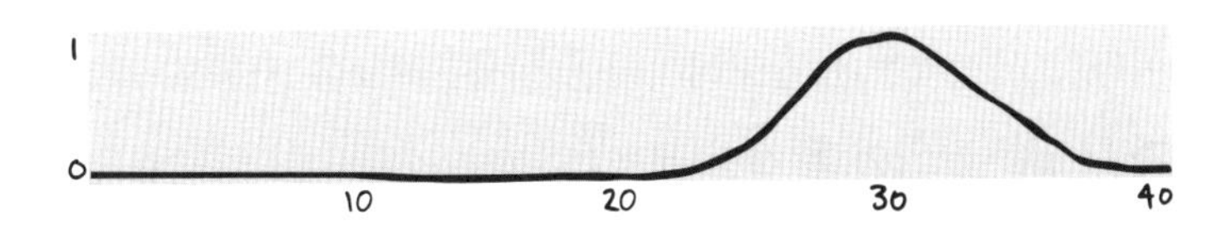

그런 다음 빨간 머리인 사람들을 어느 정도 모아서 수프 먹는 양을 조사한다. 놀랍게도 인구 평균에 비해 상당히 많은 양을 먹는 것으로 나타났다고 하자. 새로 얻은 데이터는 어떤 평균값 주

변에 분포한다. 이때 새로 얻은 곡선을 '가능도'라고 한다.•

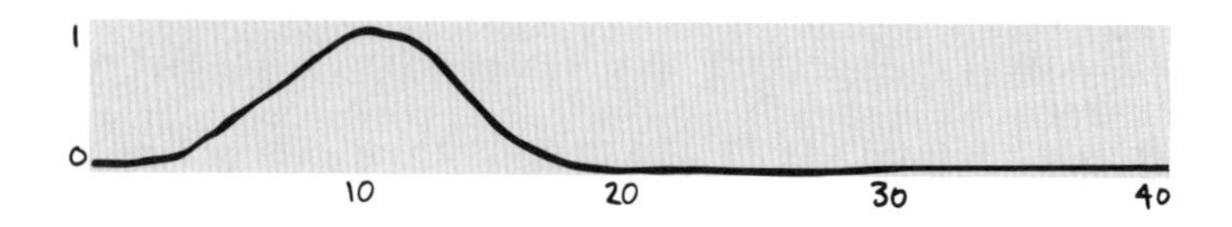

이제 사전확률과 가능도를 곱해 새로운 곡선을 구한다. 결과는 앞의 두 곡선을 평균한 곡선으로, 사후확률분포가 된다.

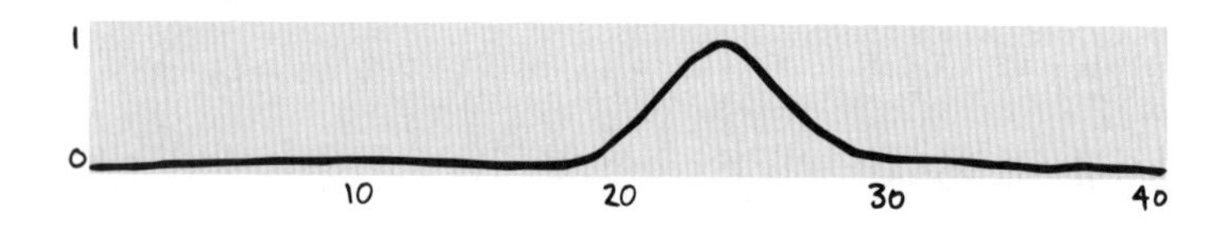

사후확률분포의 모양은 사전확률의 강도와 새로 얻은 데이터의 질(표본크기, 효과크기 등)에 좌우된다. 사전확률이 매우 강하다면, 즉 곡선이 높고 뾰족하다면, 그리고 새로 얻은 데이터가 약하여 가능도 곡선이 낮고 평퍼짐하다면, 사후확률 곡선은 사전확률과 크게 다르지 않을 것이다. 반면 사전확률은 약한데 데이터가 양질이어서 가능도 곡선이 높고 뾰족하다면, 데이터가 사전확률을 압도해버리면서 사후확률은 가능도 곡선과 더 닮은 모양이 될 것이다.

• 통계학자들은 꼭 이런 짜증스러운 버릇이 있다. 일상 언어에서 '확률'과 똑같은 뜻으로 쓰이는 단어인 'likelihood(가능성)'를 미묘하면서 중요한 의미 차이가 나는 전문용어로 만들어버렸으니, 누구나 헷갈려한다. 이게 처음이 아니다. 통계용어로 '유의성'을 뜻하는 'significance(중요성)'도 그런 예다.

어쨌든 영가설을 기각한다거나 대립가설을 채택한다거나 하는 선언을 할 필요는 없다. 그냥 이렇게 말하면 된다. '실제 값은 지금 이 곡선상의 어느 지점엔가 위치할 것 같고, 각 지점의 확률은 곡선이 나타내는 바와 같다.' 만약 사후확률 곡선이 사전확률에 비해 높고 뾰족하다면, 뭔가 주목할 만한 결과가 나온 것이므로 추가로 연구할 가치가 있다.

오브리 클레이턴 같은 베이즈주의자들은 이렇게 함으로써 '유의한 p값'을 좇는 오랜 폐단이 완화될 것이라 믿는다. 통계적으로 유의한 결과를 얻기는 쉽다. 데이터를 충분히 잘게 나누거나, 결과를 계속 확인하거나, 무의미하고 미약한 상관관계라도 나올 때까지 표본을 계속 키워가거나 하면 항상 유의한 결과를 얻을 수 있다. 과학 논문 출판업계의 특성상 그런 무의미한(또는 가짜) 상관관계를 찾아내면 논문을 게재할 수 있는 경우가 많다. 그리고 학계의 특성상 커리어를 발전시키려면 논문을 게재해야 한다. '통계적으로 유의한가 유의하지 않은가'라는 이분법적 개념을 철폐하고 '효과가 얼마나 크고 실재할 가능성이 얼마인가?'를 보여주는 부드러운 아날로그 그래프를 대신 도입하면, 그런 식의 부적절한 인센티브와 이분법적 결론을 방지하는 데 어느 정도 도움이 된다.

한 가지 분명히해두자. 빈도주의 분석 대신 베이즈 분석을 도입한다고 해서 현대 과학의 여러 문제가 마술처럼 해결되는 건 아니다. 또, 현내 과학의 많은 문제는 빈도주의 통계학의 틀

내에서도 해결할 수 있다. (과학의 문제를 너무 과장해서도 안 될 것이다. 물론 엉터리 소리도 많고 부적절한 인센티브도 많지만, 우리가 과거 세대보다 오래 살고 윤택하고 건강한 삶을 누리는 것도, 손바닥만 한 물건을 주머니에 넣고 다니며 전 세계 사람과 대화할 수 있는 것도 다 과학 덕분이다.)

베이즈주의의 대가 바헨마커르스도 동의하는 사실이다. 그는 "베이즈가 만병통치약은 아니다"라며, "어떤 시스템을 쓰든 몇 가지 기본 원칙은 항상 유효하다. 그건 바로 체리피킹(입맛대로 골라 뽑는 행위—옮긴이)을 하지 말라, 정직하라, 들어가는 정보가 쓰레기면 나오는 결과도 쓰레기garbage in, garbage out다"라고 지적한다. 과학자들이 '아무 효과가 없다'는 결과를 놀랍지 않다고 해서 감추거나 학술지들이 그런 논문을 외면하면, 과학 문헌은 놀랍지만 거짓인 논문 위주로 채워지게 된다. 이는 과학계의 중론을 알아보기 위한 메타분석을 시도할 때 잘못된 그림을 얻게 된다는 의미다. 그건 데이터를 베이즈 방법으로 분석하든 빈도주의 방법으로 분석하든 마찬가지다.

그렇지만 베이즈 접근법을 채택하면 분명히 고칠 수 있는 것 하나는 $p=0.05$라는 기준점의 사용이다. 그게 중요한 이유가 있다. 과학자들은 $p=0.05$라는 결과를 실제 효과가 존재하는 것으로 간주하거나 전제하곤 하지만, 사실 $p=0.05$는 가설에 반하는 증거일 수도 있기 때문이다. 다음 절에서 그 이유를 설명한다.

데니스 린들리의 역설

'이 정도로 극단적인 결과가 나올 확률이 20분의 1'이라고 하면 꽤 까다로운 기준처럼 생각된다. 그것이 $p=0.05$가 의미하는 바이고, '뭔가가 나왔다'고 선언하려면(즉 영가설을 기각하려면) 만족시켜야 할 기준이다. 그러나 20분의 1이라는 기준점은 정보 가치가 굉장히 낮다. 상황에 따라서는 p값이 약 0.05로 나왔다는 사실이 오히려 가설에 반하는 증거가 될 수 있다.

지금부터 그 이유를 설명해보겠다. p값은 어떤 하나의 가설하에서 얼마나 놀라운 데이터가 나왔는지에 주목한다. "반면 베이즈 통계학에서는 두 개의 가설을 비교한다"고 바헨마커르스는 말한다. "그런데 이런 경우가 있을 수 있다. 영가설하에서도 놀랍지만, 대립가설하에서는 더 놀라운 데이터가 나온 것이다." 이를 린들리의 역설이라고 부른다. 앞서 언급했던 데니스 린들리가 1957년 논문 〈통계학의 한 가지 역설〉에서 다루었기에 그런 이름이 붙었다.[41] 다만 린들리 자신도 지적했듯이, 그보다 20년 전에 해럴드 제프리스가 이미 언급한 역설이다. 그리고 엄밀히 말하면 역설(패러독스)은 아니다. 한마디로 데이터를 놓고 어떤 질문을 하느냐에 따라 다른 답이 나온다는 이야기다.

그 개념은 이렇다. 당신이 어떤 실험을 대단히 여러 번 수행한다고 하자. 가령 10만 번 정도 한다고 하자. 그런데 실제 효과가 존재하지 않는다면, 관찰되는 p값은 무작위로 넓게 분포할 것이다. 이번에도 다니엘 라컨스의 온라인 강좌에 나오는 예제를 빌려오겠다. 당신이 어떤 집단을 관찰 대상으로 삼고 IQ를 측정했다고 하자. 인구 전체의 평균 IQ는 정의상 100이다. 아무런 실제 효과가 존재하지 않는다고 가정하자. 다시 말해, 당신이 관찰 대상으로 삼고 표본을 추출한 모집단도 평균 IQ가 100이라고 하자. 수행한 총 10만 건의 실험에서 얻은 p값을 그래프로 나타낸다면 다음과 같은 모양이 될 것이다.

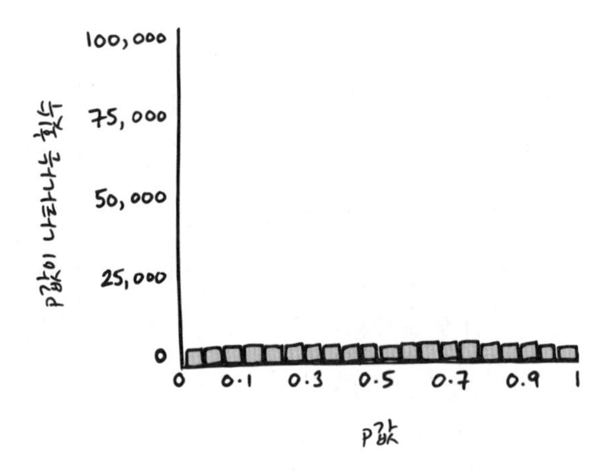

극단적인 결과가 나올 때도 있고, 극단적이지 않은 결과가 나올 때도 있다. 즉, 표본을 뽑다보면 어떨 때는 우연히 IQ가 매우 높거나 낮은 사람들로 표본이 뽑힐 수도 있는데, 이때는 표본이 모집단을 잘 대표하지 못한다. 그런가 하면 모집단을 비교적 잘 대표하는 표본이 뽑히기도 한다. 0.05 이하의 p값은 20번에 한 번꼴로 발생할 것이다. 0.05에서 0.1 사이의 p값도 마찬가지고, 0.1에서 0.15 사이의 p값도 마찬가지다. 더 세밀하게 따져도 같은 식이 된다. 예컨대 0.04에서 0.05 사이의 p값은 100번에 한 번꼴로 발생할 것이다.

그렇다면 실제 효과가 존재하는 경우는 어떻게 될까. 모집단이 똑똑한 사람이 많은 집단이어서 평균 IQ가 107이라고 하자. 표본크기가 어느 정도 이상이고 효과가 실제로 존재한다면, p값이 아주 낮게 나올 가능성이 매우 높다. 이제 p값은 0에 아주 가깝게 몰려서 분포할 것이다. 앞서의 평탄한 그래프와는 전혀 다른 모양의 그래프가 나온다.

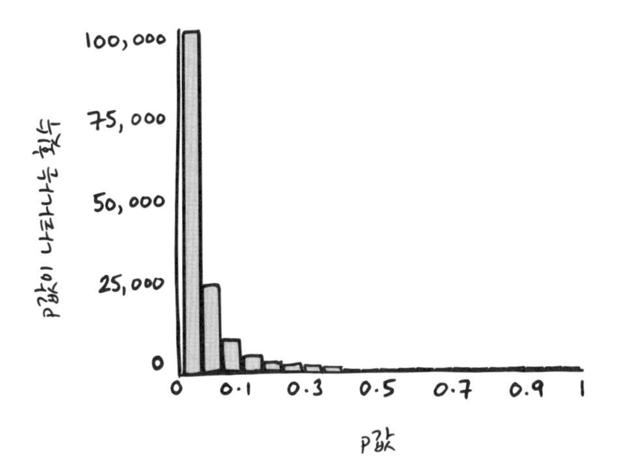

p값이 0.04 이상이 나오는 경우가 매우 드문 모습이다. 즉, 모집단의 평균 IQ가 100이라는 영가설과 107이라는 대립가설을 놓고 볼 때 영가설하에서 p값 0.04가 나올 가능성이 훨씬 높다. 0.04면 놀라운 결과인 건 맞는데, 영가설보다 대립가설하에

서 훨씬 더 놀라운 결과인 것이다.

물론 가설이 그 두 가지만 가능한 건 아니다. 실제 평균 IQ는 94일 수도, 110일 수도, 그 밖의 값일 수도 있다. 그렇지만 그중 특정한 가설을 특별히 선호할 만한 이유가 딱히 없다면, 즉 사전확률분포가 넓게 퍼져 있다면, 딱 유의한 정도로 나온 결과는 영가설에 반하는 증거라기보다 영가설에 부합하는 증거일 수 있다.

그렇다고 해서 p값이라는 개념 자체가 잘못된 건 아니다. 오픈대학교의 통계학 명예교수 케빈 매콘웨이는 베이즈주의에 동의하지만 도그마로 받아들이진 않는 입장이다. 그는 두 방법론이 서로 다른 질문에 답하고 있을 뿐이라고 말한다. 지금까지 우리가 계속 했던 이야기다. p값 0.05가 나왔다면, 영가설이 맞다고 할 때 놀라운 데이터가 나왔다는 사실은 알 수 있다. 그러나 데이터가 지금처럼 나왔을 때 영가설이 맞을 가능성에 관해서는 알 수 있는 게 없다. 그건 p값으로 알 수 있는 정보가 아니다.

문제는, 많은 연구자들이 통계적으로 유의한 결과가 나왔을 때 그것이 자신의 가설에 부합하거나 심지어 가설을 확증하는 증거라고 간주한다는 점이다. 그렇지가 않다.

사실 문제의 상당 부분은 $p=0.05$라는 기준점이 어처구니없을 정도로 느슨한 데서 기인한다는 점을 분명히해두자. 만약 내가 어떤 주사위들이 조작되어 있다는 가설을 세웠는데 그중 두 개를 굴려서 둘 다 6이 나왔다면, 통계적으로 유의한 결과라고 선언하기 충분할 것이다($p = 0.028$). 하지만 내가 개인적으로 주사위 굴리는 롤플레잉 게임을 많이 하는데, 6이 여러 번 나오는 일은 아주 흔하다고 장담할 수 있다. (물론 나보다도 상대방에게…)

바헨마커르스는 "베이즈주의 관점에서 볼 때 0.05는 아주 약한 증거"라며 "기준이 터무니없게 낮게 설정되어 있다"고 말한다.

물론 증거 기준이 너무 낮은 게 문제라면 기준을 높이는 것이 일단 확실한 해법이다. 앞서 라컨스가 제안했던, 알파 수준(통계적 유의성을 선언하기 위해 도달해야 할 p값)을 낮추는 방법이 바로 그것이다. 2017년에 한 연구팀은 통계적 유의수준의 표준값을 0.005, 즉 200분의 1로 재설정할 것을 촉구하는 논문을 〈네이처 인간 행동〉에 발표하기도 했다.[42] 그렇게 해도 린들리의 역설이 근본적으로 해소되지는 않겠지만, 역설이 발생하는 경우는 훨씬 적어질 것이다.

하지만 p값으로 가설이 참일 확률을 알 수 없다는 문제는 여전히 남는다. 물론 p값으로 인해 증거가 더 공고해지는 것은 맞고, 피셔나 포퍼의 입장을 따른다면 더 큰 확신을 갖고 가설이 '승인'되었다고 보거나 영가설이 기각되었다고 간주할 수 있을 것이다. 그러나 여전히 믿음의 정도를 숫자로 표현하지는 못한다. 그걸 하는 게 과학의 목표라는 바헨마커르스, 클레이턴 등의 견해에 동의한다면 베이즈주의를 채택할 필요가 있다. 그리고 베이즈주의를 채택한다면, 사전확률이 반드시 필요하다.

그런데 사전확률을 대체 어디에서 구할 것인가?

사전확률 구하기

자신이 본능적으로 베이즈주의자인지 빈도주의자인지 알아볼 수 있는, 간단한 사고실험이 하나 있다. (이 예는 구글의 의사결정 과학자 캐시 코지르코프에게서 빌려온 것이다.)[43] 동전을 던진다. 던진 동전을 잡되, 보지 않는다. (오므린 검지 위에 동전을 올려놓고 엄지로 튕겨 올린 다음 같은 손으로 공중에서 잡아 다른 쪽 손등에 덮는 방식이 가장 멋지긴 하지만, 어떻게 하든 동전을 던져서 잡고 손으로 가리고 있으면 된다.) 이때 앞면이 나왔을 확률은 얼마일까? 답을 생각해보자. 생각했으면 다음 질문으로 넘어간다. 이제 다른 사람이 동전을 던질 차례다. 그 사람이 동전을 던져서 잡고, 자기만 동전을 본다. 이번엔 앞면이 나왔을 확률이 얼마일까?

두 질문에 모두 '50퍼센트' 또는 '0.5'라고 답했다면 당신은 베이즈식으로 사고하는 사람이다. 당신에게 확률은 자신의 주관적 믿음과 자신이 아는 정보에 관한 것이다. 동전은 앞면이 나왔을 수도, 뒷면이 나왔을 수도 있다. 어느 쪽이 더 가능성이 높다고 생각할 이유가 없으므로 확률은 50퍼센트다. 다른 사람이 동전을 보았다고 해도 당신에게는 아무 차이가 없다. 그 사람이 보기엔 이제 확률이 100퍼센트 아니면 0퍼센트가 되었겠지만, 당신은 새로 얻은 정보가 없으니 여전히 확률은 50퍼센트다.

만약 '0퍼센트 아니면 100퍼센트'라고 답했거나 '도대체 뭔 소리야?'라고 반응했다면 당신은 빈도주의자처럼 사고하는 사람이다. 빈도주의자에게 이건 정답이 있는 상황이다. 객관적 사실이 존재한다. 앞면이 나왔거나 뒷면이 나왔거나 둘 중 하나다. 이미 일어난 사건의 '확률'을 논한다는 것은 말이 되지 않는다. (다른 사람이 동전을 본 경우에도 마찬가지다. 그 사람은 정답을 알고 당신은 모르지만, 어쨌든 정답은 확정되어 있으므로 확률은 1 아니면 0이다.)

베이즈주의가 주관적이라는 말은 바로 그런 의미다. 확률과 통계는 불확실성을 평가하고 측정한 결과로 보아야 한다는 것이다. 우리는 X라는 사건이나 Y라는 사건이 일어날지 여부는 알지 못하지만, 우리가 세상에 관해 아는 지식에 비추어 그런 사건이 일어날 가능성이 얼마나 되느냐 하는 판단은 시도할 수 있다. 그리고 갑이라는 사람이 세상에 관해 아는 지식은 을이라는 사람이 아는 지식과 많이 다를 수 있다. 따라서 두 사람이 보는 가능성도 서로 많이 다를 수 있다.

그런데 불확실성에는 두 가지 종류가 있다. 내재적 불확실성aleatory uncertainty은 알 수 없는 미래에 수반되는 불확실성이다. 영어 'aleatory'의 어원은 주사위를 뜻하는 라틴어 '알레아alea'다. (카이사르가 루비콘강을 건너 로마로 진격하면서 외쳤다고 전해지는 말이 '약타 알레아 에스트Iacta alea est', 곧 '주사위는 던져졌다'로, 결정의 결과가 무엇이 되었든 다가오고 있으며 무엇인지 알 수 없음을 의미한다.)[44]

동전을 던지기 전에는 앞면이 나올지 뒷면이 나올지에 대한 내재적 불확실성이 존재한다. 비행기에 오를 때는 비행기가 안전히 착륙할지에 대한 내재적 불확실성이 (미미하게라도) 존재한다. 잼 바른 토스트를 떨어뜨리면, 바닥에 떨어지는 짧은 순간 동안 잼 바른 면이 위로 떨어질지 아래로 떨어질지에 대한 내재적 불확실성이 존재한다.

그런가 하면 **인식론적 불확실성**epistemic uncertainty도 있다. 'epistemic'의 어원은 '지식'을 뜻하는 그리스어 '에피스테메epistēmē'다. 앞에 소개한 캐시 코지르코프의 사고실험에서 드러내고자 했던 것이 바로 이 불확실성이다. 동전을 던져서 잡은 다음 보지 않으면, 내재적 불확실성은 없다. 결과는 이미 발생했고, 확정됐다. 그렇지만 당신이 새로 얻은 정보는 없다. 당신의 관점에서는 문제가 조금도 풀리지 않았다.

마찬가지로, 당신이 아는 사람이 비행기를 탔다면 비행기가 안전히 착륙했는지 추락했는지에 대한 인식론적 불확실성이 존재한다(물론 비행기는 무척 안전하니 예를 잘못 택한 것 같긴 하다). 토스트를 떨어뜨리고 나서 식탁 아래를 들여다보기 전까지는 바닥이 잼 범벅이 되었는지 여부에 대한 인식론적 불확실성이 존재한다.

현실 세계의 사실에 관한 질문에는 인식론적 불확실성이 따른다. 스위스의 인구는 얼마인가? 나는 모르지만, 대략 1000만 명 정도일 것 같다고 답하겠다. 400만보다 적진 않고 3000만보다 많진 않으리라고 90퍼센트 확신한다. 그에 따라 나의 사전 확률분포를 그릴 수 있다. 1000만에서 곡선이 정점을 이루고, 3000만 이상과 400만 이하에는 각각 총면적의 5퍼센트씩만 위치하게 한다. 그러면 이런 식의 모양이 될 것이다.

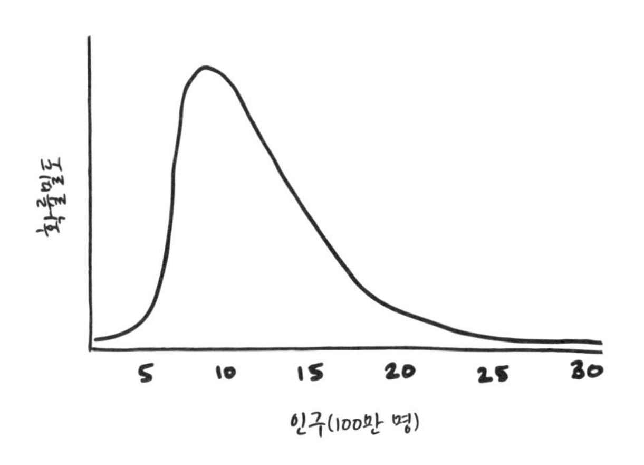

(방금 검색해보니 유럽연합통계국에 따르면 2022년 1월 1일 스위스의 인구는 8,736,510명이었다고 한다.[45] 이제 내 확률밀도함수는 그 숫자를 중심으로 압축되어 바늘처럼 뾰족해진다.) 한편 '미국 조지아주의 주도는 어디인가?'처럼 질문의 답이 이산적인(불연속적인) 경우는, 모든 답에 각각 확률을 부여할 수 있다. 예를 들면 애틀랜타 60퍼센트, 트빌리시 35퍼센트, … 등이다.

다 수긍할 수 있는 이야기다. 다니엘 라컨스도 여기까지는 동의할 것이다. 그리고 뒤에서 베이즈 정리를 결정이론에 쓴다거나 베이즈 모델로 미래를 예측하고 생각을 바꾸고 한다는 이야기를 하겠지만, 그런 방면에서는 정말 이런 식으로 할 수밖에 없다. 역시 뒤에서 논하겠지만 우리 뇌가 베이즈 기계라는 관점에서 본다면, 뇌가 주변 세상을 예측하고 감각에서 얻은 정보에 따라 예측을 갱신할 때도 거의 이런 식으로 작동하고 있다.

그렇지만 과학에서는 어떻게 하는가? 사전확률을 어디에서 얻어야 하나? 무작정 임의로 정해도 되는 건가? "뭐 잘 모르겠지만 이 백신이 코로나19를 예방해줄 확률이 40퍼센트쯤 되지 않을까 싶네" 하는 식으로 정하면 되는 건가, 아니면 더 정교한 방법이 있나?

물론 몇 가지 방법이 있다. 가장 간단한 방법은 모른다고 인정하는 것이다. 스위스 인구가 한 명인지 지구 총인구만큼 많은지 정말 전혀 모르겠다면 모든 가능한 답에 똑같은 크기의 확률을 부여한다. 그러면 사전확률은 주사위를 굴렸을 때 각 면이 나올 사전확률처럼 평탄해진다. 젠스 코드 매드슨은 "사전확률을 균일하고 평탄하게 잡는다면 아무것도 가정하지 않는 것"이라며 이렇게 말한다. "빈도주의자들이 설정하는 사전확률이 바로 그것인데, 물론 말은 그렇게 하지 않는다. 내가 강성 빈도주의자 동료들에게 하는 말이, 당신들의 주관적 사전확률은 0.5다, 그건 무슨 근거냐는 것이다. 당신들 정리에 직접 명시되어 있진 않지만 그런 전제가 깔려 있지 않냐는 것이다."

사전확률을 균일하게 잡는 방법에는 몇 가지 문제가 있다.

가장 대표적인 것이 앞서 1장에서 불이 지적한 문제로, 어떻게 보면 균일한 사전확률도 또 어떻게 보면 균일하지 않다는 것이다. 앞에서 검은색 또는 흰색 공이 들어 있는 단지를 예로 들었다. 단지에 든 검은 공의 개수에 대해 사전확률을 균일하게 잡는다면, 모든 개수 조합의 확률이 동일하다. (예를 들어 단지에 공이 두 개만 들어 있다면 검은 공이 두 개, 한 개, 0개인 세 경우의 확률이 동일하다.)

반면 각각의 공이 검은색일 확률과 흰색일 확률이 같다고 가정한다면, 즉 공을 하나 뽑을 때마다 흰색 또는 검은색이 나올 사전확률을 균일하게 잡는다면, 사전확률은 검은 공과 흰 공이 대략 반반씩 존재하는 쪽으로 집중된다(공의 개수가 많을수록 강하게 집중된다).

해럴드 제프리스가 여러 상황에서 이 문제를 피할 수 있는 방법을 제시했다. 사전확률분포를 U자형으로 설정하여 양 극단에 집중적으로 분포시키는 방법이다. 다시 말해, 우리가 주목하고 있는 현상이 거의 항상 일어나거나 전혀 일어나지 않는다고 일단 간주하는 것이다.

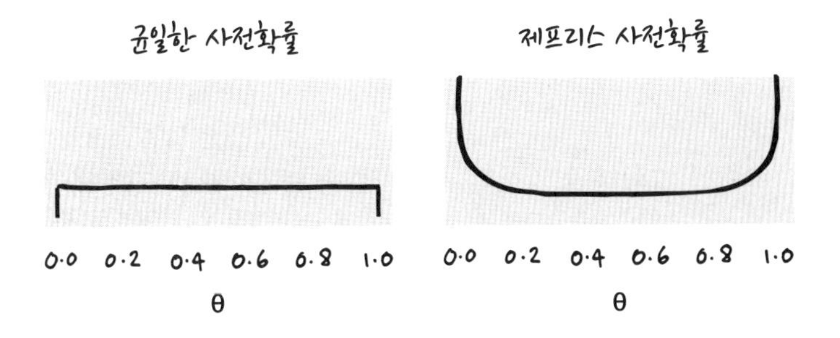

이렇게 하면 균일한 사전확률분포와 마찬가지로 '무정보적non-informative' 분포가 된다. 다시 말해, 새 데이터를 얻으면 사후확률이 그 데이터의 모양을 거의 따라가게 되고 사전확률의 영향은 사실상 없다. 동시에, 어떻게 보면 완전히 무지한데 또 어떻게 보면 아주 강한 사전적 믿음을 갖게 되는 이상한 역설을 어느 정도 피할 수 있다(그러나 완전히 피할 수는 없다).

이상의 사전확률분포는 아무것도 모를 때 유용하다. 그러나 우리가 완전히 무지한 경우란 드물다. 스위스에 관해 잘 모르더라도 인구가 10명 이상이고 10억 명 이하라는 것쯤은 꽤 강하게 확신할 수 있을 것이다. 그런 식으로 대부분의 경우는 반영할 만한 사전 정보가 있다.

매드슨은 이렇게 말한다. "이전에 수행한 연구에서 인도네시아의 어업 실태를 조사한 적이 있다. 어부들의 작업 방식을 이해하고 싶어서 어부들과 이야기하고, 현지 NGO 및 전문가들과도 이야기를 나누었다. 이런 상황에서 '이 전문가 의견은 데이터가 아니니 절대 사전확률에 반영할 수 없다'고 하는 건 좀 어리석지 않을까. 전문가가 내 모델을 보고는 '그런 일은 지금껏 한 번도 없었다'고 한다면? 그럴 때 단지 데이터 처리 관행이라는 이유만으로 사전확률을 0.5로 잡는 건 자의적인 결정인 것 같다."

하지만 그렇다면 자신의 사전확률을 주관적으로 결정해야 한다. 인도네시아 어부들이 저인망보다 긴 낚싯줄을 사용할 가능성이 더 높다거나 문어보다 참치가 잡힐 가능성이 더 높다고 생각한다면, '나는 이쪽이 저쪽보다 가능성이 1.5배 높다고 생각한다'와 같은 판단을 내려야 한다. 그리고 그에 따라 실제 데이터가 들어왔을 때 당신이 내놓는 결과가 달라진다.

그렇게 하면 실제 데이터를 수집하는 의의가 퇴색되지 않을까? 에릭-얀 바헨마커르스는 그렇지 않다고 말한다. "여러 사전확률분포를 확인하여 결론의 강건성(작은 변화에 흔들리지 않는 성질—옮긴이)을 점검할 수 있다"는 것이다. 이를테면 참치가 잡힐 가능성이 1.7배 높다거나 2.4배 또는 1.3배 높다고 가정할 때도 결론이 유효한지 점검해볼 수 있다.

그는 이렇게 말한다. "사전확률은 합리적이기만 하면 보통 크게 중요하지 않다. 합리적인지 여부에 대해서는 사람들의 의견이 대부분 모인다. 그리고 보통은 데이터가 양상을 명확히 전해주기 때문에 사전확률은 그리 중요하지 않다." 많이 중요해지는 경우라면, 데이터의 질이 별로 좋지 않을 가능성이 높다.

앞서 소개했던 제약업계 출신 통계학자, 앤디 그리브도 비슷한 이야기를 한다. "아주 초기 단계의 연구나 내부 연구에서는 주관적 정보를 사용했다. 예를 들면 전문가들에게 정보를 얻어 그 정보를 내부 결정에 활용했다. 반면 규제 당국에 제출하는 자료에서는 그런 방식이 허용되기 어렵다. 따라서 규모가 큰 임상시험에서는 해당 약물 또는 유사한 약물의 과거 데이터를 통해 알려진 정보만 사용했다."

빈도주의자 라컨스는 이 모든 것에 매우 회의적이다. 그는 이전의 실험 결과를 다음 실험의 사전확률을 설정하는 데 쓴 사람이 과연 있긴 하냐는 의구심을 표하며, 내게 이렇게 물었다. "지금까지 베이즈 정리를 사용해 실제로 사전확률을 갱신한 과학자가 한 명이라도 있던가? 그러니까 이를테면 2018년에 논문을 내고 나서 그 2018년 논문에서 나왔던 결과를 사전확률로 써서, 데이터를 수집하고 사후적 믿음을 정량적으로 갱신하여 발표한 사람이 있나? 지금까지 한 번이라도 믿음을 갱신하여 논문으로 낸 사람이?"

바헨마커르스는 생각이 다르다. "당연히 사후확률을 쓴다!"라며 이렇게 말했다. "사후확률을 쓰지 않으면 데이터를 그냥 버리는 셈이다. 업계에서는 돈이 걸린 문제니, 당연히 그런 낭비를 하지 않는다."

실제로 업계에 몸 담았던 그리브도 자신이 참여한 제약 연구는 항상 그런 식으로 진행했다고 말한다. 그래야 더 효율적이라는 것이다. 보통 과학자들은 특정 주제에 관한 연구를 취합하여 '메타연구'라는 것을 한다. 모든 연구에서 나온 모든 데이터를 가지고 p값과 효과크기 등을 합산해 중론을 파악하는 작업이다. 베이즈주의자가 일상적으로 하는 일이 그것이다. 이전에 수행된 모든 연구를 통합한다. 그리브는 이렇게 설명한다. "그렇게 함으로써 과거에 수집한 모든 데이터를 활용할 수 있다. 거기엔 베이즈식 메타분석이 들어간다. 기존 데이터로 사전확률분포를 형성하는 표준 방식을 아예 메타분석 사전확률이라고 부른다."

베이즈 방법이 데이터를 더 효율적으로 활용한다는 것은 분명한 사실이다. 베이즈주의자인 미국 역학자 로버트 와이스는 "정보 가치가 있고 제대로 된 사전확률이 있는데 활용하지 않는다면 돈을 허공에 버리는 셈"이라고 말했다.[46] 활용할 수 있는 데이터와 정보가 있는데 활용하지 않기로 한다면, 더 확실한 결론을 얻을 수 있는데 덜 확실한 결론으로 만족하는 셈이다. 기존 데이터를 활용하지 않는 편이 좋을 만한 이유도 있을 수 있지만, 활용하지 않으면 새 데이터도 그만큼 덜 효율적으로 사용하게 된다.

한 가지 문제는 사전확률을 이상하게 잡으면 원칙적으로 결과가 왜곡될 수 있다는 점이다. 예를 들어 의약품 임상시험을 한다고 하자. 시험군에는 약물을 투여하고, 대조군에는 위약이나 표준 치료를 제공한다. 이때 부정직한 의도 또는 착오로 대조군의 기대 효과에 대한 사전확률을 조정하여 효과가 실제보다 나쁘게 나타나게 만들면, 그 덕분에 시험군의 효과는 훨씬 더 좋게 나타날 것이다.

그리브는 "가장 우려되는 부분이 그것"이라며 "데이터를 수집하고 보니 대조군이 과거 데이터에서 보였던 것과 현저히 다른 모습을 보인다는 증거가 나타나는 경우"라고 말한다. 제약회사들이 그런 부정 행위를 자주 저지르는 건 아니지만, "물을 흐리는 미꾸라지가 항상 있기 마련"이라는 것이다. 이를 방지하기 위해서는 "복수의 사전확률분포를 혼합해 사용하면서, 과거 데이터와 현재 데이터의 차이가 크게 나면 자동으로 과거 정보의 가중치를 낮추는 방법"을 써야 한다고 그는 말한다.

사전확률을 구하는 일은 사소한 작업도, 자명한 작업도 아니다. 선택이 필요한 작업이며, ('객관적'임을 자칭하는 베이즈주의 학파도 있긴 하지만) 선택 결과는 논쟁의 여지가 있다. 어떤 연구의 신뢰도에 대해 이견이 있거나 전문가 의견을 반영해야 할지에 대해 생각이 다르면, 사전확률분포에 대해서도 의견이 갈릴 수 있다.

하지만 그렇다고 해서 사전확률을 무작정 임의로 정해야 한다는 뜻은 아니다. 여러 상황에 맞게 합리적으로 정하는 방법들이 있다. 그리고 물론 데이터의 질이 좋다면, 사전확률은 급속히 희석될 것이다.

아직 끝나지 않은 논쟁

논란이 많은 주제에 관해 글을 쓸 때는 '현자'의 입장을 취하고 싶은 유혹이 있다. "사람들이 서로 분노하고 있지만, 양쪽 편에 다 훌륭한 사람들이 있다"라는 식으로 말하기 쉽다. 그게 꼭 잘못된 태도는 아니다. 베이즈주의자와 빈도주의자의 논쟁은 감정의 수위가 대단히 높다. 상대편의 누군가를 가리켜 "목적을 위해 집요하게 설득을 벌이는 자동차 영업사원"이라고 하는 말도 들었다. 또 상대편 사람을 "방법론계의 도널드 트럼프"라고 부르는 사람도 있었다. (양쪽 모두 좋은 사람들이다.)

앤디 그리브가 지적한 것처럼, 일부는 보여주기 위한 행동일 수도 있다. 베이즈주의자들이 빈도주의의 거두로 생각하는 다니엘 라컨스조차도 "빈도주의적 접근법이 최선일 때가 많지만, 가끔은 베이즈 통계학을 사용할 수 있을 만큼 사전 정보가 충분히 확보될 때가 있고, 그럴 때는 그쪽이 명백한 이점이 있다. 그런 복합적인 입장이지만, 책을 쓸 만한 주제는 아니다"라고 말한다.

구글의 데이터 과학자 캐시 코지르코프는 자신이 베이즈주의자인지 빈도주의자인지 알아보는 사고실험을 소개한 블로그 글에서 "그래서 어느 쪽이 낫다는 건가?"라고 자문한 후 이렇게 답한다. "질문이 틀렸다! 어느 쪽이 적절한 선택인지는 의사결정을 어떤 방식으로 할 것인가에 달려 있다."[47]

이어지는 지적도 수긍이 갈 만하다. "베이즈 통계학 분야에서 가톨릭의 교황청과도 같은 위상을 차지하는" 듀크대학교에서 대학원 공부를 했는데, 베이즈주의를 찬양하는 목소리가 가장 큰 사람은 교수들이 아니라 학생들이었다며, 아무래도 베이즈 쪽 기본 개념이 더 이해하기 쉽기 때문이라고 말한다.

베이즈라는 이름의 컨설팅 회사를 운영하는 통계학자 소피 카도 의외로 도그마적인 견해를 전혀 갖고 있지 않다. "나는 빈도주의 통계학과 베이즈 통계학을 럭비에 비유해 설명한다"고 그는 말한다. 럭비에는 리그와 유니언이라는 두 종목이 있어서 세세한 규칙에 차이가 있고, 양쪽 팬들 모두 자기 쪽이 최고라고 소리 높여 주장한다. (참고로 리그는 노동계급 스포츠에 가깝고 주로 잉글랜드 북부에서 인기가 높다. 유니언은 잉글랜드 남부와 웨일스, 스코틀랜드, 아일랜드에서 인기가 높고, 잉글랜드에서는 중산층 스포츠에 가깝다.)

"나는 리그 팀인 리즈 라이노스의 팬이었다. 그러다가 남쪽으로 내려와 유니언 팀인 바스에서 선수로 뛰었다." 누구든 양쪽을 자유로이 오갈 수 있고, 두 종목은 우열 관계가 아니라 각각 장단점이 있을 뿐이다. 빈도주의와 베이즈주의도 그렇다는 것이다.

그렇게 보면, 나도 이렇게 말하고 싶은 유혹이 든다. "물론 논쟁이 뜨겁고 감정들이 격하긴 한데, 양쪽 다 일리가 있다!"

빈도주의 방법이 여러 상황에서 완벽히 유용하다는 것은 명백한 사실이다. 예컨대 힉스 입자가 존재하지 않는다면 무려 1100만 번에 한 번꼴로 나올 p값이 나왔을 때 사전확률을 반영하는 게 무슨 의미가 있겠냐는 라컨스의 지적은 옳다. 생물학에서 수십만 명의 유전체 전체를 관찰해 질병, 키, 지능 등의 형질과 비교하는 유전체 분석 연구에서도 베이즈는 불필요할 수 있다.

베이즈 접근법을 취한다고 해서 그것만으로 과학이 직면한 문제가 풀리지 않는다는 것도 명백한 사실이다. 학술지들이 놀랍지 않은 논문보다 참신하고 놀라운 논문 위주로 게재하는 관행을 바꾸지 않는다면, 또 학자들이 성공하려면 논문을 학술지에 실어야 하는 '논문 낼래, 쫓겨날래' 모델을 벗어나지 못한다면, 학계의 비뚤어진 인센티브는 사라지지 않을 것이다. 빈도주의 방법 대신 베이즈 방법으로 통계 분석을 한다면 좀 달라질 수는 있겠으나(p값이 쓰이지 않으면 p해킹이라고 할 수 없으니 적어도 그런 행위를 지칭하는 이름은 새로 지어야 할 것이다), 이런 문제들이 해결되지는 않는다. 과학자들이 데이터나 코드를 다른 연구자들이 검증할 수 있도록 공유하지 않으면, 데이터를 베이즈 인수로 분석했든 아니든 무슨 차이가 있겠는가.

게다가 이런 문제 중 많은 부분을 빈도주의 통계학의 틀 안에서 해결하거나 최소한 개선할 수 있다는 것도 명백한 사실이다. 내가 아는 몇몇 학자는 '등록 보고서Registered Reports'라는 방법을 지지한다. 데이터 수집에 들어가기 전에 연구 방법의 우수성에 근거하여 학술지 측에서 논문 게재 여부를 결정하는 방식이다. 통과된 논문은 흥미롭고 이목을 끄는 결과가 나왔건 따분하고 아무 효과가 없는 결과가 나왔건 상관없이 과학 문헌으로 기록된다. 비교적 지명도 있는 여러 학술지에서 채택한 방식인데, 좋은 아이디어라고 생각한다. 원하는 결과가 나올 때까지 데이터를 쪼개도록 유인하는 인센티브도 없애고, 게재 편향의 문제도 해결하는 방법이다. 논문이 베이즈 방식을 썼든 빈도주의 방식을 썼든 도움이 되는 조치다.

또한 앞에서 여러 번 언급했듯이 빈도주의 모델의 주요 문제 중 상당 부분은 p=0.05라는 기준점이 어처구니없을 정도로 느슨하다는 데 있으므로, 이를 p=0.005 등으로 조정하면 크게 개선할 수 있다. 물론 그렇게 하면 게재되지 못하는 연구가 많아질 것이다. (이상적으로는 '관찰했으나 별다른 결과가 나오지 않았다'라는 제목을 달고 게재되는 것이 바람직하겠지만.)

아예 '학술지' 모델을 폐기하는 것도 또 한 가지 방법이다. 이 주제에 관해 브리스틀대학교의 심리학자 마커스 무나포와 이야기해보았다. 그는 '학술지가 과학 기록의 공식 보관소'라는 개념 자체가 시대에 뒤떨어졌다고 본다. "3,000단어 분량의 논문을 학술지를 통해 발표한다는 개념은 300년 전부터 내려온 것이다. 이제 연구는 더 복잡해졌고, 모든 연구를 세부 요소까지 포함해 다 보여줄 수 있는 기술이 있다"는 것이다.

실제로 대안 모델 하나가 이미 마련되어 있다. 케임브리지대학교 위험 및 증거 커뮤니케이션 윈턴 센터의 알렉산드라 프리먼이 시작한 '옥터퍼스Octopus'라는 프로그램이다. 옥터퍼스는 가설·데이터·코드·방법론 등의 무료 저장소 역할을 한다. 언론인 출신인 프리먼은 내게 이렇게 말했다. "내가 언론계에서 학계로 옮겼을 때 놀라웠던 사실은, 학자들도 언론인과 똑같은 인센티브가 있다는 것이었다. 과학을 잘하는 것보다 스토리텔링을 잘해야 한다. 학술지들은 영향력 있는 논문을 내라고 독려하면서, 조회수가 높고, 짧게 핵심만 전달하면서 메시지가 있는 논문을 영향력 있는 논문으로 정의하고 있다. 이는 연구자들이 1차 연구 기록에서 실제로 원하는 내용과 정면으로 배치된다. 연구자들은 모든 것을 빼놓지 않고 상세하게 기술하여 그대로 따라할 수 있게 되어 있는 자료를 원한다."

지금까지는 과학자들이 연구를 수행하고, 몇 달에서 몇 년 후에 연구가 완료되면 작성된 논문을 들고 다시 몇 달에서 몇 년 동안 학술지를 찾아다녀야 했다면, "옥터퍼스는 완전히 다른 인센티브 구조로 설계되어 있다"고 프리먼은 말한다. "가설을 옥터퍼스에 게시한다. 그런 다음 가설을 검증할 방법을 고안해 그 방법을 가설에 링크한다. 그러면 누구든 그 절차에 따라 실험을 수행할 수 있다." 이후에 데이터를 게시하면, 누구나 데이터를 분석할 수 있다. 한편 학술지는 흥미로운 연구를 전파하는 역할을 계속할 수 있다는 것이다. "기본적으로 〈뉴 사이언티스트〉나 〈사이언티픽 아메리칸〉 같은 대중과학 매체와 비슷해질 수 있다. 유료 구독자에게만 공개할 것인지는 학술지의 자유다. 어쨌든 연구자들이 실제 연구를 무료로 공유하는 공간은 옥터퍼스다."

다음과 같이 말하는 사람들도 충분히 이해는 간다. "베이즈 통계냐 빈도주의 통계냐 하는 논쟁에 왜 이렇게 많은 시간을 쓰는 건가? 과학 출판 시스템 자체가 엉망이고, 학자들의 인센티브는 진실을 밝혀내는 것보다 허접쓰레기를 생산해내는 데 있는데, 그 작업을 베이즈로 하느냐 p값으로 하느냐 고민한다는 건 어리석은 짓 같다." 그런가 하면 학계 내에는 피로감도 있는 듯하다. 이 논쟁을 아직도 하고 있는가? 이제는 다른 건설적인 문제를 고민할 때도 되지 않았나? 베이즈주의자들은 자기들 주장을 할 만큼 하지 않았나?

그렇지만 내 입장을 어느 정도는 확고히 밝히고자 한다. 우선, 베이즈 방법이 50년 전보다 훨씬 많이 쓰이고 널리 받아들여지는 건 사실이지만, 과학적 문제를 조사하는 표준 기법은 여전히 빈도주의 방식이다. 오브리 클레이턴은 이렇게 말한다. "구글 학술검색에 가서 'p값'이나 '유의성' 등을 검색해보라. 그런 것들이 아직 일반적인 언어다. 매년 수만, 수십만 편의 논문이 나온다. 추세가 바뀌고 있는지도 모르지만, 압도적으로 많이 쓰이는 방식은 여전히 빈도주의다." 그는 베이즈주의자들이 이 문제를 계속 떠드는 모습에 사람들이 지겨워하는 것을 두고 이렇게 말한다. "마치 이미 끝난 이야기를 계속 끄집어내는 것처럼 보일 수 있다. 그렇지만 데이비드 바컨이 남긴 명언이 있다. 여전히 중요한 문제라면 계속 이야기하는 게 맞다."

그리고 베이즈는 분명히 장점이 있다. 무엇보다도, 재현성 위기에 관련된 일부 문제를 확실히 해결하거나 개선해준다. 린들리의 역설에서 알아보았듯이, 빈도주의 분석에서 통계적으로 유의하게 나온 결과는 사실상 가설에 반하는 증거일 수도 있다. 반면 베이즈는 두 개의 경쟁 가설 간에 어떤 결과가 나올 가능도를 비교하게 되어 있으므로, 비교 결과가 원하는 가설을 뒷받침하지 않을 때 '더도 덜도 아니고 딱 유의한 결과로 내 가설이 뒷받침됐다!"라고 주장하기가 훨씬 어렵다.

더 직접적인 '하킹' 방법들 중 적어도 일부는, 예컨대 선택적 수집 중단 같은 것은 베이즈주의자에게 원칙적으로 문제가 되지 않는다. 또한, 초능력처럼 가능성이 희박한 가설을 연구할 때는 그 희박한 가능성을 사전확률에 반영해야 하므로, 가설을 뒷받침하기 위해 더 강력한 증거가 필요하게 된다.

또 다른 장점은 확보 가능한 데이터를 모두 활용할 수 있다는 점이다. 물론 힉스 입자와 같은 사례에서는 데이터가 워낙 많아서 사전확률이 중요하지 않다. 하지만 백신 임상시험처럼 대조군과 시험군 간 질병 발생률을 비교하는 경우는, 데이터를 충분히 얻어 유의성 기준을 충족시키는 데 몇 달에서 몇 년이 걸릴 수 있다. 이때 과거 임상시험의 데이터를 사전확률에 반영하는 것이 허락된다면 더 신속하게 유의성 기준에 도달할 수 있다. 로버트 와이스의 말을 다시 인용하자면, 정보에 입각한 양질의 사전확률을 활용하지 않는 것은 돈을 허공에 버리는 행위다.

그런가 하면 에릭-얀 바헨마커르스는 또 한 가지를 지적하는데, 나 역시 동의하는 바다. 베이즈주의는 심미적으로 더 만족스럽다는 것이다. 그는 이렇게 말한다. "베이즈에는 뭔가가 있다. 모든 것이 맞아떨어지고, 내적 모순이 없다. 빈도주의는 예외가 많다. 사람들은 지금 이 상황에서만 나타나는 이례적 현상이라고 말하지만, 항상 추하게 느껴진다. 근본적으로는 우아함과 심미성의 문제다."

더 넓은 관점에서 볼 수도 있다. 과학 밖으로 가면, 결정이론이 바로 베이즈 방식으로 작동한다. 바헨마커르스는 이렇게 묻는다. "우리가 고전통계학으로 하려고 하는 것이 무엇인가? 두 가설을 놓고 그중에서 결정을 내리는 것이다. 베이즈로는 그걸 어떻게 할 수 있나? 효용과 사전확률을 설정하고, 증거를 계산하고, 주관적 효용을 최대화하는 결정을 택한다. 경제학에서는 그렇게 하는 것이 규범적이라고 할 수 있다. 하지만 p값은 그 작업을 하는 정말 조악한 방식이다. 사전확률도 없고, 효용도 없다. 모두 암묵적으로만 존재한다. 그런 걸 어떻게 좋은 결정이론이라고 할 수 있는지 알 수가 없다. 인간의 결정이론에서 그런 걸 쓸 사람은 아무도 없다."

무슨 말인지 이해가 잘 되지 않는다면, 내가 아직 효용이 무엇인지 설명하지 않았기 때문이다. 그렇다면 다음 장에서 베이즈를 모든 의사결정의 근본 시스템으로 사용하는 방법을 알아보자.

3

베이즈 결정이론

아리스토텔레스와 조지 불

삼단논법에 대해서는 많은 독자들이 익숙할 것이다. 고전적인 예로 '모든 사람은 죽는다. 소크라테스는 사람이다. 따라서 소크라테스는 죽는다'가 있다.

삼단논법은 연역적 추론이다. 두 전제를 받아들인다면 결론도 받아들여야 하며, 그러지 않으면 모순이 된다. 삼단논법은 타당한 논증이다. 타당하다는 것은 참이라는 것과는 다르다. 전제로부터 결론이 도출된다는 의미로, 전제가 꼭 참이라는 의미는 아니다. 예를 들어 '식물은 몸에 좋다. 담배는 식물이다. 따라서 담배는 몸에 좋다'는 논리적으로 타당하지만, 사실이 아니다.

연역적 추론의 시조는 보통 아리스토텔레스로 여겨진다.[1] 베이즈 열혈 신봉자들 사이에서 기독교의 사도 바울에 비견될 만한 인물인 물리학자이자 확률론자 E. T. 제인스에 따르면, 아리스토텔레스에서 유래한 고전 논리학은 "두 가지 강력한 삼

단논법의 반복 적용"으로 요약할 수 있다.[2] 즉,

A가 참이면 B는 참이다.

A는 참이다.

— 따라서 B는 참이다.

그리고 이를 뒤집은 형태다.

A가 참이면 B는 참이다.

B는 거짓이다.

— 따라서 A는 거짓이다.

A와 B를 어떤 명제로든 바꿀 수 있다. 이를테면 다음과 같다. '사과가 감이면, 에이브러햄 링컨은 미국의 45대 대통령이다. 사과는 감이다. 따라서 에이브러햄 링컨은 미국의 45대 대통령이다.' '물고기가 날 수 있다면, 우리 할머니는 자전거다. 우리 할머니는 자전거가 아니다. 따라서 물고기는 날 수 없다.'

역시 타당한 진술들이다. 즉, 전제를 받아들인다면 결론도 받아들여야 한다. 그러나 꼭 옳은 진술은 아니다.

여기에 다양한 요소를 추가할 수 있다. 'A와 B가 모두 참이면 C는 참이다. A와 B는 참이다. 따라서 C는 참이다'는 첫 번째 삼단논법의 더 복잡한 형태다. 'A가 참이면 B와 C가 모두 참이다. C는 참이 아니다. 따라서 A는 참이 아니다'는 두 번째 삼단논법의 더 복잡한 형태다. 모두 기본적인 논리 연산이다.

앞에서 균일한 사전확률의 문제를 제기했던 조지 불은 19세기에 연역적 추론을 체계화하기 위해 대수 체계를 도입했다. A ∧ B는 'A와 B가 모두 참이다'(AND, 논리곱)를 의미한다. A ∨ B는 'A와 B 중 적어도 하나가 참이다'(OR, 논리합)를 의미한다. ¬A는 'A가 참이 아니다'(NOT, 부정)를 의미한다. A → B는 'A가 참이면 B가 참이다'(함의)를 의미한다.

공리도 다수 존재한다. 'A가 참이면 ¬A는 참일 수 없다', 'A ∧ B가 참이면 B ∧ A도 참이다' 등이다. 이처럼 비교적 간단한 요소들을 가지고 명제 논리 체계 전체를 구축할 수 있다.

고전 논리(또는 불 논리)가 하는 역할은 간단하다. 참 아니면 거짓이라는 진릿값을 출력하는 것이다. 일련의 명제가 이어진 끝에 나오는 결론은 항상 'A는 참이다' 또는 'A는 참이 아니다'가 된다. 불 논리는 이렇게 간단한 요소들로 이루어지지만, 복잡한 작업을 하는 데 쓰일 수 있다.

실제로 대단히 복잡한 작업도 가능하다. 불 대수는 논리 게이트를 사용해 나타낼 수 있다. 논리 게이트란 기본적으로 두 개의 입력이 달린 전자 회로로, 각 입력의 활성 여부에 따라 출력을 내보낸다.

논리 게이트를 간단한 입력 장치에 연결해놓았다고 하자. 입력 장치는 예를 들어 빛 센서와 마이크라고 하자. 빛 센서는 빛이 일정 수준 이상이면 작동하고, 마이크는 소리가 일정 수준 이상이면 작동한다. 논리 게이트의 출력은 LED에 연결되어 있다.

'AND' 게이트라는 논리 게이트를 사용한다면, 빛 센서와 마이크가 모두 작동할 때만 신호가 출력되어 LED가 켜진다. 즉, 밝고 시끄러울 때만 불이 켜진다.

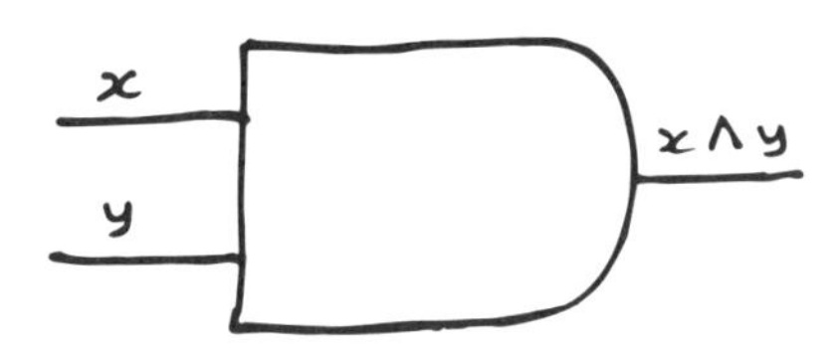

한편 'OR' 게이트를 사용한다면, 밝거나 시끄러울 때(혹은 둘 다일 때) LED가 켜진다.

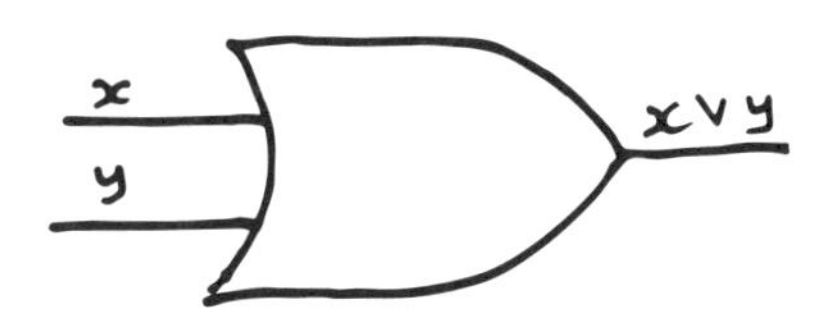

'NOT' 게이트도 있다. NOT 게이트는 입력이 들어오지 않을 때 작동한다. 가령 빛 센서에 연결해놓았다면 빛이 없을 때 LED가 켜진다.

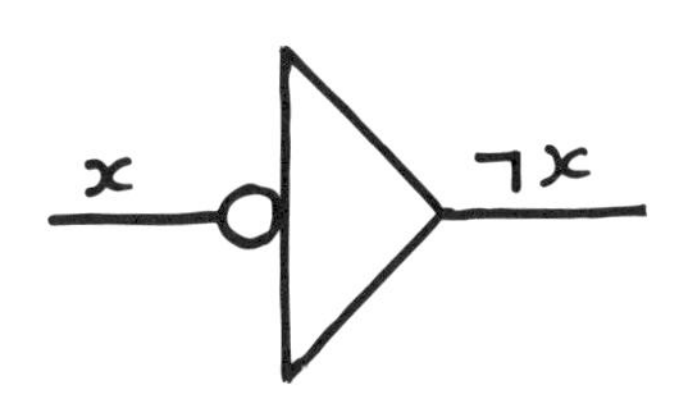

이상의 게이트들은 앞에 소개했던 불 연산자와 똑같은 기능을 한다. AND 게이트는 '[빛] 그리고 [소리]가 참이면 [LED 점등]이 참이다'라는 명제에 해당하며, 논리곱 연산자 ∧와 동일하다. 일종의 삼단논법이다. OR 게이트는 '[빛] 또는 [소리]가 참이면 [LED 점등]이 참이다'에 해당하며, 논리합 연산자 ∨와 동일하다. NOT 게이트는 '[빛]이 참이 아니면 [LED 점등]이 참이다'에 해당하며, 부정 연산자 ¬와 동일하다.

이상의 간단한 세 가지 장치만 가지고도 일반적인 컴퓨터 CPU가 하는 계산을 모두 할 수 있다(물론 실제 작동하는 컴퓨터를 만들려면 기억장치도 필요하다). 심지어 더 간단한 방법도 있는데, 'NOT AND'(줄여서 'NAND') 게이트를 사용하면 된다. NAND 게이트는 두 입력이 모두 참일 때를 제외하고 항상 작동한다. NAND 게이트만 있으면 앞에 설명한 세 게이트를 모두 만들 수 있다. 예를 들어 AND 게이트를 만들려면 NAND 게이트 하나의 출력을 둘로 분리해 다른 NAND 게이트의 입력으로 물리면 된다. 첫 번째 게이트의 두 입력이 모두 참이면 첫 번째 게이트는 작동하지 않으므로, 두 번째 게이트는 작동하게 된다.

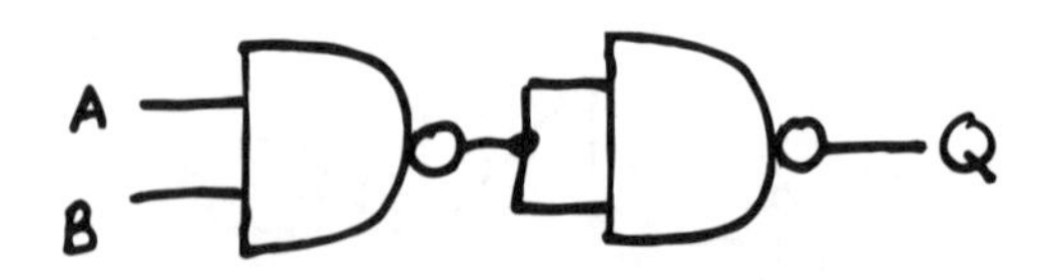

지금 내가 원고를 쓰고 있는 컴퓨터의 CPU도 원칙적으로 NAND 게이트만 가지고 똑같이 시뮬레이션할 수 있다. 명제 논리의 힘은 강력하다. 조지 불은 논리적 연산을 가리켜 '사고 법칙'이라고 표현하기까지 했다.[3]

그러나 여기엔 한계도 있다. 실제로 우리가 어떤 사실의 진위 여부를 알고자 할 때 100퍼센트 논리적 확신은 보통 불가능하다. 가령 이런 추론이 가능할 수 있다. "오늘이 금요일이면 우리 아이 학교 급식으로 생선이 나올 것이다. 오늘은 금요일이다. 따라서 우리 아이 학교 급식으로 생선이 나올 것이다." 전제가 틀림없이 참이라고 믿는다면 결론도 받아들일 수밖에 없는 형태다. 하지만 전제가 참이라고 확신할 수는 없다. 어쩌면 학교에 생선이 다 떨어져서 오늘 파스타가 나올 수도 있고, 어쩌면 내가 요일을 착각해서 오늘이 사실 목요일일 수도 있다.

제인스는 이런 예를 들었다. 경찰관이 늦은 밤 인적이 드문 거리를 순찰하는데, 금은방의 유리창이 깨져 있고 도난 경보가 울리고 있다. 가면을 쓴 남자가 가방을 들고 깨진 유리창 틈으로 나온다. 경찰관이 가방을 조사해보니 금붙이와 보석이 가득 들어 있다. 경찰관은 남자가 도둑이라고 짐작한다. 그게 가장 유력한 설명이라고 보는 사람이 대부분일 것이다. 하지만 논리적으로 100퍼센트 확실하지는 않다. 제인스는 이런 가능성을 제시한다. "가령 남자가 금은방 주인이고 가면 무도회에 참석했다가 귀가하는 중이었는데 열쇠가 없었다. 자기 금은방 앞을 지나가는데 때마침 지나가던 트럭에서 돌이 튕겨져 나와 유리창이 깨졌고 남자는 자기 재산을 보호해야 했던 것이다."[4] 물론 가능성이 별로 높아 보이진 않지만, 참이 아니라고 증명할 수도 없다.

현실적으로는 그런 식의 추론에 만족해야 하는 경우가 대부분이다. 삼단논법을 온전하게 적용하지는 못하고, 제인스가 말하는 '약한' 형태로 사용하는 데 그친다. 다시 말해, 'A가 참이면 B는 참이다. B는 거짓이다. 따라서 A는 거짓이다' 대신 다음과 같은 추론을 할 뿐이다.

A가 참이면 B는 참이다.
B는 참이다.
—따라서 A가 참일 개연성이 높다.

만약 오전 10시에 비가 온다면, 오전 10시 전에 하늘에 구름이 끼어 있을 것이다. 현재 오전 9시 45분이고 하늘에 구름이 끼어 있다. 따라서 오전 10시에 비가 올 개연성이 높다. 우리가 실제로 사고하고 추론하는 방식이 이런 식이라고 봐도 무방할 것이다.

우리는 새 정보를 단순히 이용하는 데 그치지 않고, 이전 경험에 비추어 새 정보에 반응한다. 제인스는 "우리 뇌는 구체적인 새 데이터뿐만 아니라 옛 정보도 활용한다"며 "과거에 구름과 비에 관련된 경험이 어땠는지, 어젯밤 일기예보에서 뭐라고 했는지를 떠올려 어떻게 할지 결정한다"고 말한다. 만약 경찰관이 야간 순찰을 나갈 때마다 가면을 쓴 남자가 금은방의 깨진 유리창 틈으로 나오는 것을 보았고, 그때마다 그 사람이 금은방 주인으로 드러났다면, 경찰관은 얼마 안 가 관심을 기울이지 않게 될 것이다. 제인스는 "이와 같이 우리는 추론할 때 사전 정보에 크게 의존한다. 사전 정보에 비추어 새로운 문제에 관련된 개연성 정도를 평가하는 것"이라며 "이러한 추론 과정은 무의식적으로, 거의 순간적으로 진행되며, 우리는 그것을 '상식'이라는 이름으로 불러 그 복잡성을 숨긴다"고 말한다.

정리하면, 사전 정보가 있다. 새 정보를 얻는다. 둘을 결합하여 수정된 세계관을 형성한다. 어디서 많이 들어본 것 같지 않은가? 이건 거의… 베이즈적이지 않은가?

그렇다. 제인스뿐 아니라 제프리스 그리고 현대 결정이론가들의 견해는, 추론이 이루어지는 방식이 바로 베이즈 정리라는 것이다. 우리의 상식뿐만 아니라 불확실한 상황에서의 모든 의사결정이 베이즈 방식이라는 것이다. 더 나아가 고전 논리와 불 논리 체계도 베이즈 추론의 간소화된 특수 형태에 불과하다고 주장한다. 확률이 1 또는 0이라는 비현실적인 극단값으로 설정되어 있을 뿐이라는 것. 반면 베이즈 논리를 쓰면 다양한 중간값을 모두 다룰 수 있다.

의사결정의 핵심은 베이즈

고전 논리는 철저히 1과 0만 다룬다. 물론 명제를 증명하거나 CPU를 작동시키는 용도로는 문제가 없다. 하지만 확률을 논하고 불확실한 상황에서 결정을 내리려면 중간값이 필요하다.

그뿐 아니라, 그러한 중간값들을 계산하고 우리의 믿음을 변화시키기 위한 수학적 틀이 필요하다. 여기에 적합한 틀은 놀랍지 않게도 베이즈 정리다.

학자이자 슈퍼예측가(의미는 나중에 설명하겠으니 일단 이런 것이 있다고만 알아두자)인 데이비드 맨하임은 내게 이렇게 말했다. "과학자는 빈도주의를 해도 되고 베이즈주의를 해도 되지만 결정이론가는 선택의 여지가 없다. 빈도주의 수학으로는 결정이론을 할 수가 없다."

엘리에저 유드카우스키라는 사람이 제시한 간단한 예를 들어보겠다. 유드카우스키에 관해서는 책 한 권을 쓸 만하지만• 여기서는 이 사고실험을 제시한 책《합리성: AI에서 좀비까지》의 저자라고만 언급해두겠다.[5] 정부에서 시행하는 복권이 있다고 하자. 70개의 숫자 중에서 6개를 선택하는 방식으로, 6개를 모두 맞혀야 당첨이다.

• 사실 내가 그 비슷한 책을 썼다.《합리주의자를 위한 은하계 안내서》라는 책으로, 전국의 훌륭한 서점에서 그리고 아마 평범한 서점에서도 구입할 수 있다!

가능한 숫자 조합은 총 131,115,985가지이므로, 복권 한 장의 당첨 확률은 131,115,985분의 1이다.

그 값이 곧 사전확률이고, 별로 높지 않다. 그런데 당신에게 남들은 모르는 필승 비법이 있다고 하자. 올바른 당첨번호 조합을 입력하면 삐 소리가 나는 검사기가 있는 것! 물론 입력해야 할 숫자가 많긴 하지만, 이론상으로는 1초에 숫자 하나씩 4년 동안 쉬지 않고 입력하면 당첨번호를 찾을 수 있다.

그런데 주의할 점이 하나 있다. 검사기는 당첨번호 조합이 아닌 조합을 입력해도 네 번 중 한 번은 무작위로 삐 소리를 낸다.

자, 이제 숫자 조합 하나를 검사기에 입력해본다. 삐 소리가 난다! 어떻게 해야 할까? 달려가서 복권을 사야 할까? 그럴 만도 한 게, 틀린 번호에서 삐 소리가 날 확률은 25퍼센트에 불과하지 않은가!

그러나 자중하자. 사전확률을 잊어선 안 된다. 베이즈식으로 말하자면, 지금 나온 데이터(즉 검사기의 삐 소리)는 '이 조합은 당첨번호다'라는 가설이 옳을 때 출현할 가능성이 '이 조합은 당첨번호가 아니다'라는 가설이 옳을 때 출현할 가능성보다 네 배 높긴 하다. 바로 그 값이 앞에서 이야기했던 가능도비likelihood ratio다. 즉, 가능도비는 4:1이다.

그러나 만약 131,115,985개의 가능한 조합을 모두 입력한다면 약 32,778,996번이나 삐 소리가 날 것이고, 그중 옳은 조합은 하나뿐이다. 다시 말하면, 사전확률이 1:131,115,985이고 가능도비가 4:1이므로 사후확률은 1:131,115,985에 4:1을 곱하여 4:131,115,985, 즉 32,778,996분의 1에 불과하다.

아니면 이렇게 생각해볼 수도 있다. 사전확률분포를 머릿속에 그려보자. 가능한 모든 조합이 각각 정확히 131,115,985분의 1이라는 확률을 가질 것이다. 이제 조합 하나하나에 대해 검사기를 돌려본다. 어떤 조합에서 삐 소리가 나지 않으면 당첨번호가 아닌 것이 확실하므로 그 조합에 할당된 확률을 0으로 줄이자.

(뒤에서 다시 논하겠지만, 한 가지 유의할 점이 있다. 어떤 조합에서 삐 소리가 나지 않으면 당첨번호가 아님을 확신할 수 있다고 봐서 확률을 0으로 할당했는데, 사실 이는 편의를 위한 가정이다. 검사기에 오류가 있을 가능성이나 내가 삐 소리를 놓쳤을 가능성을 고려한다면, 무시할 만큼 작으면서 0이 아닌 어떤 값을 할당해야 옳다. 그러나 계산을 간단하게 하기 위해 유드카우스키가 한 것처럼 0으로 할당하겠다.)

평균적으로 네 조합 중 하나는 삐 소리가 나므로, 여분의 확률을 그쪽으로 모아준다. 이제 삐 소리가 난 조합은 모두 각각 32,778,996분의 1이라는 확률을 갖는다.

남은 조합들에 대해 다시 한번 검사기를 돌린다고 하자. 거짓 양성 반응은 무작위로 발생한다고 했으니, 이번에도 올바른 조합 하나에서 삐 소리가 나지만, 평균적으로 8,194,749개 존재하는 틀린 조합에서도 삐 소리가 난다. 어떤 복권을 제대로 검증하려면 검사기에 열네 번 돌려서 매번 삐 소리가 나야 한다. 그래야만 그 복권이 당첨번호일 가능성이 높다.

이건 피할 수 없는 규칙이다. 유드카우스키가 말하듯이 "열 번 연속 삐 소리가 나는 조합을 최초로 발견하자마자 '틀린 번호에서 이렇게까지 반응이 많이 나올 확률은 100만분의 1에 불과해! 베이즈 이론 따위는 무시하고 여기서 멈출 거야'라고 하면서 거기서 중단"해서는 안 된다.[6] 그렇게 했을 때 그 조합이 당첨번호일 확률은 1퍼센트도 되지 않는다.

물론 그 복권을 사는 건 좋은 베팅일 수 있다. 베팅을 할 것인지의 판단은 당첨될 확률뿐 아니라 당첨되었을 때의 상금 가치에도 달려 있다. 결정이론에서는 다양한 결과의 발생 확률뿐 아니라 **효용**도 중요하다. 그 점에 관해서는 뒤에서 다시 논한다. 어쨌든 그 조합이 당첨번호일 가능성이 높지 않은 것은 사실이다.

열역학에는 19세기 프랑스의 기계공학자 니콜라 카르노의 이름을 딴 카르노 기관이라는 개념이 있다. 카르노 기관은 이상적인 열기관으로, 이론적으로 구현 가능한 최대의 효율을 갖는다. 증기기관, 내연기관 등 실제 기관은 열을 주변에 빼앗기므로 카르노 기관보다 효율이 낮을 수밖에 없고, 같은 양의 에너지로 더 적은 일을 한다. 열기관의 효율이 개선될수록 카르노 모델의 효율에 가까워지게 된다.

결정이론에서 베이즈 정리의 역할은 열역학에서 카르노 기관의 역할과 같다. 역시 유드카우스키에게서 빌려온 비유인데,[7] 참으로 적절하다. 카르노 기관으로 실제 자동차를 굴릴 수는 없다. 카르노 기관은 만들 수도 없다. 카르노 기관은 가상의 이상적인 모델이므로, 어떤 실제 기관도 카르노 기관을 지향하는 '근사치'일 수밖에 없다. 그렇지만 카르노 기관에 가까울수록 우수한 기관이고, 카르노 기관에서 멀어질수록 열악한 기관이다.

마찬가지로, 베이즈 정리를 현실 상황에 완벽하게 적용할 수 있는 경우는 드물다. 가령 러시아가 우크라이나를 침공할 확률이나 동네 마트에 자몽 주스가 떨어지고 없을 확률을 완벽하게 판정할 수는 없다. 또한 사전확률 갱신을 위해 얻은 증거의 설득력도 완벽하게 판정할 수는 없다. 위성 사진에서 크림반도에 러시아 기갑 부대가 집결한 모습이 나타난다면, 사전확률을 얼마나 갱신해야 할까? 동네 마트 웹사이트에 자몽 주스 재고가 있다고 나온다면, 그 정보를 얼마나 신뢰해야 할까? 이 모든 확률에 대한 추정치는 근사치일 수밖에 없다.

그러나 결정을 내릴 때는 누구나(결정을 내리는 주체가 사람이든 아니면 그 밖의 어떤 행위자나 의사결정 과정이든) 베이즈 정리를 근사하게 따른다. 불확실한 상황에서 내린 결정은 베이즈 정리에 가까울수록 우수한 결정이고, 베이즈 정리에서 벗어날수록 열악한 결정이다.

사후에 출판된 저서 《확률론: 과학의 논리》에서 E. T. 제인스가 입증한 사실은, 앞에서처럼 베이즈 정리를 사용함으로써 고전 논리로 할 수 있는 모든 작업과 그 이상을 할 수 있다는 것이다. "아리스토텔레스 연역 논리는 개연성 있는 추론을 위한 베이즈 규칙의 제한적인 형태"라고 제인스는 말한다.[8]

다시 말해, 베이즈 결정이론의 틀 내에서 1과 0의 확률만 사용하면 불 논리나 고전 논리(아리스토텔레스 논리)에서 할 수 있는 모든 논리적 추론을 똑같이 할 수 있다. 이를테면 '모든 사람이 1의 확률로 죽고, 소크라테스가 1의 확률로 사람이라면, 소크라테스는 1의 확률로 죽는다' 등이다. 이를 일반적 형식으로 나타내면 다음과 같다.

A의 확률이 1이면 B의 확률이 1이다.
A의 확률이 1이다.
— 따라서 B의 확률이 1이다.

뒤집은 형태는 이렇다.

A의 확률이 1이면 B의 확률이 1이다.
B의 확률이 0이다.
— 따라서 A의 확률이 0이다.

앞서 고전 논리 또는 불 논리에서 살펴본 모든 연산을 이런 식으로 수행할 수 있다. 1과 0만을 사용하면 된다. A와 A의 부정이 동시에 참일 수 없다는 규칙은 'A가 참이거나 A가 참이 아닐 확률은 1이다'로 나타낼 수 있다. 논리합, 즉 AND 게이트는 'p(A ∧ B)=p(C)'로 나타낼 수 있다. 여기서 A와 B는 입력이고 C는 출력이다. (일상 언어로 표현하면 'A와 B가 둘 다 참일 확률은 C가 참일 확률과 같다' 또는 '빛 센서와 마이크가 둘 다 신호를 보내고 있을 확률은 LED가 켜질 확률과 같다'.)

그뿐 아니라, 베이즈 확률론은 우리에게 일종의 상식을 제공해준다고 제인스는 말한다. 앞에서 알아봤듯이 우리는 아리스토텔레스식의 연역 추론을 할 수 없는 경우가 대부분, 아니 사실상 전부다. 'A라면 B다. A다. 따라서 B다'라고 말하는 대신 'A라면 B다. B다. 따라서 A가 개연성이 높다'라고 말할 수밖에 없다.

예를 들어보자. '간밤에 비가 왔다면 아침에 보도가 젖어 있을 것이다. 보도가 젖어 있다. 따라서 비가 왔을 개연성이 높다.' 이 추론은 반드시 참은 아니다. 예컨대 스프링클러가 작동했을 수도 있다. 하지만 '보도가 젖어 있다'라는 증거에 비추어 '비가 왔다'라는 가설의 개연성은 높아진다. 베이즈 정리의 훌륭한 점은 단순히 '개연성이 높다'고 하는 데 그치지 않고 개연성이 정확히 얼마나 높은지 숫자로 나타낼 수 있다는 것이다.

구체적으로, 비가 오면 80퍼센트의 비율로 보도가 젖는다고 하자. 비가 오지 않아도 보도가 젖을 때가 있는데, 가령 스프링클러가 20퍼센트의 비율로 작동한다고 하자. 그렇다면 '비가 오지 않았다'라는 가설이 옳을 때에 비해 '비가 왔다'라는 가설이 옳을 때 보도가 젖어 있을 가능성이 네 배 높다. 그 값이 바로 가능도비다. 가능도비는 믿음을 얼마나 갱신해야 하는지 말해준다. 즉, '보도가 젖어 있다'라는 증거를 고려할 때 '비가 왔다'라는 가설의 개연성이 얼마나 높아지는지 알려준다.

그러나 우리가 알고 싶은 건 그게 다가 아니다. 우리는 비가 왔을 확률이 얼마인지 알고 싶다. 그걸 알려면 역시 사전확률이 필요하다.

가령 한 해 중 요즘 시기에 밤에 비가 오는 비율이 33퍼센트라고 하자. 그 값이 우리의 사전확률이다. 그런데 어느 날 아침에 보니 보도가 젖어 있다고 하자. 간밤에 비가 왔을 확률은 얼마일까?

100일간 아침마다 보도를 관찰한다고 하자. 평균적으로 33일은 간밤에 비가 왔을 것이고, 67일은 비가 오지 않았을 것이다.

간밤에 비가 오지 않은 67일 중에서는 평균적으로 20퍼센트의 경우 보도가 젖어 있을 것이다. 일수로는 13.4일이다. 나머지 53.6일은 보도가 말라 있을 것이다.

간밤에 비가 온 33일 중에서는 80퍼센트의 경우 보도가 젖어 있을 것이다. 일수로는 26.4일이다. 나머지 6.6일은 보도가 말라 있을 것이다.

따라서 아침에 보도가 젖어 있다면, 그날은 간밤에 비가 오지 않았는데 보도가 젖은 13.4일 중 하나이거나, 간밤에 비가 와서 보도가 젖은 26.4일 중 하나일 것이다. 그렇다면 간밤에 비가 왔을 확률은 26.4를 (26.4+13.4=39.8)로 나눈 0.66이다.

아리스토텔레스 고전 논리에서처럼, 전제를 받아들이면 저절로 도출되는 결론이다. 밤에 비가 오는 비율이 33퍼센트이고, 간밤에 비가 왔을 때 보도가 젖는 비율이 80퍼센트이며, 간밤에 비가 오지 않았을 때 보도가 젖는 비율이 20퍼센트라는 데 동의한다면, 보도가 젖어 있을 때 간밤에 비가 왔을 확률이 66퍼센트임을 받아들이지 않을 도리가 없다. '모든 사람은 죽는다. 소크라테스는 사람이다. 따라서 소크라테스는 죽는다'의 삼단논법만큼이나 확실한 논증이다. 다만 '이 전제가 참이라면 이 명제는 참이다(또는 거짓이다)'라고 말하는 데 그치지 않고 '이 증거에 비추어 이 가설이 옳을 확률은 이렇다'라고 말할 수 있다는 차이가 있다.

물론 현실에서는 정확한 숫자를 항상 알 수 없고, 관련된 정보도 하나만 있는 게 아니다. 만약 우리에게 정말 어떤 만능 데이터베이스가 있어서 거기에서 간단한 숫자 몇 개만 조회해 한 줄짜리 공식에 대입함으로써 세상의 모든 확률을 계산할 수 있다면, 미래를 예측하는 일은 쉬울 것이다. 그러나 현실에서 비가 올 확률은 오만가지 요인에 좌우된다. 한 해 중 시기, 기압, 구름의 양, 온도, 습도, 최근에 브라질에서 날갯짓한 나비의 수…. 이 모든 변수를 합산하는 건 둘째 치고 일일이 추적하는 것조차 불가능하다. 만에 하나 그게 가능하다면, 거기에 베이즈 규칙을 다 적용하기만 하면 된다. 그러면 내일 비가 올 확률을 정확히 구할 수 있다.

크롬웰의 법칙

어느 위대한 베이즈 사상가가 남긴 말이 있다. "그리스도의 자비를 빌어 간청하건대 여러분이 틀렸을 가능성도 생각해보십시오."

올리버 크롬웰이 1650년 던바 전투를 앞두고 스코틀랜드 교회 총회에 보낸 편지에서 한 말이다.[9] 크롬웰은 비록 토머스 베이즈가 태어나기 40여 년 전에 사망했지만 베이즈 결정이론의 중요한 법칙 하나에 이름을 남겼으니, 바로 크롬웰의 법칙이다. 데니스 린들리가 명명한 이 법칙은, 논리적으로 반드시 참이거나 거짓인 명제(예를 들면 '2+2=4') 외의 그 무엇에도 1이나 0의 확률을 부여해서는 안 된다는 것이다. 한마디로 확신은 절대 금물이라는 것.

린들리는 이렇게 말한다. "항상 달이 치즈로 이루어져 있을 가능성을 조금이라도 남겨둬야 한다. 100만분의 1이라도 말이다. 그러지 않으면 아무리 우주비행사들이 떼를 지어 치즈 샘플을 채취해 온다 해도 당신의 생각이 꿈쩍하지 않을 테니까."[10]

왜인지 설명하겠다. 앞에서 논했던 '젖은 보도와 비' 예제를 다시 활용하자. 내가 남극의 맥머도 드라이 밸리라는 지역에 산다고 하자. (학군도 별로고 주변에 좋은 커피숍도 없지만, 집값만큼은 매우 저렴하다.) 이곳은 지난 200만 년 동안 비가 내린 적이 없다. 따라서 어느 날 밤 비가 올 사전확률은 약 7억분의 1이다.

어느 날 보도가 젖어 있는 것이 눈에 띈다. '간밤에 비가 왔다'는 가설하에서 보도가 젖을 가능성이 '간밤에 비가 오지 않았다'는 가설하에서 보도가 젖을 가능성보다 네 배 높다는 사실은 앞에서 논한 대로다. 그러나 이곳은 비가 올 사전확률이 워낙 낮아서 사후확률이 여전히 미미하다. 약 1억 7000만분의 1, 즉 0.000000006에 불과하다.

그런데 길을 따라 걷다 보니 옆집 앞의 보도도 젖어 있다. 방금 얻은 사후확률을 사전확률로 삼아 같은 계산을 반복하면, 이제 확률은 0.000000024, 즉 4200만분의 1이 된다. 여전히 비가 왔을 가능성은 희박하다. 필시 내 스프링클러와 옆집의 스프링클러가 동시에 작동했을 것이다.

또 한 집을 지나고, 또 한 집을 지나는데 두 집 다 보도가 젖어 있다. 이제 확률은 0.000000384, 즉 250만분의 1 정도로 올라간다. 여전히 압도적으로 가능성이 높은 가설은 '모든 집의 스프링클러가 공교롭게 동시에 작동했다'는 것이지만, 이제는 '비가 왔다'는 가설도 처음만큼 정신 나간 소리는 아니다.

다른 집 열여섯 채를 더 지나갔는데 모두 보도가 젖어 있다면, 간밤에 비가 왔을 가능성은 이제 약 70퍼센트에 이른다. 극단적인 사전확률이라 해도 뒤집는 데 그렇게 굉장히 많은 증거가 필요하지는 않다는 사실을 알 수 있다.

반면 내가 설정한 사전확률이 0이라고 해보자. 이를 식에 대입하면 사후확률도 0이 된다. 어떤 증거를 발견하더라도 0에 무엇을 곱하면 0이다. 설령 보도가 젖어 있는 집 1,000채를 지나간다 해도, 비가 왔을 가능성에 희박한 확률조차 부여하지 않게 된다.

확률을 '확률비'로 나타내기

확률을 퍼센트 또는 0과 1 사이의 수 대신 '확률비odds'의 관점으로 보면, 1과 0이라는 확률을 피해야 할 이유가 더 분명해진다. 확률을 확률비로 바꾸려면 확률을 1에서 그 확률을 뺀 값으로 나눈다. 예를 들어, 확률이 0.9라면 0.9를 1에서 0.9를 뺀 값인 0.1로 나눈다. 0.9/0.1 =9이므로 확률비는 9:1이다. 확률이 0.5라면 0.5/0.5 =1이므로 확률비는 1:1이다.

확률을 1이라고 적으면 0.9나 0.5 같은 확률과 크게 다르지 않아 보인다. 다 똑같은 하나의 숫자 아닌가. 그러나 확률비로 나타내면 확연히 달라진다. 확률 0.999999를 확률비로 나타내면 999999:1이지만, 확률 1을 확률비로 나타내면 무한대 대 1이다. 무한대는 실제 숫자가 아니므로 실제 숫자처럼 계산할 수 없다. (유드카우스키의 표현을 또 빌리자면, "사람들은 '5 + 무한대 = 무한대'라는 식으로 말할 때가 있다. 5에서 시작해 끝없이 계속 세면 끝없이 높은 수가 나오니까.

하지만 그렇다고 해서 '무한대-무한대=5'라고는 할 수 없다.")[11]

확률비의 장점은 또 있다. 언뜻 비슷해 보이는 두 확률의 실제 차이를 잘 드러내준다는 것이다. 확률 0.99와 0.999의 차이는 작아 보인다. 0.5와 0.51의 차이보다 작은 것 같다. 하지만 확률비로 나타내면 99:1과 999:1의 차이다.

그 어떤 것에도 확률을 0이나 1로 부여해서는 안 된다. 그렇다고 해서 그 어떤 것도 불가능한 것으로 간주할 수 없다는 의미는 아니다. 어떤 조각상의 팔을 구성하는 모든 원자가 동시에 앞뒤로 움직여서 조각상이 내게 손을 흔드는 일도 불가능하지는 않다. 정상적인 동전을 던져서 10만 번 연속으로 앞면이 나오는 일도 불가능하지는 않다. 그러나 그런 사건은 우주의 일생 동안, 아니 수조 개의 우주가 탄생하고 사라지는 동안 일어나지 않을 정도로 가능성이 희박하다. 극히 희박한 확률은 말 그대로 극히 희박하다. '1조분의 1이라는 가능성이 있다'는 말에 '그럼 가능성이 있다는 거네?!'라며 눈을 반짝일 필요는 없다. 그렇지만 "그리스도의 자비를 빌어 간청하건대 여러분이 틀렸을 가능성도 생각해보십시오"라는 크롬웰의 말은 옳다. 설령 그 가능성이 높지는 않다 해도.

기대 증거의 보존 법칙

베이즈 결정 시스템에서 자연스럽게 나타나는 몇 가지 재미있는 특징이 있다. 하나는, 내 가설을 뒷받침하는 증거만 찾아다니며 모을 수 없다는 것이다. 원천적으로 불가능하다. 어떤 증거가 발견되든, 그 증거에 의해 믿음이 강화될 가능성만큼 믿음이 약화될 가능성도 높기 때문이다(평균적으로 그렇다). 만약 증거가 발견되지 않는다면, 발견되지 않았다는 사실 자체가 가설에 반하는 증거가 된다.

예를 들어, 내가 어떤 정치인이 나쁜 사람이라고 생각한다고 하자. 나는 그 정치인이 나쁜 짓만 할 것이라고 예상한다. 이를테면 강아지 학대 같은 것이다. 나는 그 정치인이 사악한 사람이라는 내 믿음을 강화하고 싶다. 그래서 선거운동 웹사이트에 들어가 강아지 학대를 옹호하는 정책 입장을 찾아본다. 나는 찾을 수 있으리라 확신한다. 결과는 찾거나 못 찾거나 둘 중 하나다. 두 경우에 각각 내 믿음은 어떻게 변할까?

뭔가를 찾으면 내 확신이 더 강해지겠지만, 아무것도 찾지 못하면 확신에 영향이 없을 것이라고 생각하기 쉽다. 그런데 그렇지가 않다. 어떤 증거를 발견하면 믿음이 어느 정도 변화하게 된다고 하자. 이때 그 증거가 발견되지 않으면 믿음이 반대 방향으로 변화할 수밖에 없고, 변화의 폭은 내가 애초에 그 증거를 얼마나 강하게 예상했는지에 비례한다.

가령 내가 그 징치인이 나쁜 사람이라면 웹사이트에서 강아지 학대 옹호 증거가 발견될 확률이 95퍼센트라고 생각한다고 하자. 다시 말해 그 증거가 발견되지 않을 확률은 5퍼센트에 불과하다고 생각한다.

물론, 그 정치인이 나쁜 사람이 아니라면 강아지 학대 옹호 증거가 발견될 가능성은 그리 높지 않을 것이다. 가령 열 번 중 한 번꼴로 발견될 것이라고 하자.

그럼 한번 따져보자. 내 예상대로 강아지 학대 자료가 발견되었다고 하자. 내 믿음은 어느 정도 강화되어, 확률이 $p=0.95$에서 $p \approx 0.99$로 올라간다. 하지만 이미 예상했던 일이기에 대단히 크게 변하지는 않았다.

그러나 학대 자료가 발견되지 않았다면, 다시 말해 놀라운 결과가 나왔다면, 내 믿음은 크게 변할 수밖에 없다. 애초의 강한 예상을 깨는 결과가 나왔기에 그 정치인이 강아지 학대 옹호자라는 내 믿음은 불과 $p \approx 0.33$, 즉 3분의 1로 대폭 약화된다.

역시 이번에도 피할 수 없는 결과다. 강하게 예상되었던 증거는 발견되어도 믿음을 크게 변화시킬 수 없다. 이미 우리가 구축해놓은 세계관의 일부이기 때문이다. 하지만 정말 예상치 못했던 일이 일어난다면, 혹은 이 경우처럼 예상했던 일이 일어나지 않는다면, 사후적 믿음은 대폭 변화할 수밖에 없다.

사실 그 둘은 반비례 관계다. 무언가를 강하게 예상할수록 그것을 발견했을 때의 의외성은 작아지고(따라서 사후확률의 변화도 작아지고), 그것을 발견하지 못했을 때의 의외성은 커진다(따라서 사후확률의 변화도 커진다). 여기서 나오는 결론은, 평균적으로 볼 때 사후확률은 사전확률과 정확히 같다는 것이다. 내가 사전 믿음이 참일 때 어떤 증거를 열 번에 아홉 번꼴로 발견하리라 예상한다면, 발견하지 못한 경우는 발견한 경우보다 믿음이 아홉 배 더 많이 변화해야 한다. 100번에 99번꼴로 증거를 발견하리라 예상한다면, 발견하지 못한 경우는 발견한 경우보다 믿음이 99배 더 많이 변화해야 한다.

여기서 나오는 결론 또 하나는, 흔히 하는 말과는 반대로, 증거의 부재가 사실상 부재의 증거가 된다는 것이다. 내가 유니콘의 존재를 믿지 않는다면, 나는 유니콘을 보게 되리라고 예상하지 않는다. 유니콘을 보지 못하고 일 초 일 초가 지나갈 때마다 '유니콘은 존재하지 않는다'는 내 가설을 미미하게 뒷받침하는 증거가 쌓이면서 내 확률 추정값이 미세하게 1을 향해 접근한다. 그러나 물론 유니콘을 한 번이라도 보게 된다면, 내 가설은 크게 흔들리고 내 사후확률은 큰 폭으로 낮아질 것이다.

그러나 현실에서, 특히 정치적인 문제에 대해서는 확증 편향과 집단사고에 빠지기 쉽기 때문에 이런 식으로 추론하지 않는 사람이 많다. 이런 식으로 추론하지 않는다면, 있는 증거를 제대로 활용하지 못하는 셈이다. 최선의 방법으로 믿음을 갱신하지 못하는 것이다. 예컨대 악행의 증거를 발견하리라 강하게 예상했는데 발견하지 못했을 때 어깨를 으쓱하며 '뭐 어쨌든 나쁜 사람일 거야'라고 생각한다면, 당신은 믿음을 더 옳은 쪽으로 조정할 기회를 놓친 것이다.

효용, 더치북, 게임이론

베이즈 결정이론은 결정을 내리는 데 사용하는 이론이다. 더 정확히 말하면, 결과가 불확실한 상황에서 최적의 결정을 내리는 방법을 알려주는 이론이다.

지금까지는 우리가 어떻게 믿음을 형성하고, 믿음에 부여한 확률을 새로운 증거에 비추어 어떻게 변화시키느냐 하는 문제에 관해서만 이야기했다. 베이즈 추론을 따른다면 사전확률을 가능도와 곱하여 두 값이 모두 반영된 사후확률을 구해야 한다. 이것이 바로 베이즈주의 인식론이다. 앞서 말했듯이 모든 증거를 수집하고 모든 계산을 수행하기란 비록 현실적으로 불가능할지라도, 주어진 가설에 부여해야 할 확률을 올바르게 계산하는 방법은 그것이다.

하지만 그 결과만 가지고는 주어진 상황에서 우리가 어떤 행동을 해야 하는지 알 수 없다. 그걸 알려면 믿음과 확률만으로는 부족하고, 우리가 무언가를 얼마나 중요하게 여기는지 알아야 한다. 결정이론에서는 이를 **효용**utility이라고 부른다.

효용은 돈과 같다고 생각하면 가장 이해하기 쉽다. 물론 효용과 돈은 다르다. 그렇지만 돈은 시간과 노력을 투입해 버는 것이고, 한정된 양을 우리가 중요하다고 여기는 것에 배분해야 한다는 점에서 효용을 나타내는 대용물로 적합하다. 또 계산을 간단하게 만들어주는 장점도 있다.

확률과 효용을 결합하면 기댓값이 된다. 이 말이 무슨 뜻인지 이해하려면, 몇 페이지 앞에서 소개한 엘리에저 유드카우스키의 복권 검사기 예시로 다시 돌아가보자.

아직 검사기를 사용하기 전이라면 어떤 복권 한 장이 당첨될 확률은 1/131,115,985이다. 희박한 확률이지만, 그것만으로는 복권을 사는 것이 좋은 생각인지 아닌지 알 수 없다. 복권 한 장 값이 1달러이고 당첨금이 150,000,000달러라고 하자. 그러면 가능한 번호 조합을 모두 한 장씩 샀을 경우 확실하게 돈을 벌게 된다. 18,884,015달러이니 꽤 큰 돈이다. 모든 조합을 다 사지는 못한다 해도 합리적으로 살 수 있는 한에서 최대한 사는 것이 좋은 생각이다. 복권 한 장의 평균 가치가 1.14달러이기 때문이다. 이는 당첨금에 당첨 확률을 곱한 값이다. 다시 말해 1달러짜리 복권 한 장은 복권 사업자에게는 평균 0.14달러의 순손실을, 당신에게는 평균 0.14달러의 순이익을 가져다줄 것으로 기대된다. 그 값이 복권을 샀을 때의 기댓값이다.

그러나 만약 복권 한 장 값이 2달러라면, 한 장을 살 때마다 평균 0.86달러의 손해를 보게 된다. 그런데 복권 한 장을 검사기에 돌려보았는데 삐 소리가 난다면, 그 복권이 당첨될 사후확률은 1/32,778,996이다. 그 순간 복권 한 장의 가치는 (150,000,000/32,778,996), 즉 4.58달러로 올라가므로, 한 장을 살 때마다 평균 2.58달러의 이익을 보게 된다.

이것이 효용이론의 개념이며, 역시 수학적으로 피할 수 없는 결론이다. 받아들이지 않는다면 모순이 되기 때문이다. 1930년대에 프랭크 램지와 브루노 데 피네티가 발견한 사실이 바로 그것으로, 효용이론의 법칙을 따르지 않으면 '더치북Dutch book'의 희생양이 된다는 것이다. 무슨 뜻인지 설명하겠다.

램지의 주장에 따르면, 어떤 믿음에 대한 우리의 확신을 베팅으로 나타낼 수 있다. 어떤 일이 50퍼센트의 확률로 일어날 것이라고 생각하는 사람은 배당률 1:1 이상의 베팅에 응할 것이다. 기댓값이 양수이기 때문이다. 어떤 일이 33퍼센트의 확률로 일어날 것이라고 생각하는 사람은 배당률 2:1 이상의 베팅에 응할 것이다. 역시 기댓값이 양수이기 때문이다.

하지만 그런 식으로 베팅에 응하려면 우리의 모든 믿음을 합치면 100퍼센트, 즉 확률 1이 된다는 전제가 먼저 성립되어야 한다. 그렇지 않으면 무조건 돈을 잃게 된다. 예를 들어, 내가 내일 비가 올 확률이 50퍼센트라고 생각한다고 하자. 그렇다면 나는 500원을 걸고 비가 오면 건 돈 500원을 포함해 1,000원을 받는 내기에 응할 용의가 있다.

한편 내가 내일 비가 오지 않을 확률이 60퍼센트라고 생각한다고 하자. 그렇다면 나는 600원을 걸고 비가 오지 않으면 1,000원을 받는 내기에 응할 용의가 있다.

이런 상황에서는 상대방이 내게 두 가지 베팅을 동시에 제안할 수 있다. 내가 내 믿음에 진심이라면 둘 다 동시에 받아들일 용의가 있을 것이다. 그러나 두 베팅에 참여하려면 1,100원을 걸어야 하고, 결과가 어떻게 나오든 1,000원만 받게 된다. 시작하기 전에 미리 100원을 건네주는 것과 마찬가지다. 나는 누가 봐도 비합리적인 판단을 한 것이고 상대방은 내게서 얼마든지 돈을 뽑아낼 수 있다. 그런 베팅 상황이 바로 '더치북'이다.

앞서 말했듯이, 확률 이론가들은 보통 돈을 예로 든다. 설명이 쉽고 간단해지기 때문이다. '돈으로 행복을 살 수 없다'고 하지만, 어느 정도 살 수 있다는 증거도 꽤 있다. 국가의 1인당 GDP는 국민들의 삶의 질과 상당히 밀접한 상관관계가 있다.

그런가 하면 보건경제학자와 생명윤리학자들은 '질 보정 생존연수QALY'라는 것을 가지고 계산을 한다. 한 예로, 영국 국립보건임상연구원NICE은 1 QALY, 즉 1년의 건강한 삶을 제공하는 시술에 2만 파운드(한화 약 3500만 원) 이하가 든다면 일반적으로 비용 효과가 높다고 본다.[12] NICE에서도 기댓값 모델을 사용한다. 예를 들어 환자 중 10퍼센트의 생명을 5년 연장하는 치료가 환자 중 20퍼센트의 생명을 2년 연장하는 치료보다 더 나은 치료로 평가된다. $5\times0.1=0.5$, $2\times0.2=0.4$이고, 0.5가 0.4보다 크기 때문이다.

하지만 두 가지 모두 대용물일 뿐이다. 공리주의 철학자와 경제학자들은 **효용**의 관점에서 사고한다. 즉, 우리가 어떤 행동을 통해 얼마나 많은 행복을 얻는지, 또는 얼마나 선호를 충족시킬 수 있는지를 따진다.

헝가리 태생의 미국 수학자 존 폰 노이만은 게임이론의 창시자이자 컴퓨터와 양자역학의 선구자로, '존 폰 노이만의 이름을 딴 것들'이라는 제목의 위키피디아 항목이 세 페이지에 달할 만큼 다양한 분야에서 큰 업적을 남겼다.[13] 폰 노이만이 바로 이 문제에 관심을 가졌다. 당시 경제학자들은 불확실한 상황에서 결정을 내리는 규범적 방법을 기술하고자 했다. 즉, 어떻게 하면 최선의 선택을 내림으로써 행복의 기댓값을 최대화할 수 있는지 연구했다. 폰 노이만은 모든 사람을 가장 행복하게 만들 결정을 찾는 경제학 모델을 개발하려고 했다.

당시 경제학자들이 보기엔 근본적으로 불가능한 일이었다. 서로 비교가 불가능한 것들을 저울질해야 한다는 이유였다.[14] 예를 들어, 내가 교외에 쇼핑몰을 짓는다면 나는 돈을 벌고(내가 원하는 것), 일부 사람들은 편리함을 누리지만(남들이 원하는 것), 지역 주민들의 경관은 훼손된다(남들이 원하지 않는 것). 이때 '이만큼의 편리함이 이만큼의 경관 훼손과 동등하다'고 어떻게 말할 수 있을까?

한 사람만 관여된 경우는 그리 어려울 게 없다. 폰 노이만과 공저자 오스카르 모르겐슈테른은 무인도에 혼자 사는 로빈슨 크루소를 예로 든다. 크루소는 자신의 욕구를 모두 충족시킬 수는 없다. 펜트하우스 아파트나 발리행 일등석 항공권은 물론 꿈도 꾸지 못하지만, 어깨 마사지를 받고 싶어도 방법이 없다. 하지만 충족시킬 수 있는 욕구 중에서는 자유롭게 선택할 수 있다. 바나나 잎으로 임시 거처를 짓는 데 한 시간이 걸리고, 불을 피워 저녁으로 마를 굽는 데 한 시간이 걸리는데, 어두워지기 전까지 한 시간이 남아 있다면, 비에 젖지 않는 것과 배를 채우는 것 중 자신이 어느 쪽을 더 가치 있게 여기는지 판단해볼 수 있다. 자신의 욕구를 선호 순서대로 나열하고, 주어진 도구와 시간의 제약 내에서 가능한 한 많은 욕구를 충족시키면 된다.

여기에 수학적인 문제는 전혀 없다. 고전 경제학으로도 충분히 해결할 수 있다. 폰 노이만과 모르겐슈테른은 이렇게 말했다. "크루소에게는 일정한 물리적 데이터(욕구와 재화)가 있고, 이를 조합하고 활용하여 만족도를 최대화하는 게 과제다. 이는 평범한 최대화 문제로, 여기에 따르는 어려움은 순전히 기술적인 성격이지 개념적인 성격이 아니다."[15]

그런데 프라이데이가 등장하면서 문제가 생긴다. 크루소는 탄수화물을 즐기고 별빛 아래 자는 것도 개의치 않는다. 음식을 거처보다 우선시하는 셈이다. 반면 프라이데이는 마른 싫어하고 추위를 잘 타니, 거처를 음식보다 우선시하는 셈이다. 이제 집단 효용을 최대화하려면 두 사람의 욕구를 저울질해야 한다. 이해관계가 충돌하기 때문이다. 두 사람이 서로 다른 것을 최대화하고 싶어하는 상황이다.

고전 경제학에서는 사람들의 선호에 순위를 매길 수는 있지만(이를테면 크루소는 1순위 음식, 2순위 거처, 프라이데이는 1순위 거처, 2순위 음식) 이를 서로 비교할 수는 없다고 간주했다. 설령 크루소가 엄청나게 배고프고 프라이데이는 조금 추울 뿐이라 해도, 둘을 수학적으로 비교할 수는 없다고 생각했다. 그러나 폰 노이만은 비교할 수 있음을 깨달았다. 모르겐슈테른은 그 순간을 이렇게 회상한다. "우리가 공리들을 정리해놓고 앉아 있을 때였다. 조니가 자리에서 벌떡 일어나더니 경악하여 이렇게 외치던 모습이 기억에 생생하다. '아니, 이걸 아무도 못 깨달았다고?'"

폰 노이만은 몇 가지 간단한 공리를 세웠다. 그중 하나는 사람들의 욕구가 이행적transitive이어야 한다는 것이다. 만약 A를 B보다 선호하고, B를 C보다 선호한다면, A를 C보다 선호해야 한다는 의미다. 내가 개를 고양이보다 좋아하고, 고양이를 햄스터보다 좋아한다면, 개를 햄스터보다 좋아해야 한다.

만약 내 욕구가 비이행적이라면, 나는 앞서 논한 '더치북'의 경우처럼 호구가 될 수밖에 없다. 예를 들어 내가 개를 고양이보다 좋아하고, 고양이를 햄스터보다 좋아하며, 햄스터를 개보다 좋아한다고 하자. 내가 햄스터를 가지고 있는데 어떤 사람이 고양이를 줄 테니 햄스터에 1만 원을 얹어서 달라고 하면 나는 거래에 응한다. 그런데 사실 개를 고양이보다 좋아하므로, 이번엔 개를 줄 테니 고양이에 1만 원을 얹어서 달라고 하면 또 거래에 응한다. 그런데 또 햄스터를 개보다 좋아하므로, 처음의 햄스터를 돌려줄 테니 개에 1만 원을 얹어서 달라고 하면 또다시 응한다. 상대방은 가만히 앉아 3만 원을 벌었고 앞으로도 내게서 계속 돈을 뽑아낼 수 있다.

선호는 또한 연속적이고 단조적monotonic이어야 한다. 이는 1만 원을 50퍼센트의 확률로 얻는 선택과 5,000원을 확실히 얻는 선택이 있다고 할 때 두 선택을 똑같이 선호해야 하며, 2퍼센트의 확률로 발생하는 결과를 1퍼센트의 확률로 발생하는 결과에 비해 두 배 좋거나 나쁘게 여겨야 한다는 의미다. 즉,

선호가 갑작스럽게 변화하지 않아야 하며, 어떤 결과가 발생할 확률이 올라가거나 내려갈 때 그 결과의 기댓값도 매끄럽게 올라가고 내려가야 한다. 또한, 선호는 대체 가능해야 한다. 예를 들어 케이크와 젤리를 동일하게 여긴다면, 케이크를 10퍼센트의 확률로 얻고 젤리를 90퍼센트의 확률로 얻는 선택과 케이크를 90퍼센트의 확률로 얻고 젤리를 10퍼센트의 확률로 얻는 선택을 동일하게 여겨야 한다.

이상의 가정을 기반으로 폰 노이만은 사람들의 선호에 값을 매기고 서로 비교할 수 있는 효용이론을 구상했고, 그 값의 단위를 유틸util이라고 불렀다. 예를 들면 나는 공원에서 여유롭게 휴식을 취하는 것에 10유틸, 리버풀 팀이 리그 우승하는 경기를 관전하는 것에 100유틸, 첫 조카가 태어났다는 소식을 듣는 것에 1,000유틸을 부여할 수 있다.

폰 노이만의 이 작업에서 탄생한 것이 바로 게임이론이다. 앞서 예로 든 크루소와 프라이데이처럼 서로 다른 선호를 가진 둘 이상의 사람이 관여된 상황을 모델링하고자 한다면, 선호를 비교할 수 있는 모델이 필요하다. 폰 노이만과 모르겐슈테른이 보여주었듯이 그런 모델이 원칙적으로 존재할 수 있음을 입증하면, 이제 계산도 하고 사고실험도 할 수 있는 길이 열린다.

영국 모험소설의 또 다른 고전을 예로 들어보자. 폰 노이만은 셜록 홈스가 모리아티 교수에게서 도망치는 장면을 제시했다. 도버항으로 향하는 기차에 오른 홈스, 그러나 플랫폼에 서 있던 모리아티에게 그 모습을 들키고 만다. 모리아티가 그다음

급행열차를 타면 도버에 먼저 도착할 수 있는 상황이다.

홈스는 어떻게 해야 할까? 도버에서 내리면 모리아티가 기다리고 있을 것이다. 대신 유일한 중간역인 캔터베리에서 내리는 방법이 있다. 그렇게 하면 바다 건너 프랑스로 몸을 피할 수는 없지만, 모리아티에게 잡히는 신세는 일단 면할 수 있다. 하지만 모리아티도 그 점을 알고 있으니, 캔터베리에서 내려 홈스를 기다릴지도 모른다. 홈스는 결국 도버까지 가야 할까? 이러지도 저러지도 못하는 상황이다.

폰 노이만은 각각의 시나리오에 숫자를 부여한다. 모리아티는 도버에서든 캔터베리에서든 홈스를 붙잡아 죽이면 100유틸을 얻는다. 자신은 도버에서 내렸는데 홈스가 캔터베리에서 빠져나가면 추격전은 계속되므로 무승부가 되어 0유틸을 얻는다. 자신이 캔터베리에서 내렸는데 홈스가 도버에서 내려 프랑스로 달아나면 모리아티는 −50유틸을 얻는다.

모리아티 \ 홈스	도버	캔터베리
도버	100	0
캔터베리	-50	100

모리아티는 어떻게 해야 할까? 도버에서 내렸을 때 평균 이익은 $(100+0)/2=50$이다. 캔터베리에서 내렸을 때 평균 이익

은 (100−50)/2=25다.

그렇다면 모리아티는 도버에서 내려야 한다. 하지만 그가 그럴 수밖에 없다는 사실이 분명하다면, 홈스는 이를 예상하여 캔터베리에서 내릴 것이고, 모리아티의 이익은 결국 0이 된다.

정답은 예측 불가능하게 행동해야 한다는 것이다. 이 게임을 여러 번 반복한다고 하면, 모리아티는 다섯 번에 세 번은 도버까지 가고, 두 번은 캔터베리에서 내려야 한다. 그렇게 할 때 기대 효용이 40유틸로 최대화된다. 한편 홈스는 반대로 다섯 번 중 세 번은 캔터베리에서 내려야 한다. (소설에서는 모리아티가 도버까지 가고, 홈스와 왓슨은 캔터베리에서 내려 모리아티가 탄 기차가 지나가는 것을 지켜본다.)

물론 현실에서는 정보도 부족하고 연산 능력도 부족하기에 어떤 결정의 기대 효용을 정확히 알 수 없다. 모든 결과의 베이즈 확률을 정확히 계산할 수 없는 것과 마찬가지다. 그러나 만약 인간이 자신의 선호를 완전히 파악할 수 있는 완벽한 추론 기계라면, 우리는 베이즈 이론과 효용이론을 결합해 수학적 계산으로 답을 찾을 수 있을 것이다. 현대 인공지능이 훨씬 더 명시적으로 하는 일이 대략 그런 것이라고 할 수 있다.

오컴 사전확률

베이즈주의의 특징은 사전확률이 있어야 한다는 점이다. 그 점이 역사를 통틀어 줄곧 걸림돌로 작용했다. 사전확률을 어디서 구할 수 있는가? 사전확률이 주관성을 배제하지 못한다는 점은 얼마나 문제가 되는가?

사전확률을 객관적인 통계값에서 얻을 수 있는 경우도 있다. 예를 들어 암 진단검사에서는 환자와 유사한 집단의 암 유병률을 사전확률로 삼을 수 있다. 하지만 그렇게 정확한 값을 설정할 수 없는 경우도 있다.

가능한 가설 중 하나를 선택해야 하는 상황에서 사전확률을 설정하는 한 가지 방법은 어느 쪽이 더 복잡한지를 보는 것이다. 복잡할수록 우연히 발생할 가능성이 낮다. 따라서 다른 조건이 모두 동일할 때 단순한 설명과 복잡한 설명이 있다면 단순한 쪽의 사전확률을 더 높게 잡아야 한다.

이 원리에는 이름이 있다. 바로 '오컴의 면도날'이다. 14세기 프란체스코회 수도사였던 오컴의 윌리엄William of Ockham에게서 따온 이름이다. 오컴의 윌리엄은 영국 서리의 오컴이라는 마을에 살았다.*

그런데 가장 단순한 설명이 무엇인지 어떤 기준으로 판단할 것인가? 세상의 현상에 대한 설명은 정말 복잡해 보이는 경우가 많지 않은가. 엘리에저 유드카우스키에 따르면[16] 미국의 SF 작가 로버트 하인라인이 했다고 하는 말이 있다(하인라인이

* 그러므로 사실 '윌리엄의 면도날'이라고 해야 맞겠다. 아라비아의 로런스를 '아라비아'라고 부르거나 나사렛의 예수를 '나사렛'이라고 부르지 않으니 말이다.

한 말이 아닐 수도 있다). 가장 단순한 설명은 '길 건너에 사는 여자가 마녀다. 그 여자가 한 짓이다'라는 것이다. 이를테면 당신이 병에 걸린 것이 '마녀의 짓' 때문이라는 설명은 굉장히 단순해 보인다. 예컨대 다음의 설명과 비교해보라. '자기 복제가 가능한 입자 수십억 개가 당신의 몸에 침입, 세포 내부를 장악하여 스스로 증식을 시작하자 당신의 몸이 입자들을 물리치려고 싸움을 벌이면서 병이 난 것이다.'

마찬가지로 번개를 설명하는 데는 '천둥신이 화났다'는 말이 물리학자들이 제시하는 전자기학 방정식보다 단순해 보인다. 후자가 전자보다 설명하는 데 훨씬 오래 걸릴 것임은 두말할 필요가 없다. 우리는 신이 무엇인지 안다(더 정확히 말하면 사람이 무엇인지 알고, 신이 사람과 비슷하다고 간주한다). 분노가 무엇인지도 안다. 하지만 미적분을 아는 사람은 많지 않다.

그러나 결정이론가들은 단순성을 더 엄밀하게 정의한다. 짧은 말로 기술할 수 있다는 사실만으로 어떤 현상의 단순성을 판정할 수는 없다. '인간의 뇌'는 네 음절로 말할 수 있지만, 인간의 뇌만큼 복잡한 것도 세상에 없다.

결정이론가들이 사용하는 개념은 **최소 메시지 길이**라는 것이다. ('솔로모노프 귀납법' 또는 '콜모고로프 복잡도'라는 이름으로 부를 수도 있다. 셋은 미묘하게 다르지만 본질적으로 같은 개념이다.) 최소 메시지 길이란 이런 것이다. 주어진 출력을 기술할 수 있는 가장 짧은 컴퓨터 프로그램은?

우주 창조보다는 좀 더 단순한 예로 시작해보자. 체코의 수학자이자 컴퓨터 과학자인 카를로바대학교의 미할 코우츠키가 제시한 예를 들겠다.[17] 다음과 같은 세 개의 열한 자리 숫자열이 있다고 하자.

1) 33333333333

2) 31415926535

3) 84354279521

이 중 난수(무작위적인 수)가 있는가? 이러한 숫자열을 100만 자리까지 출력하는 프로그램을 작성한다면, 얼마나 짧게 작성할 수 있을까?

그냥 '난수를 출력하라'라고 명령하는 프로그램은 안 된다. 난수 생성 프로그램이 위 숫자열 중 하나를 생성할 확률은 모두 동일하게 $p \approx 1/10^{11}$이다. 즉 거의 불가능하다. 우리가 알고 싶은 것은 이것이다. 이러한 숫자열을 확정적으로 생성할 수 있는 절차가 존재하는가? 즉, 다음에 무슨 숫자가 올지 항상 정확히 예측이 되어야 한다.

첫 번째 경우는 아주 간단하다. 숫자 3을 100만 번 반복하면 된다. 베이식BASIC 언어로 프로그램을 작성하면 네 줄로 충분하다.

```
10 N=1000000
20 FOR I=1 TO N
```

```
30 PRINT 3;
40 NEXT I
```

나머지 두 숫자열은 더 복잡하다. 완전한 난수처럼 보인다. 코우츠키에 따르면 통계학자가 봤을 때도 무작위성 통계 검정을 통과할 것이라고 한다.

그러나 사실 두 번째 숫자열의 다음 숫자는 아주 쉽게 예측할 수 있다. 열한 개의 숫자가 원주율(π)의 첫 열한 자리를 나타내고 있기 때문이다. 다음 숫자는 바로 찾아볼 수도 있고, 그건 정당한 방법이 아니라고 생각된다면 직접 계산할 수도 있다. 일찍이 기원전 250년에 아르키메데스는 정다각형을 이용해 원주율의 근삿값을 점점 더 정확하게 구하는 간단한 방법을 고안했다. 어느 쪽 방법을 택하든 답은 8이다. 아르키메데스의 알고리즘이나 그 밖의 다양한 원주율 계산 알고리즘 중 하나를 택하여 컴퓨터에 입력하면 원하는 자릿수만큼 숫자열을 생성할 수 있다. 무한한 숫자열을 몇 글자로 압축할 수 있는 셈이다.

하지만 세 번째 숫자열은 진짜 난수다. 100만 자리까지 기술하려면 실제로 100만 자리를 모두 적어야 한다. 더 빨리 할 수 있는 지름길은 없다. 압축이 전혀 불가능한 셈이다. 이와 같이, 주어진 출력의 최소 메시지 길이는 해당 출력을 가장 짧게 기술할 수 있는 길이가 된다.

우리는 다양한 가설의 사전확률을 구하는 방법을 알아보고 있었다. 그런데 숫자열 생성이 그것과 무슨 상관이 있냐고? 뒤집어 생각해보자. 어떤 숫자열을 발견했다고 할 때, 그 숫자열을 생성했을 가능성이 가장 높은 알고리즘은 무엇인가? 앞의 세 숫자열 모두 난수 생성 프로그램으로 만들어졌을 수 있으며 각 숫자열이 생성될 확률은 똑같이 약 10^{11}분의 1이라고 했다. 이것이 가장 단순한 설명일 것이다. 그러나 31415926535라는 숫자열이 나왔다면, '무작위로 생성된 숫자'라는 가설에는 그다지 믿음이 가지 않고 이 데이터를 더 잘 설명해주는 약간 더 복잡한 알고리즘이 있으리라고 생각된다. 이를테면 '원주율의 값을 한 자리씩 출력하라'다. 난수 생성 프로그램이라면 그 숫자열이나 다른 숫자열이나 생성될 가능성이 똑같지만, 그 특정한 숫자열의 경우는 생성될 가능성이 훨씬 높은 다른 가설이 있다. 그렇다면 복잡도가 약간 높아지더라도 데이터를 더 확실히 예측해주는 가설을 기꺼이 받아들일 수 있다.

반면 84354279521이라는 숫자열이 나왔다면, 데이터에서 특별한 패턴이 드러나지 않는다. 따라서 많이 복잡해지는 것을 감수해야 한다. '이 숫자를 출력하고, 그다음 이 숫자를 출력하고, 또 그다음 이 숫자를 출력하고…'라고 일일이 지시하는 알고리즘을 가정해야 데이터가 설명된다. 그렇다면 이 숫자열은 그저 난수 생성 프로그램이 우연히 만들어낸, 동일한 확률로 발생 가능한 여러 결과 중 하나일 뿐이라는 가설이 더 그럴듯해 보인다. 여기서 우리가 저울질해야 하는 두 요소는 알고리즘이 얼마나 복잡한가, 그리고 알고리즘이 결과를 얼마나 확실히 예측할 수 있는가 하는 것이다.

그렇다면 두 요소를 어떻게 저울질하여 절충할 것인가? 동전을 연속적으로 던진 결과를 설명하려 한다고 하자. 앞면을 H, 뒷면을 T로 나타내기로 하고, 가령 HTHHTT라는 결과가 나왔다고 하자. 그 결과를 만들어낼 수 있는 여러 알고리즘 중에서 하나를 선택해야 한다.

가장 단순하게는 '동전은 정상적이며, 앞면 또는 뒷면이 무작위로 나온다'고 되어 있는 프로그램을 가정할 수 있다. 최대로 단순한 알고리즘이고, 프로그램 작성도 간단하다. 그러나 이 알고리즘에서 HTHHTT라는 특정 결과가 나올 확률은 다른 임의의 결과가 나올 확률과 동일하게 64분의 1에 그친다.

아니면 '동전이 차례로 H, T, H, H, T, T가 나온다'고 지시하는 프로그램을 가정할 수도 있다. 이 경우 100퍼센트의 확률로 그 결과가 나올 테니 데이터와 완벽하게 맞아떨어지는 알고리즘이다. 하지만 훨씬 복잡하다.

알고리즘의 단순성만 중요하다면, 항상 동전이 정상적이라고 보면 된다. HTHHTHTHT가 나오든 HTHHTTHHHTTT가 나오든 마찬가지다. 알고리즘이 데이터와 얼마나 잘 일치하는지만 중요하다면, 모든 동전이 조작되었다고 보면 된다. 그러나 둘 다 중요하다면, 어느 쪽에 얼마나 비중을 둬야 할까?

정보로 생각하면 답이 나온다. 1비트의 정보, 즉 1 또는 0, '예' 또는 '아니오'라는 정보만 있으면 탐색 공간(즉 가능한 모든 범위)을 반으로 줄이기에 충분하다. 예를 들어 여러 문 중에서 뒤에 상품이 있는 문을 찾는 게임을 상상해보자. 100개의 문이 있고, 당신은 어느 문 뒤에 상품이 있는지 알지만 게임에 참가한 당신의 파트너는 모른다. 당신이 파트너와 소통할 수 있는 유일한 방법은 스위치로 불을 켜거나 끄는 것이다.

시작하기 전에 각 문 뒤에 상품이 있을 확률은 모두 똑같이 p=0.01이다. 당신의 파트너는 이 확률을 높이고자 한다. 파트너가 당신에게 "상품이 있는 문 번호가 1번에서 50번 사이면 불을 켜달라"고 요청한다. 당신이 불을 켜면, 이제 파트너는 처음 50개의 문으로 선택이 좁혀졌으므로 남은 각 문에 p=0.02의 확률을 부여할 수 있다. 탐색 공간이 반으로 줄어들면서 남은 선택지의 확률이 각각 두 배로 늘어난 셈이다.

복잡성과 일치성을 절충할 때 택해야 할 기준이 바로 그것이다. 프로그램에 1비트의 정보를 추가했을 때 탐색 공간이 반으로 줄지 않는다면, 그 정보는 제값을 하지 못하는 정보다. 데이터를 압축하는 효과가 없고, 복잡성을 데이터에서 프로그램으로 전가하는 데 그친다.

따라서 둘 이상의 가설 중 하나를 택할 때는 어떤 가설이 더 복잡한지를 살펴보고, 다른 조건이 동일하다면 더 단순한 컴퓨터 프로그램으로 구현할 수 있는 가설 쪽에 더 높은 사전확률을 부여하되, 프로그램에 정보 1비트가 추가될 때마다 사전확률을 절반으로 줄이는 방법이 원칙적으로 가능하다. 사전확률을 설정하는 방법은 그 밖에도 많지만, 이런 식으로 복잡성을 최소화하는 방법이 핵심이다.

참고로 이 방법은 현대 AI 시스템이 불확실한 상황에서 결정을 내릴 때 실제로 사용하는 방식과 놀랄 만큼 유사하다. 구글의 암호학자 폴 크롤리는 현대 AI의 기본 형태가 "베이즈를 이해한다면 정말 엄청나게 베이즈적으로 보인다"고 내게 말했다. 현대의 신경망 AI에는 뇌의 뉴런처럼 수많은 노드(꼭지점)가 있고, 학습 과정은 노드 간의 연결을 강화하거나 약화해 연결에 부여된 '가중치'를 높이거나 낮추는 방식으로 이루어진다. 크롤리는 "가중치가 복잡하게 설정된 경우에는 페널티를 부여한다"면서 "가중치가 더 단순하게 설정된 답변에 더 높은 점수를 부여한다. 복잡한 가설보다 단순한 가설을 선택하도록 강제하는 건 정확히 베이즈 방식이다. 오컴 사전확률을 적용하는 셈"이라고 말했다. 베이즈 방식을 명시적으로 적용해 계산하려면 연산 비용이 많이 들기 때문에 대부분의 현대 AI는 "연산 자원이 훨씬 덜 들면서 성능이 거의 동일한 더 간단한 시스템"을 사용하지만, 베이즈주의가 기본 메커니즘이라고 크롤리는 설명한다.

초사전확률

앞에서 조지 불이 베이즈 방식에 제기했던 반론을 기억할 것이다. 단지에 흰 공과 검은 공이 미지의 분포로 들어 있다고 하

자. 이때 사전확률은 어떻게 되는가? 각 공이 검은색일 확률과 흰색일 확률이 동일하다는 것인가? 아니면 검은 공과 흰 공의 모든 조합이 동일한 확률로 나타난다는 것인가?

앞서 살펴봤듯이 둘은 완전히 다른 조건이다. 단지 안에 공이 두 개뿐이라고 할 때, 모든 조합이 동일한 확률로 나타난다면 세 경우(검은 공 두 개, 검은 공 하나와 흰 공 하나, 흰 공 두 개)의 확률은 각각 1/3이 된다. 반면 각 공이 검은색일 확률과 흰색일 확률이 동일하다면, 두 공 다 검은색이거나 흰색일 확률은 각각 1/4에 불과하고, 검은 공과 흰 공이 하나씩일 확률은 1/2이 된다.

단지에 든 공이 많을 때는 차이가 더욱 명확해진다. 100개라고 해보자. 전체 분포에 대한 무지를 가정하면, 검은 공이 하나도 없을 확률은 101분의 1이다. 그러나 각 공이 검은색일 확률과 흰색일 확률이 동일하다고 가정하면, 검은 공이 하나도 없을 확률은 약 10해분의 1(10^{21}분의 1)이다.

우리가 전적으로 무지할 수는 없다는 것이 문제다. 단지에 든 공의 전체 분포에 무지하다는 말은, 다음 공이 흰색일 확률을 어느 정도 안다는 말이 된다. 반대로 다음 공이 흰색일 확률에 무지하다는 말은, 단지에 든 공의 전체 분포를 어느 정도 안다는 말이 된다.

이 문제를 해결하기 위해 고려할 수 있는 것이 초사전확률이다. 즉, 지금은 특정한 모수(모집단의 특성을 나타내는 값)를 모르는 데 그치지 않고 아예 어떤 모수를 사용해야 할지 모르는 상황이다. '단지에 든 검은 공의 개수'라는 모수를 사용할 것인가, 아니면 '임의의 공이 검은색일 확률'이라는 모수를 사용할 것인가? 이때 '어느 모수를 사용할 것인가'를 말해주는 상위 수준의 모수를 **초모수**hyperparameter라고 하며, 어떤 초모수를 사용할지에 대한 사전 믿음을 **초사전확률**hyperprior이라고 한다.

어떻게 보면 우리가 어떤 세상에 살고 있는지에 관한 불확실성을 나타내는 개념이다. 예를 들어, 베이즈 방식으로 설계된 아주 간단한 AI가 숨바꼭질 게임을 한다고 하자. 게임의 상대방은 나무 뒤에 숨거나 벽 뒤에 숨거나 둘 중 한 행동을 한다. AI는 일단 두 경우의 사전확률을 똑같이 설정한다. 게임을 1,000번 한 결과 그중 800번은 상대방이 벽 뒤에 숨었다고 하자. AI는 통상적인 베이즈 방식으로 사전확률을 갱신하고, 이제 매 게임을 시작하기 전 상대방이 벽 뒤에 숨을 확률을 80퍼센트로 추정한다.

그런데 뭔가 변화가 생긴다. 그다음 게임을 100번 했는데 80번은 상대방이 나무 뒤에서 나타난 것이다.

아주 단순한 베이즈 학습 모델이라면 새 데이터를 기존 데이터에 포함시켜 벽 뒤에 숨을 확률을 75퍼센트로 조정하는 데 그칠 것이다. 혹은 더 정교한 모델이라면 최근 데이터에 더 큰 가중치를 두어 벽 뒤에 숨을 확률을 더 낮게 잡을 수도 있다.

아니면 세상이 바뀌었음을 받아들일 수도 있다. 상대방이 나무를 벽보다 선호하는 새 모델을 만드는 것이다. 세상에 두 가지 상태가 있음을 인식하고, 한 모델에 의거한 예측이 잘 맞지 않는다는 증거가 나타나면 다른 모델로 전환할 태세를 갖춘다. 다시 말해 상대방이 거듭하여 나무 뒤에 숨으면, 세상이 바뀌었을 확률을 높여 잡고 '나무 우선 모델'을 채택하는 쪽으로 조정한다.

이것이 초사전확률이다. 초사전확률은 세상의 형태에 대한 상위 수준의 예측으로, 하위 수준의 사전확률을 제약하고 보완하는 역할을 한다. 일반적인 사전확률과 비슷하지만, 우리가 어느 쪽 세상에 살고 있다는 데 확률을 부여하는 것이다.

다중 가설

어떤 사람이 자신이 초능력자라고 주장한다고 하자.[18] 그의 주장을 얼마나 믿을 수 있을까? "그리스도의 자비를 빌어 간청하건대 여러분이 틀렸을 가능성도 생각해보십시오"라고 말한 올리버 크롬웰(그리고 데니스 린들리)의 견해처럼, 그가 옳을 가능성을 완전히 0으로 보는 것은 잘못이다.

하지만 다른 한편으로, 그가 옳을 가능성이 별로 없는 것도 사실일 것이다.

당신이 어떤 사람을 만났다고 하자. 그는 자기가 사람의 마음을 읽을 수 있다면서, 당신이 1에서 10 사이의 숫자를 적으면 보지 않고 맞힐 수 있다고 주장한다. 그가 숫자를 몇 번 맞혀야 당신이 그의 말을 믿게 될까?

순전히 우연으로 숫자를 맞힐 확률은 10분의 1이다. 따라서 설령 두 번 연속으로 맞혀도 진짜 초능력자일 가능성은 희박하다고 당신이 생각한다면, 당신은 그의 주장이 옳을 사전확률을 아마 100분의 1보다 훨씬 낮게 보고 있을 것이다. 어쩌면 열 번은 연속으로 맞혀야 그가 초능력자일 가능성을 당신이 어느 정도 인정할지도 모른다. 그렇다면 당신은 사전확률을 100억분의 1 정도로 보는 셈이다.

그런데 E. T. 제인스는 꼭 그렇지도 않다고 지적한다. 그런 상황에서는 열 번 연속으로 맞힌다고 해도, 심지어 천 번 연속으로 맞힌다고 해도 당신이 초능력의 존재를 믿게 되기는 어렵다는 것이다.

1940년대 초, 영국의 초심리학자 새뮤얼 솔은 초능력의 증거를 발견했다고 주장했다.[19] 카드 맞히기 게임에서 두 명의 참가자가 우연이라고 보기 어려울 만큼 자주 정답을 맞혔다는 것이다. 한 사람은 20,000번 중 2,980번을 맞혔는데, 우연히 맞힐 것으로 기대되는 횟수는 2,308번이었다. 또 한 사람은 9,410번을 맞혔는데, 우연에 의해 기대되는 횟수는 7,420번이었다. 이 두 번째 사람의 성적은 평균에서 표준편차의 무려 25배나 벗어난 값으로, 우주의 일생 동안 매초 실험을 반복해도 우연히 발생하기 어려운 결과였다.

그렇다고 해도 당신은 그 실험 참가자가 정말 초능력자라는 사실을 여전히 믿지 못할 것이다. 그 실험 결과를 설명할 방법이 '순전한 우연' 아니면 '초능력' 둘뿐이라면, 당신이 눈곱만큼이라도 품고 있던 초능력 존재의 사전확률은 압도적인 증거 앞에 뒤집힐 수밖에 없다. 하지만 실제로는 그렇게 되지 않는다.

또 다른 가능성이 존재하기 때문이다. 순전한 우연도 아니고 초능력도 아닌 제3의 이유로 참가자가 예상 밖의 정답률을 보였다는 설명이 가능하다. 어쩌면 논문이 사기일 수도 있고, 실험 설계가 허술했을 수도 있다. 아니면 이 모든 것이 스케일 큰 장난일 수도 있다.

초능력의 존재에 대한 당신의 사전확률이 앞서 임의로 100억분의 1이라고 가정했을 만큼 극도로 낮기 때문에, 위에서 말한 대체 가설 하나하나가 다 그보다는 훨씬 더 그럴듯할 것이다. 그리고 초능력 가설을 뒷받침할 수 있는 증거라면 대체 가설도 모두 뒷받침할 것으로 짐작할 수 있다.

따라서 애초에 초능력의 존재에 대한 당신의 사전 믿음이 논문이 사기일 가능성에 대한 사전 믿음보다 100배 낮았다면, 아무리 증거를 많이 접해도 그 관계는 그대로 유지될 것이다. 사기의 가능성을 거의 완전히 배제할 수 있는 방식으로 실험이 설계되지 않은 한, 아무리 증거가 많이 나와도 가능성이 희박한 가설이 그보다 그럴듯한 가설을 뛰어넘을 수는 없다.

이 논문의 경우는 아니나 다를까, 새뮤얼 솔이 데이터를 조작한 것으로 드러났다.

다중 가설이 초래하는 문제는, 한 주제를 놓고 사람들의 사전확률이 크게 다른 경우 영원히 합의에 이르지 못할 수도 있다는 점이다. 갑이라는 사람은 초능력이 존재할 만하다고 생각하고 을은 그렇게 생각하지 않는다면, 갑의 사전확률은 물론 을보다 훨씬 클 것이다. 두 사람이 초능력의 엄청난 증거를 접했다고 하자. 예컨대 누군가가 1에서 10 사이의 숫자를 100번 연속으로 맞혔다고 하자. 이때 만약 가능한 가설이 우연과 초능력 둘뿐이라면, 두 사람의 사전확률은 압도적인 데이터에 파묻혀버릴 것이다. 그러나 두 사람이 가령 우연, 초능력, 사기라는 다중 가설을 품고 있다면 어떨까. 엄청난 증거에 의해 우연 가설은 가능성이 거의 소멸해버리겠지만, 갑에게는 초능력이 가장 유력한 설명으로 떠오를 것이고, 을에게는 사기가 가장 유력한 원인으로 부상할 것이다.

이는 현실에 시사하는 바가 많을 수밖에 없다. 가령 '백신이 자폐증을 유발한다'거나 '인간이 기후변화를 실제로 유발하고 있다'는 가설이 있고, 사람들이 저마다의 사전확률을 부여한다고 하자. 두 사람이 있는데 한 사람은 가설이 옳을 가능성이 높다고 생각하고, 다른 한 사람은 그렇지 않다고 생각한다.

두 사람에게 같은 증거를 제공했다고 하자. 이를테면 BBC 뉴스 웹사이트에 실린 '연구 결과 MMR 백신 도입 이후 자폐증 유병률이 급증하지 않은 것으로 밝혀졌다'는 기사나, '연구 결과 지구 온도가 점점 높아지고 있으며 대기 중 이산화탄소 농도 증가와 추이가 비슷한 것으로 밝혀졌다'는 기사다.

앞의 초능력 예시에서처럼, 증거에 대해 유일하게 가능한 설명이 가설이 맞다거나 틀리다는 것이라면 증거로 인해 두 사람의 의견은 가까워져야 한다. 그러나 여기엔 또 다른 가설이 존재한다. 정보 출처를 신뢰할 수 없다는 가설이다. MMR 백신이 자폐증을 유발한다거나 기후변화가 허구라고 강하게 믿는 사람은, 증거로 인해 상대방의 믿음 쪽으로 더 기우는 것이 아니라 '이래서 BBC를 믿을 수 없는 거야'(혹은 BBC에 논문 링크가 나와 있으면 '이래서 과학계를 믿을 수 없는 거야')라는 입장을 더 강하게 취하게 된다. 씁쓸한 사실은, 그 사람에게는 그게 합리적인 행동이라는 점이다.

AI와 베이즈

인공지능AI은 기본적으로 불확실한 것의 예측을 시도하는 프로그램이다. 이 책을 여기까지 읽은 독자라면 AI가 근본적으로 베이즈 방식을 따른다는 말이 놀랍지 않을 것이다. 학부 AI 전공 과정에서 쓰는 표준 교과서인 《인공지능: 현대적 접근방식》이라는 책의 표지에는 토머스 베이즈의 초상화가 실려 있고, "베이즈 규칙은 AI 시스템의 불확실한 추론을 위한 현대적 접근법 대부분의 근간을 이룬다"는 언급이 적혀 있다.[20]

'베이즈 기계학습'이라고 하여 베이즈 규칙을 명시적으로 적용한 구조로 설계된 기계학습 방식도 있다. 그런데 내가 이야기하려는 건 그게 아니다. 내가 하려는 말은, 앞에서 보았듯이 베이즈 정리가 사실상 의사결정과 동의어이므로, 모든 기계학습 및 AI 시스템은 베이즈 방식일 수밖에 없다는 것이다.[21]

쥐, 개, 사자의 사진을 식별하는 아주 단순한 AI를 생각해보자. 불과 몇 년 전만 해도 놀랄 일이었겠지만, 요즘은 대단한 일이 아니다. (2017년에 내가 첫 책을 쓰면서 전문가들을 인터뷰할 때만 해도 AI가 개와 고양이를 확실히 구분할 수 있다는 사실이 상당히 신기했다. 이제는 스마트폰 사진첩에서 개, 아기, 해변 등의 사진을 검색하면 순식간에 전부 찾아준다.)

이 AI가 하는 일을 아주 단순화하여 나타내면 다음과 같다.

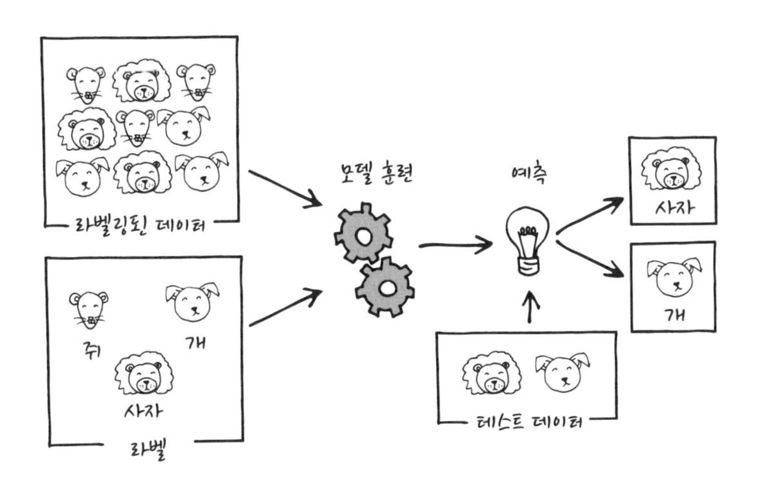

수천 장에서 수백만 장의 쥐, 개, 사자 사진에 각각 쥐, 개, 사자로 라벨을 붙여 AI에게 준다('라벨링된 데이터'). AI는 이 데이터를 이리저리 굴려가며 훈련한다. 훈련이 다 끝나면 새로운 사진을 주고 식별하게 한다('테스트 데이터'). AI는 주어진 사진에 대해 최선의 추측을 내려 쥐, 개, 사자로 라벨을 붙인다. 이와 같은 AI 학습 모델을 '지도 학습'이라고 한다. 이때 AI가

하는 일은 훈련 데이터에 라벨을 붙인 사람들이 테스트 데이터에 어떻게 라벨을 붙일지 예측하는 것이다.

물론 딱 봐도 베이즈 방식이라는 게 거의 자명하다. 사진을 보기 전에 AI는 3분의 1, 즉 $p \approx 0.33$의 주관적 사전확률로 사자 사진이라고 추정할 것이다. 사진을 보고 새로운 정보를 얻은 후에는 확률을 $p = 0.99$ 등으로 갱신한다. 사전확률, 가능도, 사후확률이다.

더 구체적으로 살펴볼 수도 있다. 이미지 식별보다 더 단순한 예로 그래프를 생각해보자. AI가 하는 일은 그래프상에서 점들의 위치를 파악해 점들을 최적으로 연결하는 직선을 구하는 것이라고 하자. 사실 AI가 필요 없는 작업이다. 선형 회귀라고 하는, 프랜시스 골턴도 매우 익숙했던 통계 기법이다. 하지만 AI의 원리도 똑같다.

사람들의 발 크기와 키를 그래프로 나타낸다고 하자. 무작위로 추출된 여러 사람의 집단에 대해 키와 발 크기를 측정해 좌표 위에 표시한다. X축은 발 크기, Y축은 키다. 예상대로 키가 큰 사람이 평균적으로 발도 더 크지만, 변동이 어느 정도 있다. 따라서 점들은 우상향하는 추세를 보인다.

AI의 목표는 점들을 관통하는 직선을 그리는 것이다. 눈으로 적당히 그릴 수도 있지만, 최소제곱법이라는 정립된 방법이 있다. 좌표 위에 직선을 그리고 직선에서 각 점까지의 수직 거리를 잰다. 이 거리를 오차라고 한다. 각 점의 오차를 제곱하여 모두 양수로 만든다. (음수를 제곱하면 양수가 된다.) 모든 점의 오차 제곱을 합한다.

이 값이 오차 제곱의 합이다. 그 값이 최소가 되는 선을 구하면 된다. 그러면 점들과의 평균 거리가 가장 짧은 선이 나온다.

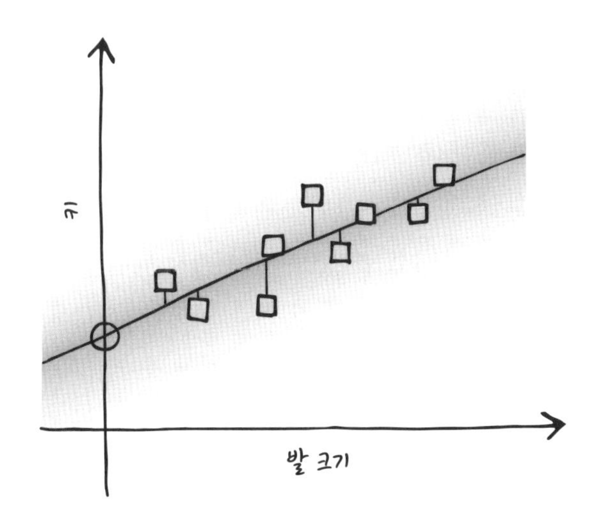

이때 좌표상의 점들이 AI의 훈련 데이터다. 훈련은 물론 베이즈 방식으로 이루어진다. 처음에는 수평선, 즉 균일한 사전분포로 시작한다. 이후 데이터가 점의 형태로 추가될 때마다 선이 움직이면서 사후분포를 나타내고, 사후분포는 다음 데이터에 적용할 사전분포가 된다.

이제 AI는 예측을 할 수 있다. 예를 들어 AI에게 어떤 사람의 발 크기를 주고 키를 추측하게 한다고 하자. 그러면 X축을 따라 예컨대 270mm 등의 해당 발 크기까지 이동한 다음 최소제곱선까지 올라가기만 하면 된다. 그때 Y값이 그 사람의 키에 대한 AI의 최선의 추측이다. 추측의 신뢰도는 훈련 데이터의 양과 데이터의 분산 정도에 따라 달라진다. 데이터가 많이 흩어져 있을수록 추측의 신뢰도는 낮아진다.

실제 AI가 하는 일이 대략 그런 것이다. 물론 '발 크기'와 '키'처럼 단순한 변수 대신 수백에서 수천 개의 매개변수를 가지고 훨씬 더 복잡한 작업을 수행하지만, 기본 개념은 똑같다. 즉, 보유한 훈련 데이터를 이용해 주어진 매개변수에 해당하는 다른 매개변수의 값을 예측하는 것이다.

AI의 훈련은 한 번만 이루어지고 테스트 데이터는 사전확률에 영향을 미치지 않는 경우가 많다. 하지만 꼭 그래야 할 필요는 없다. AI가 훈련 데이터를 새로 접할 때마다 계속 갱신되는 방식도 얼마든지 가능하다. 매번 선이 그려진 형태가 곧 사전확률이고, 새로운 데이터 포인트가 곧 가능도이며, 둘이 합쳐져 새로운 사후확률이 도출된다. 새로 추가되는 점이 선에서 멀수록, 즉 예측된 위치에서 멀수록 AI 모델은 데이터에 더 '놀라고', 그에 따라 자신의 예측을 더 많이 갱신한다. (선이 선명하다기보다 중심에서 멀어질수록 흐려지는 뿌연 형태라고 보면 된다.)

지금까지는 선이 직선이라고 가정했다. 하지만 꼭 직선일 필요는 없다. 그래프는 곡선에 더 잘 맞아떨어지는 경우가 많다. 예를 들어 Y축에 '세계 코로나 누적 확진자 수', X축에 '시간'을 나타낸 그래프를 생각해보자. 시작점은 2019년 11월이라고 하자. 이때 가장 적합한 선은 지수 곡선이다. 확진자 수가 며칠마다 두 배로 늘었기 때문이다. 그 밖에도 S형 곡선, J형 곡선, 사인 곡선 등 다양한 형태의 곡선이 데이터에 적합할 수 있다. AI 모델에 직선을 그리도록 임의적인 요구를 해도 안 될 것은 없지만, 부적절한 결과가 나오기 쉽다. 곡선이 데이터를 충분히 설명하지 못하는 '과소적합underfitting' 상태가 될 수 있다.

반대로 정교한 AI라면* 곡선을 구불구불하게 그려서 훈련 데이터의 모든 점을 완벽히 관통시킬 수도 있다. 오차 제곱의 합을 0으로 만드는 것이다. 그러나 그렇게 하면 데이터를 초래한 실제 원인을 설명하기는 어렵고, 새로 들어오는 데이터는 AI가 그린 요상한 곡선에서 크게 벗어나기 쉽다. 곡선이 '과대적합overfitting'하게 그려진 상태다.

그렇다면 문제는 AI에게 곡선을 구불구불하게 그릴 자유를 얼마나 허락할 것인가 하는 것이다. 이 자유도는 앞에서 언급한 '초모수'와 유사하다. 최적의 곡선이 무엇이냐 하는 단순한 문제 외에, 곡선이 얼마나 구불구불해야 하느냐 하는 상위 수준의 문제를 풀어야 하는 상황이다. AI가 그런 매개변수에 대해 가지고 있는 사전 믿음이 바로 초사전확률이다. 그리고 다른 조건이 동일할 때 AI는 두 곡선 중 더 단순한 쪽을 선택하게 되어 있는 경우가 많다. 단순성과 일치성을 절충하는 것이다. 앞에서 오컴 사전확률을 설명할 때 나왔던 내용과 같다.

---

* 대부분의 현대 AI에서 기본으로 사용하는 신경망 구조의 경우는 데이터 포인트의 수보다 '매개변수', 즉 노드 간 연결의 수가 더 많아야 한다. 그러면 모든 점을 구불구불 통과하는 선을 그릴 수 있다.

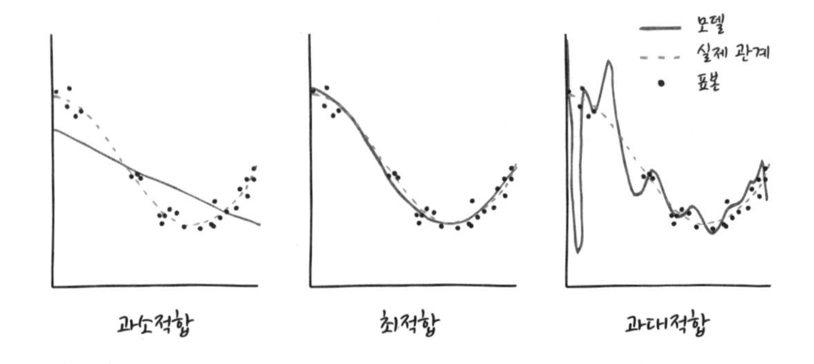

영상의학용 AI가 촬영 영상에서 암을 판별할 때도 마찬가지고, 땅콩잼 샌드위치를 실수로 VCR에 끼워넣은 남자가 등장하는 단편소설을 챗GPT가 킹 제임스 성경 문체로 작성할 때도 마찬가지다. 모두 베이즈 방식으로 작업을 수행한다. 다시 말해 훈련 데이터를 이용해 사전확률을 생성하고, 이를 이용해 미래의 데이터를 예측하고 있는 것이다.

4

세상 속의 베이즈

EVERYTHING IS PREDICTABLE

인간은 비합리적인가?

앞 장에서는 베이즈 정리가 이상적인 의사결정 방식이라는 점을 이야기했다. 만약 우리가 주어진 정보를 모두 다 고려할 수 있다면, 사전확률을 딱 적절히 설정해놓고, 새로 얻은 정보에 맞추어 적절히 갱신할 수 있을 것이다. 실제로는 불가능한 일이다. 하지만 우리는 뭔가 결정을 계속 내리고 있으니 어느 정도는 제대로 하고 있는 셈이다. 그렇다면 우리는 베이즈 추론을 얼마나 잘 수행하고 있을까?

최근 수십 년 동안 인간의 비합리성을 보여주는 연구가 많이 나왔다.* 가장 유명한 것은 아마 이스라엘 심리학자 대니얼 카

• 결정이론가들이 말하는 '합리성'은 주어진 목표를 달성할 가능성이 가장 높다는 의미다. 목표가 돈을 버는 것이든, 세계 평화를 이루는 것이든, 껌으로 수십 미터 높이의 탑을 쌓는 것이든 상관없다. 어리석어 보이는 행동이라 해도 얼마든지 '합리적'으로 할 수가 있다.

너먼과 아모스 트버스키의 연구일 것이다. 카너먼은 이 연구로 노벨 경제학상을 받기도 했다(트버스키는 사망한 후였고, 노벨상은 사후에는 수여하지 않게 되어 있다).

한 예로, 우리는 특정 상황에서 위험을 판단하는 데 매우 서툴다는 것이 밝혀졌다. 1978년에 발표된 유명한 연구에 따르면,[1] 우리는 어떤 나쁜 일이 일어날 가능성을 추측하라고 하면 기저율이나 유병률 등을 고려하기보다는 '그런 예가 얼마나 쉽게 떠오르는가?' 같은 쉬운 기준을 근거로 삼는 경향이 있다. 그런 습관을 가리켜 **가용성 휴리스틱**availability heuristic이라고 한다. 그 때문에 우리는 따분한 위험보다는 극적이고 인상적이며 뉴스거리가 될 만한 위험이 더 자주 발생한다고 생각하는 경향이 있다. 이를테면 일상적 사고보다 테러로 죽는 사람이 더 많다거나 당뇨병보다 에볼라가 더 위험하다고 생각하는데, 이는 실제 수치에서 수백에서 수천 배 차이로 벗어난 오판이다.

우리는 기초적인 논리적 오류를 범하기도 한다. 이를테면 '비에른 보리가 첫 세트를 잃을 것이다'보다 '비에른 보리가 첫 세트를 잃지만 경기를 이길 것이다'가 더 가능성이 높다고 생각한다. 테니스 스타 비에른 보리가 첫 세트를 잃고 경기를 이기려면 먼저 첫 세트를 잃어야 하는데도 말이다. 또 비슷한 예로, '레이건이 미혼모들에게 연방 지원금을 제공하고 지방 정부에 주는 연방 지원금을 삭감할 것이다'가 '레이건이 미혼모들에게 연방 지원금을 제공할 것이다'보다 더 가능성이 높다고 평가한다. 레이건이 두 행위를 모두 하려면 첫 번째 행위를 반드시 해야 하는데도 말이다. (이 예들은 카너먼과 트버스키의 1981년 연구에서 그대로 가져온 것이다.)[2]

앞 장에서 논했던 결정이론을 빌려 설명하면, A와 B가 모두 일어날 확률은 논리적으로 A나 B 중 한쪽이 일어날 확률보다 작거나 같아야 한다. 표기법으로는 $P(A \cap B) \leq P(A)$이다. 비에른 보리가 첫 세트를 잃는 세계의 수는 비에른 보리가 첫 세트를 잃지만 경기를 이기는 세계의 수보다 작을 수 없다. 이 관계를 오해하는 것을 **결합 오류**conjunction fallacy라고 한다.

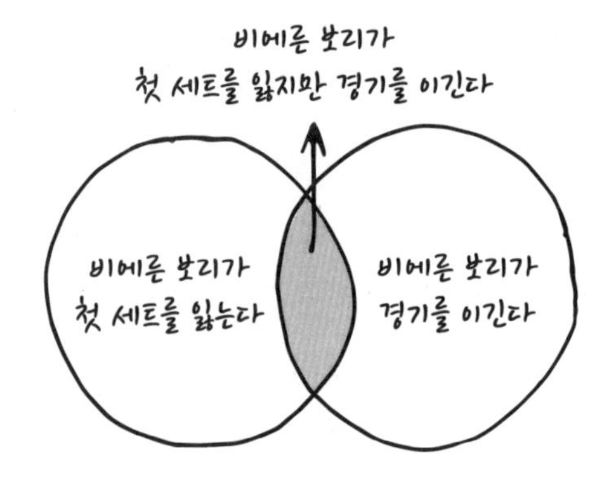

프레이밍 효과framing effect도 사람들의 혼란을 유발한다고 트버스키와 카너먼은 1981년의 또 다른 논문에서 밝혔다.[3] 실험 참여자들에게 이런 질문을 제시한다고 하자. 신종 질병이 발생하여 600명이 사망할 것으로 예상되는데, 두 가지 대처 방법이 있다. 한 방법은 안정적이지만 효과가 제한적이고, 다른 한 방법은 모험적이지만 효과가 완벽할 수도 있다. 첫 번째 방법은

200명을 확실히 살릴 것이고, 두 번째 방법은 600명을 모두 살릴 확률이 3분의 1, 아무도 살리지 못할 확률이 3분의 2라고 제시했다. 그랬더니 응답자의 거의 4분의 3이 확실한 쪽을 선택했다. 그런데 프레이밍(사안을 제시하는 방법)을 뒤집으니 응답률도 반대로 바뀌었다. 첫 번째 방법을 택하면 400명이 확실히 죽을 것이고, 두 번째 방법을 택하면 아무도 죽지 않을 확률이 3분의 1, 600명 모두 죽을 확률이 3분의 2라고 제시했더니, 응답자의 75퍼센트 이상이 모험 쪽을 선택했다.

물론 이 두 프레이밍은 논리적으로 동일하다. '400명이 죽는다'와 '200명이 산다'는 똑같은 결과다. 그런데 어떤 식으로 제시하느냐에 따라 사람들의 관점이 완전히 바뀐 것이다.

이 같은 연구 결과를 토대로 '인간은 얼마나 비합리적인가'라는 주제를 논하는 책들이 상당한 규모의 출판 시장을 형성했다. 대표적인 책으로 댄 애리얼리의 《상식 밖의 경제학》과 스튜어트 서덜랜드의 《비합리성의 심리학》을 꼽을 수 있다. 카너먼의 《생각에 관한 생각》도 빼놓을 수 없다.

이 책들의 논지가 틀렸다는 것은 아니다. 이러한 연구의 대부분은 면밀한 검증을 통과했으며, 2011년 이후 대릴 벰 등의 사건이 불거지고 재현성 위기와 심리학 분야의 통계적 문제점이 드러난 지금도 여전히 건재하다. 위와 같은 식으로 프레이밍된 질문을 받았을 때 사람들은 실제로 일관되지 않고 비합리적인 답변을 하는 것으로 보인다. 댄 애리얼리의 연구는 본인의 2012년 논문이 허위 데이터에 기반한 것으로 드러난 후 질타를 받은 바 있다.[4] 애리얼리는 자신이 직접 데이터를 조작한 것은 부인하면서도, 어떻게 그런 일이 일어났는지는 잘 설명할 수 없다고 말했다.[5] 그런가 하면 앞서 2장에서 재현성 위기를 다루면서 이야기한 것처럼, 카너먼의 책에 인용된 '사회적 점화social priming' 관련 연구 중 다수가 이후에 신뢰를 잃기도 했다. 그러나 사람들의 위험 인식이 프레이밍에 따라 달라진다는 것, 그리고 사례를 얼마나 쉽게 떠올릴 수 있느냐를 기준으로 위험을 오판한다는 것은 확실히 맞는 얘기다.

사람들은 사전확률과 새로운 증거를 명시적으로 결합하는 계산에도 서툴다. 다시 말해, 의식적인 베이즈 추론을 잘 못한다. 당연히 잘해야 할 사람들이라 해도 사정은 마찬가지다. 1978년의 유명한 연구에서는 하버드 의대의 의대생 20명, 전공의 20명, 전문의 20명 등 60명에게 다음 질문을 했다. "유병률이 1/1,000인 질병을 탐지하는 검사의 거짓 양성률이 5퍼센트라고 하자. 어떤 사람의 검사 결과가 양성일 때 실제로 그 질병에 걸렸을 확률은 얼마인가? 증상이나 징후에 관해서는 전혀 모른다고 가정하라."[6]

이 책을 여기까지 읽은 독자라면 알겠지만, 계산은 어렵지 않다. 나는 보통 100만 명 정도의 많은 인원으로 환산해 계산한다. 100만 명 중 1,000명은 그 병이 있고 999,000명은 없다. 999,000명을 검사하면 49,950명이 거짓 양성을 보일 것이다. 병이 있는 1,000명은 모두 올바르게 탐지된다고 가정하면, 검사가 양성으로 나온 사람이 실제로 병이 있을 확률은 2퍼센트에 약간 못 미친다(1,000/(49,950+1,000)≈0.02).

의사라면 반드시 계산할 줄 알아야 할 것 같다. 그러나 이 1978년 연구에서는 응답자 60명 중 단 11명만이 정답을 맞혔다. 11명의 정답자는 각 그룹에 고르게 분포되어 있어서, 의대생이나 전문의나 정답률은 비슷했다. 응답자 중 거의 절반은 95퍼센트라고 대답했다. 기저율을 전혀 고려하지 않은 답변이다.

다른 연구에서도 비슷한 결과가 나왔다. 2011년의 한 논문에서는 산부인과 전공의들에게 다음과 같이 물었다. "여성 1,000명 중 10명이 유방암 환자다. 이 10명의 유방암 환자 중 9명이 양성 반응을 보인다. 유방암이 없는 990명의 여성 중 약 89명도 양성 반응을 보인다. 한 여성이 양성 반응을 보였는데, 자신이 유방암에 정말 걸렸는지, 아니면 걸렸을 확률이 얼마인지 알고 싶어한다. 가장 적절한 답변은 무엇인가?"[7]

질문을 이렇게 제시하면 거의 떠먹여주는 셈이다. 참 양성이 9건, 거짓 양성이 89건 아닌가! 9를 9 더하기 89로 나누기만 하면 답이 나온다. 그럼에도 불구하고, 전공의 약 5,000명 중 26퍼센트만이 정답을 맞혔다.

나는 한때 이 모든 사례에서 얻을 수 있는 교훈이 '인간은 참으로 비합리적이다'라고 생각했다. 하지만 지금은 생각이 좀 바뀌었다. 이상적인 결정은 베이즈적이어야 하는 것이 맞다. 그런데 인간이 대체로 좋은 결정을 내리는 것도 맞다. 대부분의 경우에 우리는 먹을 음식을 찾고, 비를 피할 거처를 찾으며, 자동차에 치이지 않고 잘 다니지 않는가. 그렇다면 우리는 어느 정도 제대로 하고 있는 게 틀림없다. 또, '인간은 너무 편향적이다!'라는 담론에 담긴 의미는 사실 '나 말고 다른 인간들은 너무 편향적이다'인 경우가 많다고 생각한다.

그렇다면 이렇게 봐야 한다. 우리가 애초에 잘 처리할 수 있게 되어 있는 방식으로 정보가 제시된다면, 인간은 굉장히 합리적이다.

적어도 젠스 코드 매드슨은 그런 입장이다. 런던정치경제대학교의 심리학자로 인간의 합리성을 연구하는 매드슨은 이렇게 말한다. "작정하고 앉아서 행동 실험을 교묘하게 설계했다면, 그리고 설계하는 데 두 달이 걸렸다면, 그 실험은 우리의 일상과 괴리된 형태가 아닐까. 어쩌면 인위적인 실험일 것이다. 사람들을 일상에서 관찰해보면, 대체로 아무 문제 없다. 내리는 결정의 한 90퍼센트는 괜찮다. 내가 만약 커피를 사고 싶다면, 얼마든지 카페에 가서 한 잔 살 수 있다."

그는 그 점을 설명하기 위해 조금 다른 예를 든다. 우리가 얼마나 어리석은지 보여주기 위해 만든 유명한 실험이 또 하나 있는데, 피터 웨이슨이 1966년에 고안한 '웨이슨 선택 과제'라고 하는 것이다.[8] 다음은 그중 한 형태다.

테이블 위에 네 장의 카드가 있다. 모든 카드는 한쪽 면에 숫자나 도형이 있고, 다른 쪽 면에는 사람이나 동물이 있다. 지금 보이는 네 개의 면은 토끼, 소녀, 8, 별이다. 그런데 누가 말하길, 한쪽 면이 숫자인 카드는 반대쪽 면이 동물이라고 한다. 그 주장이 맞는지 여부를 확인하려면 어느 카드를 뒤집어야 할까?

잠시 생각해보자!
혹시 정답을 실수로 보지 않도록 여백을 몇 줄 띄워두겠다.

… 두비두밥 …

좋다. 정답을 알아보자. 대부분의 사람은 8과 토끼를 뒤집는다. 숫자와 동물에 관한 주장을 검증하려고 하니 직관적으로 그래야 할 것 같지만, 오답이다. 정답은 8과 소녀다.

단순히 고전적 명제 논리에 따라 그렇게 된다. 우리가 검증하려는 주장은 다음과 같다. 'X(카드 한쪽 면이 숫자다)가 참이면, Y(다른 쪽 면이 동물이다)도 참이다.'

이 주장이 거짓임을 보일 수 있는 방법은 두 가지다. X가 참인데 Y가 참이 아닌 사례를 확인하거나, Y가 참이 아닌데 X가 참인 사례를 확인하면 된다. 따라서 확인해야 할 것은 X인 사례와 Y가 아닌 사례다.

8을 뒤집었는데 동물이 나오지 않으면, '숫자면 동물'이라는 주장은 거짓이 된다. (X이지만 Y가 아니므로.)

또한 동물이 아닌 카드를 뒤집었는데 숫자가 나오면, 역시 '숫자면 동물'이라는 주장은 거짓임이 증명된다. (Y가 아닌데 X이므로.)

한편 동물 카드를 뒤집었는데 숫자가 나오지 않으면, 그것으로는 아무것도 증명되지 않는다. 'X가 아닌데 Y'인 결과로 'X이면 Y'를 반증할 수는 없다.

틀렸더라도 걱정하지 말자. 나는 이 문제를 십여 번 봤지만 항상 맞히기가 쉽지 않았다. 문제를 꼬아놓았다는 것도 알고 어디를 꼬아놓았는지만 기억하면 되는데도 매번 그렇다. 웨이슨의 원래 연구에서는 응답자의 10퍼센트 미만이 정답을 맞혔고, 이후의 재현 실험에서도 비슷한 결과가 나왔다.[9]

이 결과는 인간이 확증 편향에 잘 빠진다는 사실을 보여준다고 해석하는 게 보통이다. 즉, 우리는 기존의 믿음을 지키려는 성향이 있어서 가설을 반증할 증거보다는 입증할 증거를 찾으려 한다는 것이다.

그러나 매드슨은 이 실험이 일종의 함정 문제라고 본다. 그는 이렇게 설명한다. "학생 시절을 떠올려보자. 대학교 파티에 갔는데, 미성년자에게 술을 제공하는 건 불법이다." (참고로 내 경우는 스무 살에 대학에 갔기에 술에 빠져 살았어도 법적으로 문제가 없었지만, 고등학교 때라고 상상해보겠다.)

매드슨이 제시하는 상황은 다음과 같다. 지금 학내 경찰이 파티장으로 오고 있다. 당신 앞에 친구 네 명이 있는데, 모두 뭔가를 마시고 있다. 그중 두 명은 나이를 안다. 한 명은 16세, 한 명은 21세이다. 하지만 무엇을 마시고 있는지는 모른다. 다른 두 명은 무엇을 마시고 있는지 안다. 한 명은 오렌지 주스를, 한 명은 맥주를 마시고 있다. 그런데 나이는 모른다.

웨이슨 선택 과제와 완전히 동일한 상황이라는 것을 간파했는지? 다음과 같이 네 장의 카드로 나타낼 수 있는 상황이다.

당연히 16세 친구가 마시는 음료와 맥주를 마시는 친구의 나이를 확인해야 할 것이다. 매드슨은 "그 상황에서는 누구나 정답을 맞힌다. 스물한 살 친구가 데킬라를 마시건 말건, 오렌지 주스를 마시는 친구가 열여섯 살이건 아니건 상관없다"라고 말한다. 그냥 직감으로 하는 말이 아니고, 학생들에게 시험해보았는데 위와 같이 구체적 상황으로 제시하면 모두 정답을 맞혔다고 한다. "경찰이 파티를 중단시키는 불상사를 막으려면 그 두 사람만 확인하면 된다"고 다들 대답한다는 것이다. 1992년에 진화심리학자 두 명이 이와 비슷한 연구를 했을 때도 응답자의 75퍼센트가 정답을 맞혔다.[10] 반면 똑같은 문제를 추상적 상황으로 제시했을 때는 정답률이 4분의 1에 미치지 못했다.

매드슨은 "웨이슨 선택 과제는 우리가 얼마나 비합리적인지 보여주는 예로 교과서마다 언급하고 있다"면서 "하지만 우리가 정말 비합리적인가? 자연스러운 생태 환경을 배경으로 문제를 제시해도?"라고 묻는다.

"효과를 드러내기 위해 문제를 엄청나게 추상적인 방식으로 제시해야 한다면 정말 효과가 있는 게 맞는가, 아니면 지엽적인 현상에 불과한가? '내가 특별히 잔뜩 꼬아서 매우 추상적으로 설계한 과제를 해결하지 못했으니 당신은 확증 편향에 사로잡혀 가설을 반증하지 못한 사람'이라고 하는 건 너무 박한 평가인 것 같다. 더군다나 자연스러운 환경에서는 사람들이 백발백중으로 해내지 않는가."

맞는 말인 것 같다. 인간은 익숙한 형태로 추론할 때 실제로 추론을 꽤 잘한다. 스티븐 핑커는 남아프리카의 수렵채집 부족인 산족(일명 부시먼)의 이야기를 전한다. 인류학자 루이스 리벤버그의 연구에서 가져온 내용이다.[11] 남아프리카의 수렵채집 부족이 베이즈 추론을 일상적으로 한다고 하면 다소 의외일 수도 있겠지만, 핑커는 그게 사실이라고 말한다.

호저의 발뒤꿈치에는 발볼록살(발바닥에 볼록하게 돋아난 살)이 두 개 있고, 벌꿀오소리의 발뒤꿈치에는 발볼록살이 하나 있다. 동물의 발자국에는 발볼록살이 모두 찍히는 게 보통이지만, 땅이 딱딱하거나 할 때는 일부만 찍히기도 한다. 산족은 벌꿀오소리가 발볼록살이 하나 찍힌 발자국을 남길 확률(표집확률)은 높아도, 발볼록살이 하나 찍힌 발자국이 벌꿀오소리의 것일 확률(역확률)은 낮다는 것을 안다. 발볼록살이 하나 찍힌 발자국은 호저의 것일 수도 있으니까. 더 나아가 산족은 사전확률도 고려한다. 모호한 발자국을 발견하면 보기 드문 동물보다 흔한 동물의 발자국일 가능성이 높다고 생각한다. 정확한 베이즈 추론 방식이다.

현대 생활에서도 우리는 추론을 꽤 잘하는 편이다. '인간은 참 비합리적이다' 류의 함정 중 흔히 볼 수 있는 유형 또 하나는, 똑같은 내용의 연설도 자신이 좋아하는 정치인이 한 것이라고 했을 때와 싫어하는 정치인이 한 것이라고 했을 때 반응이 완전히 달라진다는 것이다.

그러나 그건 빈도주의적 사고방식이라고 매드슨은 지적한다. 현재 주어진 증거만으로 결정을 내려야 한다는 전제가 깔려 있다는 것이다. 사실 정치인의 인품에 대한 각자의 사전 믿음에 비추어 정치인이 내놓는 정책을 평가하는 것은 완벽히 합리적인 행동이다. 매드슨은 공저자들과 함께 2016년에 발표한 논문에서, 특정 정치인이 어떤 정책을 지지하거나 반대할 때 그 정책이 좋을 것으로 예상하는지 미국 유권자들에게 물었다.[12] 조사에서 거명된 정치인은 대선 예비선거에서 가장 두각을 나타낸 후보 다섯 명, 즉 민주당의 힐러리 클린턴과 버니 샌더스, 공화당의 젭 부시, 마코 루비오, 도널드 트럼프였다.

응답자 252명에게 후보자들의 신뢰도와 정치적 전문성을 평가하도록 했다. (참고로, 샌더스가 신뢰도에서 최고점을, 클린턴이 전문성에서 최고점을, 트럼프가 두 부문에서 모두 최저점을 기록했다.) 그런 다음, 해당 정치인이 지지하거나 반대한 어떤 정책이 있다고 하면서 정책의 내용을 밝히지 않고 그에 대한 의견을 물었다. 예상대로, 정치인의 신뢰도에 대한 사전 믿음이 그 정치인이 지지하거나 반대하는 정책의 평가에 영향을 미치는 것으로 나타났다. 그러나 더 흥미로운 점은 그 양상이 매우 베이즈적이라는 것이었다. 즉, 사전 믿음이 사후 믿음에 영향을 미치는 정도가 베이즈 모델에 따른 계산과 매우 흡사하게 맞아떨어졌다.

매드슨은 이렇게 평한다. "'그 사람은 믿을 수 없으니 그 사람 정책은 나쁜 정책일 거야'라고 생각하는 셈인데, 그건 비합리적인 생각이 아니다! 우리가 사람마다 다르게 평가한다는 사실을 보여줄 뿐이다."

일반적으로 인간의 각종 편향은 우리가 머릿속에서 쓰는 휴리스틱의 산물로 보는 것이 가장 좋다. 휴리스틱(어림법)이란 엄청나게 복잡한 계산 대신 쓸 수 있는 손쉬운 방법이다. 앞에서 언급한 가용성 휴리스틱도 대부분의 경우에는 잘 작동하리라고 볼 수 있다. 학교 총기 난사 사건처럼 이목을 집중시키는 종류의 위험을 판단할 때는 오작동할 수도 있지만, 일상 생활에서 가령 '이 빨간불을 무시하고 자전거로 지나가면 문제가 생길 가능성이 얼마나 될까?' 같은 판단을 내릴 때는 기저율 등을 따져보는 것보다 훨씬 쉽고 효율적일 것이다. 게다가 정확도도 크게 떨어지지 않을 것이다. 간단한 예로, 공중에 뜬 공을 잡는 상황을 생각해보자. 계산을 통해 이 작업을 수행하려면 어마어마하게 복잡할 것이다. 공의 궤적이 그리는 포물선을 구하고, 낙하할 지점으로 이동하여, 손을 갖다 대고 정확한 타이밍에 오므려야 한다. 작가 더글러스 애덤스는 그 어려움을 이렇게 표현했다.

> 공중을 날아가는 공의 움직임은 수많은 요인에 좌우된다. 던져진 힘의 세기와 방향, 중력의 작용, 공기 마찰로 인한 에너지 소모, 공 표면 주위의 난류, 공이 회전하는 속도와 방향 등이다. 그러나 설령 3×4×5의 계산을 어려워하는 사람이라 해도, 미적분을 비롯한 그 수많은 계산을 엄청난 속도로 수행하여 날아오는 공을 실제로 잡아내는 데 어려움이 없다.[13]

물론 우리가 그런 작업을 하진 않는다. 야구 외야수가 높이 뜬 공을 보고 뛰기 시작할 때는 머릿속으로 미적분 계산을 하는 게 아니다. 그때 외야수는 **응시 휴리스틱**gaze heuristic이라고 하는 간단한 방법을 쓴다. 심리학자 게르트 기거렌처는 이렇게 설명한다. "공에 시선을 고정하고 달리기 시작하면서, 시선의 각도가 일정하게 유지되도록 달리는 속도를 조절한다."[14] 이 과정에 계산은 전혀 개입되지 않는다. 실험에 따르면 인간 외의 동물도 같은 방법을 사용한다. 개들도 던진 원반을 낚아챌 때 시선의 각도를 계속 일정하게 유지한다는 것이다.[15]

공을 잡는 선수들이 이런 방법을 쓴다는 것은 관찰해보면 쉽게 알 수 있다. 만약 선수들이 탄도 방정식을 재깍 풀어서 공의 낙하 지점을 예측했다면, 낙하 지점을 향해 곧장 전속력으로 달려가 공을 기다렸을 것이다. 그러나 실제로는 달리는 속도를 계속 조절해가며 시선의 각도를 유지하고, 이동 경로도 약간 곡선을 그린다.

이 앙각 휴리스틱은 실제로 궤적을 계산하는 것 못지않게 정확하면서도 연산이 훨씬 간단하다. 영국 공군은 제2차 세계대전 중 앙각 휴리스틱을 사용하면 전투기로 폭격기를 요격하는 데 유용하고, 계산을 하는 것보다 훨씬 빠르다는 사실을 발견했다. 사이드와인더 AIM-9 같은 유도 미사일은 이 방법을 사

용해 적기를 격추한다.[16]

인간이 불확실한 상황에서 결정을 내릴 때 쓰는 방법도 이와 비슷하다. 간단한 휴리스틱을 사용하면 조건부확률을 계산하는 것보다 훨씬 수고가 덜 들고 시간도 덜 걸린다. 때때로, 특히 인위적인 실험 조건하에서 그런 휴리스틱이 오작동하여 오판을 유발하기도 하는데, 그럴 때 우리는 거기에 '편향'이라는 이름을 붙인다.

매드슨은 "그런 것들이 수없이 많다"면서 "뭔가 새로운 게 관찰되면 새로운 휴리스틱을 또 찾았다고 한다. 하지만 전체를 아우르는 이론은 없다. 다윈 이전 생물학과 비슷한 양상이다. 게다가 휴리스틱끼리 서로 모순된다"고 말한다. 예를 들면 **최근성 편향**이라고 하여, 최근 접한 증거에 비중을 많이 두는 현상이 있다. 하지만 **닻 내리기 효과**라는 것도 있는데, 처음 본 정보에 생각이 좌우되는 경향이다. 그런가 하면 가장 자주 본 것을 중요시하는 **빈도 편향**도 있다. "최근성은 최근에 본 것이고, 닻 내리기는 처음 본 것이고, 빈도는 가장 자주 본 것인데, 인간의 결정이론이 그 셋을 다 쓴다는 말인가?"

매드슨은 이어서 말한다. "우리가 항상 합리적이라는 말이 아니다. 우리가 빠지는 함정이 있을 수 있다. 확증 편향은 정말 심각하다거나, 결합 오류는 사소하다거나 할 수 있다. 어쨌든 그런 것들이 지엽적으로 행동에 얼마나 영향을 미치느냐 하는 문제일 뿐이다. 어쩌면 우리가 엄청나게 비합리적이어서 시종일관 잘못된 판단을 하고 다니는지 모르지만, 나는 그렇게 생각하지 않는다."

물론 인간이 비합리적인 선택을 하는 구체적 사례들이 분명히 있다. 고전적인 예로 미국에서 9·11 테러 직후 몇 달 동안 비행기 탑승을 꺼려 장거리 운전을 택하는 사람이 대폭 늘어난 현상이 있다. 비행이 운전보다 훨씬 안전하기에, 2009년의 한 논문에 따르면[17] 그로 인해 교통사고 사망자 수가 약 2,300명 늘었을 가능성이 있다. 9·11 테러 자체로 인한 사망자 수의 약 2/3에 해당하는 수다. 그리고 내 정치적 편향 때문일 수도 있겠으나, 희박하지만 이목을 끄는 테러의 위험을 줄이기 위해 수조 달러를 들여 이라크와 아프가니스탄을 침공하고, 훨씬 더 크지만 눈앞에 잘 그려지지 않는 팬데믹의 위험을 줄이는 데 거의 돈을 쓰지 않은 결정은 당시에도 비합리적이었고 지금 돌이켜봐도 비합리적이었다고 생각한다.

하지만 불확실한 상황에서 결정을 내리기란 어려운 일이다. 모든 정보를 구할 수도 없을 뿐더러, 가진 정보를 모두 베이즈 공식에 통합해 넣는 것도 연산 능력상 불가능하다. 대신에 우리는 손쉬운 방법과 휴리스틱을 사용한다. 그런데 우리가 본능적으로 내리는 결정은 베이즈 관점에서 볼 때 그리 나쁘지 않은 듯하다.

가령 백신 회피 현상 같은 것도 그렇다. 애초에 공중보건 체계에 대한 신뢰가 낮은 사람은 사전적으로 백신을 불신할 것이고, 공중보건 전문가들이 증거를 새로 내놓는다고 믿음을 많이 갱신하지는 않을 것이다. 다시 말해, 그 사람의 사전확률을 고려하면 완벽히 합리적인 판단이다. 그 사람의 생각을 바꾸고자 한다면 공중보건 체계에 대한 신뢰를 키워주는 편이 효과적이다. 백신의 안전성을 주장하는 공중보건 전문가들의 명단을 보여줘서 될 일이 아니다. 매드슨은 "사전확률이 엉망으로 설정된 사람도 있을 수 있다"면서 "괜찮다. 그래서 베이즈가 훌륭한 도구인 것이다. 바로 그 부분을 이해하고 가야 하니까"라고 말한다.

"여러 베이즈 연구에서 발견되는 사실은, 좋은 일인지 나쁜 일인지 모르겠지만, 사람들이 완벽하진 않아도 기본적으로 합리적이라는 것이다. 대체로 별 문제 없다. 그리고 그건 별로 끌리는 얘기가 아니다. 책이 많이 팔릴 만한 소리가 아니다. 하지만 나는 끌리지 않아서 오히려 끌리는 얘기라고 생각한다. 우리가 합리적인 사람들이라는 말 아니겠는가. 휴리스틱이나 편향 연구하는 사람들이 가끔 하는 말처럼 우리가 완전히 엉망진창이라면, 지금까지 인류가 이룬 것들을 과연 어떻게 이룰 수 있었겠는가? 복잡한 시스템을 만들고 초고층 빌딩을 짓고 하는 일을? 대체로 볼 때, 우리는 애매한 부분도 있고 약점도 있지만 그런 대로 괜찮다."

그렇다고 해도 확률을 명시적으로 따지는 일이라면 인간이 항상 그리 잘하지는 못하는 게 사실이다. 다음 절에서 그 점을 살펴보고, 그 뒤에서는 더 잘하려고 노력하는 사람들의 이야기를 해보겠다.

몬티의 난감한 거래

지금까지 알아본 것처럼 인간은 암묵적이고 무의식적인 추론에는 능한 편이다. 하지만 형식적이고 명시적인 확률적 사고가 요구되는 상황에서는 휴리스틱이 착각을 낳는다는 것도 분명한 사실이다. 아예 정답을 또박또박 설명해줘도 도저히 받아들이지 못하는 경우마저 발생하는데, 심지어 전문가들조차 예외가 아니다.

미국 TV에는 〈거래를 합시다Let's Make a Deal〉라는 게임쇼가 있다. 참가자들이 진행자와 이런저런 거래를 하는 내용이다. 최초 포맷의 진행자는 몬티 홀이라는 사람이었다. 거래는 '일정액의 상금'을 받거나 '상자에 든 미지의 상품'을 받거나 둘 중 한쪽을 선택하라고 하는 식이었다. 불확실한 상황에서 베이즈 결정을 내리는 전형적인 예였다.

1975년 캘리포니아대학교 버클리 캠퍼스의 통계학자 스티브 셀빈은 이 게임쇼에 착안한 내용의 기고문을 학술지 〈아메리칸 스태티스티션American Statistician〉에 보냈다.[18] 그가 제시한 상황은 다음과 같다. 몬티가 한 참가자에게 A, B, C 세 상자 중 하나를 고르라고 한다. 한 상자에는 '링컨 컨티넨탈'(아마 큰 자동차라는 것 같다)의 키가 들어 있다. 그 상자를 고르면 차를 상품으로 받는다. 나머지 두 상자는 비어 있다.

참가자는 B 상자를 고른다. 그러자 몬티가 100달러를 줄 테니 상자와 바꾸자고 참가자에게 제안한다. 지금까지 이 책을 읽은 독자라면, 잠깐, 1만 달러 상당의 차를 받을 확률이 3분의 1인데 100달러를 확실히 받는 것보다 기댓값이 높지 않나 하고 생각할 것이다. 참가자도 그렇게 판단하고 몬티의 제안을 거절한다. 몬티가 액수를 500달러로 올리지만, 참가자는 요지부동이다.

이제부터가 흥미로워진다. 몬티가 나머지 두 상자 중에서 A를 연다. 상자는 비어 있다. 몬티는 이렇게 제안한다. "이제 상품이 들어 있는 상자는 C 아니면 당신이 고른 B다. 둘 중 하나이니, 당신의 상자에 상품이 들어 있을 확률은 이제 1/2이다. 1,000달러와 당신의 상자를 바꾸자."

참가자는 이번에도 거절하더니, 역으로 제안을 하여 몬티를 놀라게 한다. "내가 택한 B 상자를 C 상자와 바꾸겠다." 참가자는 B 상자에 상품이 들어 있을 확률이 1/2이 아니라 1/3임을 깨달은 것이다. 그러므로 상자를 맞바꾸면 상품을 탈 확률이 2/3가 된다.

이 퍼즐은 1990년에 잡지 〈퍼레이드〉의 칼럼니스트 메릴린 보스 사반트(IQ 230을 기록해 '세계에서 가장 머리 좋은 여성'으로 알려진 사람이었다)가 독자에게서 받은 편지를 소개하면서 유명해졌다. 퍼즐의 형태는 조금 바뀌었지만, 기본 구조는 동일했다. 보스 사반트가 받은 퍼즐의 내용은 다음과 같았다.

> 당신이 게임쇼에 나가서 세 개의 문 중 하나를 골라야 한다고 하자. 한 문 뒤에는 자동차가 있고, 나머지 두 문 뒤에는 염소가

있다. 당신이 1번 문을 골랐다고 하자. 각 문 뒤에 무엇이 있는지 알고 있는 진행자가 염소가 있는 문 중 하나, 예컨대 3번 문을 연다. 진행자가 묻는다. "2번 문으로 선택을 바꾸시겠습니까?" 선택을 바꾸는 게 유리할까?[19]

보스 사반트는 고민 없이 답을 밝혔다. 셀빈과 같은 생각이었다. 선택을 바꿔야 한다고 했다. 처음 고른 문을 계속 고집하면 상품을 탈 확률이 1/3이지만, 선택을 바꾸면 확률은 2/3가 된다.

이상한가? 대부분의 사람은 이상하다고 생각한다. 화난 독자들의 항의가 빗발쳤다. 그중에는 수학 박사도 여러 명 있었으니, 한 사람은 이렇게 지적했다. "큰 실수를 하셨습니다! … 저는 전문 수학자로서 대중의 수학 실력 부족을 크게 우려하고 있습니다. 잘못을 인정하시고 앞으로는 더 신중해주시기 바랍니다." 또 이렇게 훈계한 수학 박사도 있었다. "다음부터 이런 유형의 문제를 풀 생각을 하시기 전에 기본적인 확률 교과서를 한 권 구해서 참고하시길 권합니다."

20세기의 가장 위대한 수학자 중 한 명인 에르되시 팔도 착각을 피하지 못했다. 이 문제를 접한 에르되시는 이렇게 주장했다. "그럴 리가 없다. 선택을 바꾸든 말든 차이가 있을 수 없다."[20] 대부분의 사람은 확률이 50퍼센트이며 선택을 바꾸든 말든 차이가 없다고 생각한다.

대부분의 사람이 착각한 것이다. 분노한 수학 박사들도 틀렸고, 에르되시도 틀렸다. 보스 사반트와 셀빈이 옳았다. 몬티가 자동차가 있는 문을 알고 있고 항상 자동차가 없는 문을 연다면, 선택을 바꿔야 하는 게 맞다.

이 문제를 직관적으로 이해할 수 있는 방법이 몇 가지 있다. 한 예로, 골라야 할 문이 세 개가 아니라 1,000,000개라고 해보자. 자동차가 숨겨진 문은 하나다. 당신이 문 하나를 고른다. 몬티가 999,998개의 문을 열어 모두 비어 있음을 보여준다. 이제 남은 것은 당신이 처음에 고른 문과 남은 문 하나뿐이다. 어떻게 할 것인가?

이렇게도 생각해볼 수 있다. 몬티가 문을 열기 전, 당신이 맞는 문을 골랐을 확률은 3분의 1이다. 그 경우는 선택을 바꾸면 실패다. 하지만 틀린 문을 골랐을 확률은 3분의 2고, 그 경우는 선택을 바꾸면 성공이다.

또는 이 게임을 300번 했다고 상상해보자. 그중 100번은 맞는 문을 골랐을 것이고, 이때는 선택을 바꾸면 실패다. 하지만

200번은 틀린 문을 골랐을 것이고, 이때는 선택을 바꾸면 성공이다.

어쨌든 여기서 중요한 점은 첫째, 몬티가 자동차가 있는 문을 알고 있다는 것, 둘째, 몬티가 항상 염소가 있는 문을 연다는 것이다. 이 두 가지 조건을 전제하거나 가정한다면 베이즈 규칙을 사용해 쉽게 확률을 계산할 수 있다.

처음에 각 문 뒤에 자동차가 있을 확률은 똑같이 3분의 1이다. 아무 정보가 없으니 어느 한 문의 확률을 높게 볼 이유가 없다. 하지만 몬티가 자동차가 있는 문을 알고 항상 다른 문을 연다면, 몬티의 그 행동이 정보를 주는 셈이니 덕분에 당신은 사전확률을 갱신할 수 있다.

확률 대신 확률비로 나타내면 더 쉽다. 자동차가 1번, 2번, 3번의 각 문 뒤에 있을 확률비는 1:1:1로 똑같다. 당신이 1번 문을 선택한 후에도 물론 변화는 없다.

그때 몬티가 3번 문을 열어 염소를 보여준다. 만약 당신이 맞게 선택해서 1번 문 뒤에 자동차가 있다면, 몬티가 3번 문을 열 확률은 50퍼센트다. 2번이나 3번이나 몬티가 선택할 확률은 같기 때문이다. 하지만 만약 2번 문 뒤에 자동차가 있다면, 몬티가 3번 문을 열 확률은 100퍼센트다. 만약 3번 문 뒤에 자동차가 있다면, 몬티가 3번 문을 열 확률은 0퍼센트다. 따라서 확률비는 1:2:0이 된다. 그 값이 가능도비, 곧 베이즈 인수다.

앞에서 알아봤듯이, 확률비를 이용하면 베이즈 정리를 깔끔하게 적용할 수 있다. 즉, 사전확률비에 베이즈 인수를 곱하기만 하면 사후확률비가 나온다. 1:1:1에 1:2:0을 곱하면 1:2:0이다. 자동차가 있는 문이 3번이 아닌 것은 이미 알고 있었고, 2번일 확률이 1번일 확률보다 두 배 높음을 알 수 있다.

그렇다면 이번에는 상황을 좀 바꿔보자. 몬티가 반드시 비어 있는 문을 연다는 보장이 없거나, 아예 문을 꼭 연다는 보장이 없다면 어떻게 될까. 혹은 몬티가 딱히 전략이 있는지 없는지 알 수 없다면? 가령 몬티가 동전을 던져서 앞면이 나오면 남은 두 문 중 번호가 낮은 문을 연다고 하자. 아니면 몬티가 아예 개입하지 않고, 당신이 결정을 내린 직후 스튜디오에 지진이 일어나 남은 두 문 중 하나가 우연히 열린다고 해도 좋다.

그런 경우는 당신이 고른 문에 대한 정보를 전혀 얻지 못한다. 사전확률비는 이번에도 1:1:1이지만, 두 문 중 3번 문이 우연히 열릴 확률은 당신이 맞는 문을 골랐든 아니든 상관없이 50 대 50이므로, 가능도비가 1:1:0이 되고 따라서 사후확률비도 1:1이 된다. 그렇다면 선택을 바꾸든 그대로 두든 차이가 없다. 물론 지진이나 몬티가 동전을 던진 결과에 따라 자동차가 있는 문이 열렸을 확률도 50퍼센트 있었지만, 운이 없어서 그렇게 되지 않은 상황이다.

이번에도 이 게임을 300번 한다고 상상해보자. 100번은 당신이 맞는 문을 고르고, 몬티가 동전을 던져서 두 개의 빈 문 중 하나를 연다. 이때 당신이 선택을 바꾸면 실패한다. 200번은 당신이 틀린 문을 고른다. 그중 100번은 몬티가 다른 하나의 빈 문을 연다. 이때 당신이 선택을 바꾸면 성공한다. 하지만 나머지 100번은 몬티가 자동차가 있는 문을 열어서 그대로 게임이 끝나버린다. 따라서 게임이 끝나지 않고 계속 진행되는 200번 중 100번은 선택을 바꾸면 성공이고, 100번은 선택을 바꾸면 실패다.

베이즈 추론은 우리가 사용할 수 있는 정보를 모두 활용해야 한다. 우리는 그저 몬티가 문을 열었다는 사실만 아는 게 아니라, 특별히 그 문을 열게 된 알고리즘을 안다(또는 알고리즘이 어떻다고 믿을 만한 이유가 있다). 몬티가 왜 그 문을 열었는지 아는 것이다. 바로 그 정보가 당신의 믿음을 변화시켜 각 문 뒤에 자동차가 있을 확률의 추정값을 변화시킨다. 하지만 그런다는 건 이상하게 느껴진다. 정확도가 95퍼센트인 테스트에서 양성 결과가 나왔을 때 실제로 그 병에 걸렸을 확률이 2퍼센트에 불과할 수 있다는 것만큼이나 이상하다.

이보다 한층 더 기이한(적어도 내게는 그렇게 생각되는) 예가 바로 두 번째로 소개할 '아들 딸 역설'이다. 1959년 미국의 대중 과학 저술가 마틴 가드너가 고안했다.[21] 당신이 한 수학자를 만나서 대화한다. 수학자가 자기는 아이가 둘이라고 한다. 당신이 적어도 한 아이는 아들이냐고 묻는다. (특이한 질문이긴 한데, 문구를 조금만 바꿔도 답이 민감하게 바뀌는 문제라서 정확히 표현해야 한다.) 수학자가 그렇다고 대답한다. 그렇다면 두 아이가 모두 아들일 확률은?

그야 당연히 50 대 50 아니겠는가. 나머지 아이는 딸 아니면 아들 아닌가! 이미 성별을 아는 아이가 아들이든 딸이든 무슨 상관이겠는가! 그런데… 그렇지가 않다. 확률은 이번에도 3분의 1이다.

아마 느껴졌겠지만, 난 이 역설 때문에 답답해 미칠 노릇이다. 그래도 정답은 변함이 없다. 400년 전 페르마와 파스칼이 깨달은 것처럼, 중요한 것은 가능한 경우의 수다(모든 경우의 가능성이 똑같다고 가정하면 그렇다). 아이가 둘이라면 가능한 경우는 네 가지로, 딸-딸, 딸-아들, 아들-딸, 아들-아들이다. 일단은 모두 가능성이 같다고 추정된다.

적어도 한 아이가 아들인 건 아는데 어느 쪽인지 모른다면, 딸-딸의 경우만 제외되고 딸-아들, 아들-딸, 아들-아들의 세 경우가 남는다. 한 아이가 아들이라고 했으니 다른 아이는 딸이거나, 딸이거나, 아들이다. 즉, 미지의 아이는 딸일 가능성이 아들일 가능성보다 두 배 높다. (양자역학도 아니고 한 아이의 성별을 아는 것이 다른 아이의 성별에 영향을 미친다니 나로서는 그 점이 기이하게 생각된다.)

다시 말하지만 단순히 아들이 하나 있다는 사실 이외에도 여러 조건에 민감한 문제다. 만약 첫째가 아들이라는 것을 안다면, 딸-딸과 딸-아들의 두 경우가 제외되고 아들-딸과 아들-아들의 두 경우만 남는다. 이때는 다른 아이가 아들일 사후확률이 50퍼센트가 된다.

또는 수학자가 문득 다가오더니 묻지도 않았는데 자기가 아이가 둘인데 하나는 아들이라고 말했다면 어떻게 될까. 당신은 아마도 '그렇다면 다른 아이의 성별은 전혀 알 수 없군!'이라고 생각하지는 않을 것이다. 나라면 다른 아이가 딸이라고 짐작할 것이다('둘 다 아들'이라고 굳이 말하지 않을 이유가 있나?).

이 문제의 논리 구조는 앞의 몬티 홀 문제와 완전히 동일하다. 하지만 나는 어째서인지 이 문제가 훨씬 더 직관에 어긋난다고 느껴져서, 이 답답함을 여러분과 나누고 싶었다. 나 혼자만 그런 것은 아니리라 생각한다. 많은 사람들이 이런 식으로 확률을 명시적으로 추론하는 문제를 어려워한다. 공 잡기처럼 본능적인 휴리스틱에 의존하지 않고 숫자와 비율을 직접 다루어야 하는 문제에 약한 것이다. 지금부터는 그런 문제를 더 잘 풀려고 노력하는 사람들의 이야기를 해보려고 한다.

슈퍼예측가(1부)

나는 이 이야기를 정말 좋아해서 기회 있을 때마다 한다. 그래서 독자가 혹시 전에 내 글을 읽은 적이 있다면 한 번쯤 들어봤을 수도 있다. 그렇다면 미리 양해를 구한다.

1984년은 냉전이 한창이던 시기다. 소련과 미국은 방대한 핵무기를 비축하고 있었고, 긴장은 최고조에 달해 있었다. 1980년생인 나의 어린 시절은 핵전쟁이 임박했다는 암시 같은 것이 거의 늘 깔려 있었다. 핵전쟁을 묘사한 TV 드라마와 극장

애니메이션, "러시아 사람들도 자기 아이들을 사랑할까"라고 묻는 스팅의 노래 등 그 시기의 문화예술은, 당시 퀸의 노래 가사를 인용하면 "버섯구름의 그림자 아래에서" 만들어졌다.

긴장을 높이는 데 일조했던 것은 앞날의 불확실성이었다. 1964년에 집권한 소련 공산당 서기장 레오니트 브레즈네프가 1982년에 사망하면서, 후임으로 유리 안드로포프가 68세의 나이에 취임했는데 건강 상태가 좋지 않았다. 안드로포프는 1983년 초에 신부전증을 앓았고, 그 후 대부분의 시간을 반혼수 상태로 입원해 있다가 1년 후 사망했다. 다시 후임으로 콘스탄틴 체르넨코가 임명되었는데, 한 역사학자에 따르면 체르넨코는 "정보 보고서를 읽고 판단하기조차 힘들 정도로 좀비처럼 무기력한 노인"이었고,[22] 역시 곧 사망하리라는 예상이 파다했다. 로널드 레이건 행정부는 소련과의 관계 구축에 어려움을 겪고 있었고, 체르넨코의 뒤를 이어 또 다른 강경파가 득세하리라는 예측이 일반적이었다.

고조된 긴장감 속에서 끔찍한 실수마저 속출했다. 1983년 9월, 한국의 대한항공 007편 여객기가 착오로 소련 영공에 진입했다. 모스크바는 요격을 위해 전투기를 출격시켰다가 실수로 여객기를 격추시키고 말았다. 사망한 탑승객 269명 중에는 미국 하원의원도 한 명 있었다.

급기야 핵전쟁 코앞까지 가는 일촉즉발의 상황도 벌어졌다. 매년 가을 NATO(북대서양조약기구)에서는 에이블 아처Able Archer라는 모의 전투 훈련을 실시했다. 전면적 핵 공격 상황을 대비한 서방군의 훈련이었다. 1983년의 훈련은 11월에 있었는데, 예년보다 더 종합적인 규모로 진행되어 실전을 방불케 하는 교신이 이루어졌고 정부 수반들까지 참여했다. 모스크바는 이 훈련을 보고 실제 공격을 숨기기 위한 계략으로 오해해, 폭격기에 핵탄두를 탑재하기 시작했다. 다행히 KGB의 런던 본부에 '잘 심어둔 스파이'가 영국 정보부를 통해 워싱턴에 정보를 전한 덕분에 백악관은 본의 아니게 대참사를 촉발할 뻔한 위기를 무마할 수 있었다.[23]

이런 긴장된 분위기 속에서 미국 국립과학원 산하의 전미연구평의회NRC에서는 지원금을 받아 '핵전쟁 방지'라는 임무를 수행할 위원회를 구성했다. 참여한 위원 중에는 매우 유명한 연구자들이 있었는데, 대니얼 카너먼과 공동 연구를 했던 아모스 트버스키도 그중 한 명이었다. 그 밖에 노벨상 수상자도 세 명 있었다. 고위 군 장교, 소련 문제 연구가, 정부 관리들도 참여했다. 그러나 그중 한 명은 본인의 표현에 따르면 "단연 가장 보잘것없는 사람"이었던[24] 30세의 UC 버클리 신임 정치심리학 부교수, 필립 테틀록이었다.

테틀록이 이 위원회에서 활동하는 동안 눈에 들어온 사실이 하나 있었다. 모든 사람이 체르넨코가 곧 죽고 나면 험상궂은 얼굴의 정치국 고위 인사 또 한 명이 뒤를 이을 것이라는 데는 동의했지만, 그 이유에 대해서는 의견이 달랐다. 진보 성향의 위원들은 레이건이 강경한 반소련 정책을 펼친 탓에 크렘린에서 강경파들이 득세해 개혁이 이루어질 수 없다고 생각했다.

보수적인 위원들은 소련 체제가 억압적인 독재자를 배출할 수밖에 없는 구조이기 때문에 억압적인 독재자가 또 나올 것이라고 생각했다. 테틀록에 따르면 "양쪽 다 누가 더라고 할 것 없이 견해가 확고했다"고 한다.

체르넨코가 곧 사망하리라는 예상은 맞아떨어졌다. 체르넨코는 취임 후 1년밖에 버티지 못했다. 그런데 그때 진보주의자도 보수주의자도 예상치 못한 일이 일어났다. 정치국이 54세라는 비교적 젊은 나이의 활기 차고 열성적인 개혁가, 미하일 고르바초프를 임명한 것이다. 고르바초프는 즉시 작업에 착수해 글라스노스트(개방)와 페레스트로이카(재건)라는 개혁 정책을 폈다. 레이건의 미국에 손을 내밀고자 적극적으로 노력했고, 레이건은 조심스럽게, 그러나 기꺼이 그 손을 잡았다. 몇 달 만에 두 정상은 군축을 논의하기 시작했다.

진보주의자도 보수주의자도 예측하지 못한 일이었다. 하지만 테틀록이 가만히 보니, 양쪽 모두 자신들이 생각했던 그대로다, 이렇게 될 줄 알았다고 생각하는 듯했다. 진보주의자들은 레이건의 공로는 전혀 없으며, 소련 지도자들이 소련 경제의 추락에 환멸을 느낀 나머지 새 시대를 열고자 한 덕분이라고 생각했다. 보수주의자들은 레이건이 군비 경쟁을 밀어붙인 결과 소련이 더는 따라갈 수 없어서 경쟁을 포기했기 때문이라고 생각했다. 요컨대, 전혀 예측하지 못했던 이 사건으로 인해 양쪽 모두 자신들의 주장이 입증되었다고 간주한 것이다. 무슨 일이 일어났더라도 마찬가지였으리라고 테틀록은 생각했다.

몇 년 후, 테틀록은 새로운 연구를 시작했다. 전문가들의 판단력을 시험해보고 싶었다. 전문가들의 지적 능력이나 정직성을 의심해서가 아니라, 사람은 누구나 의외의 정보를 접하면 어떻게든 자신의 기존 믿음을 입증하는 결과로 해석하는 경향이 있다는 생각에서였다.

테틀록은 언론인, 군 지휘관, 정치인, 학자 등 전문가 284명을 모아 30,000건 이상의 예측을 하게 했다. 모든 예측은 반증 가능한 내용이었고 시간 제한이 있었다. 이를테면 "한 달 후에 독일 마르크화 대비 엔화 가치가 지금보다 높아질 것인가?"와 같은 질문을 하고, 예측에 숫자를 부여하게 했다.

이는 테틀록의 표현을 빌리면 '애매한 군말'을 방지하기 위해서였다. 어떤 사건이 '일어날 가능성이 있다'거나 '일어날 수 있다'는 말은 정확히 무슨 뜻인지 분명치 않다. '가능성이 있다'면 일어날 확률이 30퍼센트 정도인가 60퍼센트 정도인가? '일어날지도 모른다'면 확률이 5퍼센트인가 50퍼센트인가? 연구에 따르면 사람에 따라 이런 표현을 사용하는 용법에 큰 차이가 있다.[25] '현실적인 가능성'이라는 표현은 누가 말하느냐에 따라 20퍼센트일 수도 있고 80퍼센트일 수도 있다. 그리고 당연히 어떤 결과에도 책임을 질 필요가 없다. 일이 일어나면 사전에 예측했다고 주장할 수 있고, 일어나지 않으면 그저 가능성을 언급했을 뿐이라고 하면 된다.

테틀록은 이렇게 말한다. "나는 내일 외계인의 지구 침공이 일어날 수도 있다고 자신 있게 예측할 수 있다. 만약 그런 일이 없으면? 내가 틀린 말을 한 건 아니다. '일어날 수도 있다'라는 말에는 항상 '아닐 수도 있다'라는 단서 조항이 깨알 같은 글자로 붙어 있는 셈이다."[26]

그래서 테틀록은 모든 응답자에게 정확한 숫자를 요구했다. 이를테면 올해 그리스의 국부펀드가 디폴트를 선언할 확률이 45퍼센트라거나, 2030년 이전에 남한과 북한 간의 교전으로 100명 이상이 사망할 확률이 10퍼센트라는 식으로 답하게 했다. 그리고 이후 몇 달에서 몇 년을 두고 예측들이 얼마나 실현되는지 지켜보았다.

그런데 묘수는 이 부분이었다. 응답자 한 명당 약 100건의 예측을 요청했다. 답변 중에는 80퍼센트도 있고 40퍼센트도 있고 다양한 경우가 있을 것이다. (예를 들면 '월터 먼데일이 민주당 예비선거에서 승리할 확률 65퍼센트' 등.)

조사 기간이 끝난 후 테틀록은 예측이 얼마나 맞았는지 분석했다. 만약 어떤 응답자가 확률 60퍼센트로 예측한 사건 중 60퍼센트가 실현되었고 확률 30퍼센트로 예측한 사건 중 30퍼센트가 실현되었고… 하는 식이라면, 이 응답자는 '보정 상태가 우수하다well calibrated'고 보았다. 확률 판단이 정확하다는 의미다. 만약 예측이 예상보다 더 자주 실현되었다면 '자신감 부족underconfident', 덜 자주 실현되었다면 '자신감 과잉overconfident'이다.

물론 보정 상태가 우수하다고 해서 꼭 예측을 잘한다고는 할 수 없다. 만약 매번 '확률 50퍼센트'로 예측한 사람이 있다면,

질문에 따라서는 보정 점수가 극히 우수하게 나올 수도 있다. 그러나 그런 사람의 예측은 아무 정보 가치가 없는 무용지물일 뿐이다.

따라서 테틀록은 정밀한 예측에도 높은 점수를 주어 보상했다. 물론 맞아떨어진 경우에 한한다. 예컨대 확률 90퍼센트 예측이 실현된 경우는 확률 60퍼센트 예측이 실현된 경우보다 점수를 더 많이 얻는다. 반대로 확률 90퍼센트 예측이 실현되지 않으면 상대적으로 점수를 더 많이 잃는다.

브라이어 점수

테틀록은 **브라이어 점수**Brier score라는 기준을 써서 전문가들의 예측 능력을 평가했다. 브라이어 점수는 기상 예보 분야에서 과거 예보의 정확성을 평가하기 위해 개발된 지표다. 브라이어 점수가 낮을수록 예측이 정확한 것이다.

브라이어 점수는 예측 오차의 제곱으로 구한다. 예측이 실현되면 확률이 1, 실현되지 않으면 확률이 0으로 부여된다. 그 값과 애초 예측의 차이가 오차가 된다. 예를 들어, 당신이 제시간에 출근할 확률을 스스로 80퍼센트로 예측했다면, 이를 0.8로 기록한다. 만약 당신이 제시간에 출근했다면, 1에서 0.8을 뺀

0.2가 오차가 된다. 제곱하면 0.04다. 만약 당신이 제시간에 출근하지 못했다면, 0에서 0.8을 뺀 −0.8이 오차가 된다. 제곱하면 0.64다. (음수를 제곱하면 항상 양수가 된다.)

만약 더 신중하게 확률을 60퍼센트로 예측했다면, 맞았을 때 보상이 덜했을 것이다. 오차의 제곱이 0.42, 즉 0.16이 되기 때문이다. 그러나 틀렸을 때는 오차가 0.36이 되어 페널티가 더 약했을 것이다.

이상은 브라이어 점수의 가장 단순한 형태로, 선택지가 단 둘인 경우에 쓸 수 있다. 여러 개의 선택지가 있거나 연속적인 변량 중에서 선택하는 경우, 예를 들어 2025년 12월 14일의 달러 대비 파운드 가치를 예측하는 경우는 조금 더 복잡한 형태의 브라이어 점수를 사용한다. 하지만 그 기본 개념은 동일하다.

몇 년 후에 테틀록이 결과를 평가해보니, 평균적인 예측가의 성적은 무작위 추측보다 나을 바가 없었다. 테틀록은 인상적인 문구로 그 결과를 표현했다. 예측가들이 "다트 던지는 침팬지"보다 나을 게 없었다고 했다.

그리고 그렇게 표현한 것을 다소 후회한다고 30년 후에 쓴 책《슈퍼 예측, 그들은 어떻게 미래를 보았는가》에서 밝혔다. 사람들이 그 말을 오해해, 모든 전문가가 무작위로 추측한다고 받아들였기 때문이다. 그러나 실제로는 확연히 대조되는 두 그룹이 있었다. 한편으로는 세상이란 단순해서 단순하게 설명하고 예측할 수 있다고 생각하는 사람들이 있었다. 그런 사람들은 테틀록의 표현에 따르면 "하나의 거대 사상one big idea"을 가지고 모든 상황에 일괄적으로 적용하곤 했다. 그런가 하면 세상이란 복잡해서 상황마다 구체적, 세부적인 특성이 다르고 예측이란 어렵고 불확실한 일이라고 생각하는 사람들이 있었다. 테틀록은 첫 번째 그룹을 '고슴도치'로, 두 번째 그룹을 '여우'로 불렀다. 철학자 아이제이아 벌린이 그리스 시인 아르킬로코스를 인용한 "여우는 많은 것을 알지만 고슴도치는 한 가지 큰 것을 안다"에서 따온 용어다. 동물끼리 비교하는 비유가 되어 적절한지는 모르겠지만, 침팬지보다 나을 게 없는 쪽은 고슴도치들이었던 것이다.

테틀록이 제시한 고슴도치의 예로는 CNBC 논평가이자 조지 W. 부시 행정부에서 경제 고문으로 활동했던 래리 커들로가 있다. 테틀록에 따르면 커들로의 '거대 사상'은 공급주의 경제학이었다. 커들로는 감세 정책이 경제를 활성화한다고 보았다. 부시가 감세 정책을 시행하자 커들로는 엄청난 경기 부양 효과를 예상했고, 이후 GDP와 고용 지표가 예상과 어긋났는데도 자신의 예측이 맞았다고 주장했다. 심지어 2008년 금융위기 직전까지도 세계가 '부시 호황'을 누리고 있다는 주장을 굽히지 않았다. 그러나 테틀록이 지적하듯이 커들로는 커리어에 타격을 받지 않았고, 2009년에는 자기 이름을 내건 황금시간대 프로그램의 진행을 맡았다.

그 이유는 고슴도치들이 명료하고 단순한 이야기를 하기 때문이다. 이를테면 감세는 항상 좋다거나, 억만장자들에게 증세해야 한다거나, 모든 문제는 우리의 자유를 시기하는 적들 때문이라거나, 백인 식민주의가 만악의 근원이라는 식의 이야기들이다. 이런 이야기들은 미디어에 적합하게 포장하기 쉽다. 그래서 미디어가 일부러 실력 나쁜 예측가를 골라 쓰는 건 아니어도 "고슴도치들을 선호하게 되어 있고, 고슴도치는 예측 실력이 나쁘다"고 테틀록은 말한다.[27]

반면 여우들은 조금 더 나은 성적을 보였다. 뛰어나지는 않아서, '변화가 없다'고 예측하는 단순한 알고리즘보다 못한 결과를 내는 사람도 많았다. 하지만 무작위 추측보다는 나은 결과를 냈다.

그리고 몇몇은 월등한 성적을 거두었다. 상위 2퍼센트의 최고 예측가들을 테틀록은 '슈퍼예측가'라고 불렀다.

슈퍼예측가(2부)

이 책의 관점에서 볼 때 테틀록의 연구가 흥미로운 이유는, 미래 예측에 가장 능한 사람들, 즉 슈퍼예측가들이 베이즈 방식으로 사고한다는 사실을 밝혀냈기 때문이다. 슈퍼예측가들은 직접적으로 베이즈 계산을 할 때도 있지만, 그러지 않더라도 사전확률과 갱신을 매우 중시한다.

몇 년 전 라디오 다큐멘터리 취재를 위해 예측업체 스위프트 센터를 운영하는 슈퍼예측가 마이클 스토리를 인터뷰한 적이 있다. 그때 그가 이런 예를 들었다. "당신이 결혼식에 하객으로 갔다고 하자. 누가 이렇게 묻는다. '이 커플 결혼해서 잘 살 것 같아요?' 이때 당신이 제대로 된 대답을 하고 싶다고 하자."

"확률적 사고에 익숙하지 않은 사람이라면 그 자리에서 흘러나오는 정보에 압도될 수 있다. 신랑 신부는 행복해 보이고, 좋은 음악이 흐르고, 하객들은 다들 멋지게 차려입었고, 음식도 있다. 그 느낌으로 확률을 판단하는 것이다." 그러다 보면 "90퍼센트 확신한다"라고 대답할지도 모른다. 예측가들은 이를 '내부 관점'이라고 부른다. 눈앞에 있는 상황의 구체적 특징을 근거로 확률을 판단하는 것이다.

그러나 슈퍼예측가는 다른 방향에서 접근한다. 우선 **준거집단**reference class 또는 **기저율**base rate을 알아본다. 판단의 출발점으로 삼을 만한 유사한 사건의 모음을 생각해보는 것이다. 예를 들어 지금 이 경우는 영국 부부의 이혼률이 35퍼센트에서 40퍼센트 사이라는 사실에서 출발할 수 있다.* 이를 '외부 관점'이라고 한다. 과거에 유사한 일이 얼마나 자주 일어났는지를 근거로 확률을 판단하는 것이다. 그러고 나서 내부 관점을 적용해 기저율에서 조정된 수치로 갱신한다. 또 그 밖의 요인을 따져볼 수도 있다. 이를테면 부부의 나이나 사회적 계층 또는 교육 수준과 그에 따른 통계값의 변화, 또는 두 사람이 얼마나 잘 어울리는지에 대한 예측가 자신의 판단 등이다.

외부 관점을 취한다는 것이 결국 사전확률 구하기라는 것은 그리 어렵지 않게 알 수 있다. 부부가 영국인이라는 것 외에 아무 정보가 없을 때 부부가 이혼할 사전확률은 약 0.4다. 이제 정보를 추가로 얻을 차례다. 이를테면 당신이 보기에 두 사람이 잘 어울리는 커플인지 생각해본다. 그런 정보를 가능도 또는 베이즈 인수로 사용해 사전확률을 갱신하고 사후확률을 얻는다.

앞서 한 번 언급했던 슈퍼예측가 데이비드 맨하임은 이렇게 말한다. "나는 베이즈 법칙에 직접 값을 대입하는 식으로 하지는 않았지만, 개념적으로는 분명히 그런 모델을 암묵적으로 사용했다. 테틀록의 연구가 E. T. 제인스의 확률론에서 거의 바로 도출되는 결과라는 게 놀랍다. 어떻게 모든 판단을 종합해야 하나? 까다로운 문제지만, 수학적으로는 이렇다. 기저율을 얼마나 중요시할 것인가? 사전확률로 잡으면 된다. 끝."

• 이 비율을 정확하게 구하기는 쉽지 않다. 확실한 통계값을 얻으려면 적어도 한쪽 배우자가 사망하여 사별할 때까지 결혼 기간 전체를 관찰해야 한다. 그러려면 최근 40년 이내에 이루어진 결혼의 대부분을 논외로 해야 하니 문제다. 그런데 영국 통계청의 2021년 통계에 따르면 그해에 부부 1,000쌍당 약 9쌍, 즉 0.9퍼센트가 이혼했다. 대부분의 부부가 약 30세에 결혼하고 약 80세에 사망한다고 가정하면 결혼 기간은 50년이 되고, 한 해를 무사히 넘길 확률이 $p=0.991$이라고 보면 $0.991^{50}=0.63$이다. 따라서 2021년이 대표적인 해라면, 약 37퍼센트의 결혼이 이혼으로 끝난다고 볼 수 있다. 〈잉글랜드·웨일즈 이혼 통계(2021년)〉, 영국 통계청, https://www.ons.gov.uk/peoplepopulationandcommunity/birthsdeathsandmarriages/divorce/bulletins/divorcesinenglandandwales/2021

"내부 관점에 따라 생각을 얼마나 바꿔야 할 것인가? 가능도 함수를 만들어야 한다. 그래야 이 정보를 근거로 내 의견을 얼마나 조정해야 할지 알 수 있다. '따끈따끈한 새 정보가 나왔다, 이걸로 뭘 알 수 있을까?'가 아니다."

그러나 사람들은 보통 기저율을 그런 식으로 염두에 두지 않기에 새 정보를 접할 때마다 믿음이 요동한다. "새 데이터가 들어올 때마다 처음부터 다시 시작한다면, 추정치가 널뛰듯 바뀔 수밖에 없고 최근 정보에 지나치게 의존하게 될 것"이라고 맨하임은 말한다.

(아마 오브리 클레이턴이라면 그게 바로 빈도주의자들 방식이라고 말할 것이다.)

물론, 기저율을 사용하는 것만으로 좋은 예측가가 될 수는 없다. 한 예로, '새로 얻은 데이터를 가능도 함수로 사용한다'는 것이 말은 쉽지만 대부분의 경우 수학적으로 계산을 할 수가 없다. 사람들은 여전히 나름의 판단을 통해 기저율에서 얼마나 벗어난 수치로 갱신할지를 결정한다. 또 다른 슈퍼예측가인 조너선 킷슨은 "주어진 정보가 얼마나 의미 있는지 가치 판단을 해야 한다. 모든 정보가 예측 모델에 들어가는 것이 아니므로, 여기서 판단이 개입된다. 나는 수학에 능하지는 않지만, 항상 의견을 갱신해가면서 아마 꽤 베이즈적으로 사고하고 있는 것 같다"고 말한다.

우수한 예측가들이 사용하는 요령은 그 밖에도 몇 가지가 있다. 하나는 위대한 핵물리학자 엔리코 페르미에게서 유래한 '페르미 추정법'이라는 것이다. 고전적인 예로 페르미가 학생들에게 내준 문제, '시카고의 피아노 조율사 수를 추정하라'가 있다.

대부분의 사람은 도저히 풀 수 없는 문제라고 생각하거나 별 근거 없이 "글쎄, 한 천 명?" 하는 식으로 아무 숫자나 댈 것이다. 페르미는 역시 알 수는 없지만 추정하기 더 쉬운 단위로 문제를 쪼개어 생각했다. 테틀록이 그 문제를 페르미 추정법으로 풀어본 예는 다음과 같다. 시카고는 꽤 큰 도시다. 인구 약 400만 명인 LA보다는 작지만, 그렇게 큰 차이는 나지 않을 것이다. 250만 명쯤 된다고 하자. 피아노가 있는 사람은 몇 명일까? 테틀록은 100명당 한 명 정도라고 보고, 학교와 공연장에 있는 피아노 수도 비슷하게 잡아, 시카고에 피아노가 50,000대 있을 것이라고 추정한다.

피아노는 얼마나 자주 조율해야 할까? 1년에 한 번 정도라고 하자. 피아노 조율에는 얼마나 시간이 걸릴까? 두 시간이라고 하자. 평균적인 미국인은 일주일에 약 40시간, 1년에 50주 일한다(테틀록의 말이다. 좀 암울해 보이는 숫자지만, 좋다). 그러면 연간 2,000시간이지만, 작업 간 이동 시간에 20퍼센트를 할애한다고 하면 연간 1,600시간이다. 이는 800대의 피아노를 조율할 수 있는 시간이다.

만약 피아노 50,000대 모두 매년 조율이 필요하고, 조율사 한 명이 연간 800대를 조율할 수 있다면, 시카고의 모든 피아노를 조율하는 데 필요한 조율사 수는 약 50,000/800=62.5명이다.[28] 페르미는 이렇게 잘게 쪼개어 추정하면 대개 실제 숫자와 크게 다르지 않은 답이 나온다는 사실을 발견했다. 테틀록에 따르면 실제 정답은 약 80명이라고 하니, 상당히 정확히 추정한 셈이다.

확률도 비슷한 방식으로 추정할 수 있다. 테틀록의 예시를 또 하나 빌려오면, 야세르 아라파트가 독살되었을 가능성은 얼마나 될까? 팔레스타인 해방기구의 수반이었던 아라파트는 2004년에 사망했다. 2012년 스위스 연구진은 그의 유품에서 비정상적으로 높은 수치의 폴로늄-210이 검출되었다고 발표했다. (폴로늄-210은 2006년에 러시아 반체제 인사 알렉산드르 리트비넨코를 런던에서 암살하는 데 사용된 고방사성 원소다.) 이에 아라파트의 유해를 발굴하여 체내 폴로늄 수치를 확인하는 검사가 수행되었다. 이때 테틀록이 이끄는 단체에서는 예측가들에게 이런 질문을 던졌다. "아라파트의 유해에서 높은 수치의 폴로늄이 검출될 것인가?"

당신이라면 확률을 얼마로 추정하겠는가? 깊이 생각하지 않고 "당연히 이스라엘 짓이다!" 혹은 "이스라엘이 그런 짓을 할 리 없다!" 같은 결론을 성급하게 내리고는 전자의 경우 100퍼센트나 95퍼센트, 후자의 경우 0퍼센트나 5퍼센트 같은 확률을 부여하기 쉽다고 테틀록은 경고한다. 테틀록은 한 슈퍼예측가가 사용한 접근 방법을 설명한다. 문제를 여러 부분으로 나누어 생각하는 것이다. 예를 들어 "폴로늄이 아라파트의 체내에 남을 수 있는 시나리오에는 어떤 것들이 있으며 각각의 가능성은?", "폴로늄이 붕괴하는 데 걸리는 시간은?", "주요 정보기관이 조사 필요성을 인정한다면 그 가능성이 얼마나 된다고 보는 것인가?" 등의 질문을 하나하나 생각해보고 추정한다. 이 슈퍼예측가는 폴로늄이 검출될 확률을 65퍼센트로 예측했고, 실제로 폴로늄이 검출되었다.[29] 페르미 추정법은 큰 수의 법칙을 우리가 직접 활용하는 셈이다. 하나의 큰 추정 대신 여러 개의 작은 추정을 하면, 오차가 큰 방향이나 작은 방향으로 일관되게 나타날 이유가 없는 한 서로 상쇄되는 경향을 보일 것이다. 1755년에 토머스 심프슨이 행성의 위치를 측정하면서 발견한 것과 같은 원리다.

우수한 예측가들은 집단지성을 활용하기도 한다. 남들의 의견을 바탕으로 자신의 예측을 갱신하는 것이다. 여러 예측가의 평균 예측치는 한 예측가의 예측보다 더 정확할 가능성이 높다. 페르미 추정법에서처럼, 예측가들의 오차가 서로 상쇄되는 경향이 있기 때문이다. 아니면 좀 더 정교한 방식으로 할 수도 있다. 마이크 스토리는 이렇게 말한다. "가장 간단한 방법은 평균을 내는 것이다. 전문가들의 의견 차이는 무작위 잡음(랜덤 노이즈) 때문이라고 가정하는 것이다. 그러나 사람마다 예측 능력이 다르다는 것도 알려져 있으니, 그 점을 참고해 누구의 의견을 들을지 결정하는 방법도 있다. 지난 20년간 6개월마다 대참사가 일어날 것이라고 계속 예측한 사람이 있다면, 그 사람의 말은 덜 신뢰해야 할 것이다. 반면 보정 상태가 우수하고 과거 성적이 좋은 사람의 말은 훨씬 더 신뢰해야 할 것이다." 베이즈식으로 말하면, 신뢰할 수 있는 예측가의 예측은 정보량이 더 많은 것으로 간주된다. 마치 봉우리가 더 뾰족한 가능도 함수처럼, 사전확률을 더 많이 변화시킨다.

그러나 무엇보다 중요한 점이 있다. 예측가들은 기록을 남긴다는 것이다. 자신의 예측을 공개적으로 기록하고, 그중 몇 개가 실현되는지, 60퍼센트 확률로 예측한 것이 실제로 60퍼센트의 빈도로 실현되는지 등을 따져본다. 그러지 않으면 틀린 예측은 잊고 맞은 예측만 기억하기 쉽다. 스토리에 따르면 "사람들은 자신이 옳기를 원한다고 말한다." 하지만 여기엔 두 가지 의미가 있다. 자기가 가진 믿음이 틀렸다는 말을 듣고 싶지 않다는 의미일 수도 있고, 자기에게 틀린 믿음이 있다면 털어버리고 싶다는 의미일 수도 있다. "옳고 싶다는 욕구는 두 가지 상반된 행동을 낳을 수 있다. 자신의 의견을 남들에게 강요할 수도 있고, 틀린 생각을 버릴 수도 있다."

스토리는 이렇게 설명을 이어간다. "내 예측을 공개하면, 내가 가진 정보가 옳아야 할 인센티브가 생긴다. 모든 사람이 내 예측에 동의하도록 강요할 방법은 없다. 나는 특정한 예측을 했고, 예측을 기록했으며, 확신하는 정도까지 기록했다. 만천하에 공개했으니, 이제 어떻게 해볼 방법이 없다. (그 예측이 빗나갔다면) 내가 옳을 수 있는 유일한 방법은 내 의견을 바꾸는 것이다."

이 또한 지극히 베이즈적인 과정이다. 내가 가진 사전 믿음에 따라 예측을 하고, 예측이 어긋나면 믿음의 강도를 낮춘다는 것이니까.

당연히 그래야 할 것처럼 생각될지도 모른다. 하지만 사람들이 확률과 비율의 관점에서 사고하는 경우는 매우 드물다. 우리는 '일어날 것이다' 아니면 '일어나지 않을 것이다'(또는 '일어날지도 모른다')로만 생각하는 경향이 있다. 게다가 믿는 정도를 확률로 말하라고 하면 자신감 과잉인 경우가 보통이다. 내가 참가했던 예측 워크숍에서 마이크 스토리를 비롯한 강사진이 참가자들에게 냈던 연습 문제가 있다. "셀린 디온이 〈My Heart Will Go On〉으로 1위를 차지한 연도는 언제인가?", "프리미어리그에서 리버풀의 존 반스가 리즈를 상대로 넣은 골 수는?" 등의 질문을 주고, 90퍼센트의 가능성으로 정답이 포함되리라고 믿는 숫자 범위를 제시하라고 했다. (가령 "1994년~2000년" 또는 "1~8"과 같은 식으로.)

스토리는 "사람들에게 각자의 90퍼센트 신뢰구간을 제시하라고 하면, 대부분은 50퍼센트 또는 60퍼센트 신뢰구간이라고 해야 옳았을 구간을 제시한다"고 말한다. 다시 말해, 사람들이 90퍼센트 확신하는 답이 40퍼센트 이상의 빈도로 오답이라는 것이다. "그 정도가 표준이다. 문헌에도 그렇게 나온다. 내가 친구나 동료들에게 시켜봐도 항상 전반적으로 자신감 과잉으로 드러난다"고 스토리는 말한다. 온라인에서 자신의 보정 상태와 자신감 수준을 테스트할 수 있는 사이트가 여러 곳 있다. 자선단체 '80,000 아워스'에서 제공하는 보정 연습을 해볼 만하다(100 문항으로 시간이 꽤 걸리긴 한다). 주소는 80000hours.org/calibration-training이다.*

지금까지 이 책에서 살펴보았듯이 사전확률 없이는 베이즈 추론을 할 수 없다. 어떤 증거를 보기 전에 그 일이 얼마나 가능한지에 대해 감이 없었다면, 증거를 본 후에 그 일이 얼마나 가능한지에 대해 그 어떤 주장도 할 수 없다. 우리는 코로나 검사의 정확도가 99퍼센트이니 실제로 코로나에 걸리지 않았는데 양성이 나올 확률은 100분의 1에 불과하다고 말할 수 있다. 또는 알아보고자 하는 효과가 실제로 존재하지 않는데 p값이 0.05 이하로 나올 확률은 20분의 1이라고 말할 수 있다. 그러나 사전확률 없이는 코로나에 걸렸을 확률도, 효과가 정말로 존재할 확률도, 뭐라고 말할 수 없다.

과학이나 통계 문제에서만 그런 것이 아니라, 현실 세계에서 결정을 내릴 때도 그렇다. 슈퍼예측가들의 장기 중 하나가 바로 적절한 기저율, 즉 사전확률을 구하는 능력이다. 기저율이 꽤 명백할 때도 있다. 가령 마이크 스토리의 이혼 예시에서는 실제 이혼률 통계값을 조사해 그 값을 출발점으로 삼을 수 있었다. 하지만 기저율이 애매할 때도 많다. 예를 들어 러시아가

* 나도 방금 해보았는데 다행히 80퍼센트 추정값이 85퍼센트 빈도로 적중한 것으로 나왔다. 나쁘지 않은 성적이다. 이쪽 주제로 수년간 글을 쓰다 보니 자신감 과잉이 교정된 덕분이다.

우크라이나를 침공할 가능성을 예측하고 싶다면, 기저율을 무엇으로 잡아야 할까? 유럽에서 벌어지는 지상전쟁의 연간 평균 횟수? 러시아가 우크라이나를 침공하는 사건의 연간 평균 횟수? 준거집단을 적절하게 선택하는 일은 섬세한 기술이다. 또한 기저율에서 언제 어떻게 벗어나야 할지를 아는 것도 물론 중요하다.

조너선 킷슨은 이렇게 말한다. "기저율 선택이 가장 기본이다. 그러나 나는 슈퍼예측의 진가는 기저율이 맞지 않는 순간을 간파하는 데 있다고 늘 주장했다. 1945년 이후 유럽에서 지상전쟁은 드물다. 연간 기저율이 5퍼센트 미만이다. 하지만 2021년 12월경에 나는 우크라이나 전쟁 가능성을 약 60퍼센트로 보았고, 이듬해 1월 중순에는 80퍼센트로 높여 잡았다." (여기서 앞의 3장에서 논한 '초사전확률'을 떠올린 독자도 있을 것이다. 기존의 세계 모델을 언제 갱신해야 하느냐 하는 개념이라고 했다.)

인간은 본능적으로 베이즈 추론에 능하지만, 실제 숫자를 다루어야 할 때는 대부분 그리 뛰어나지 않다. 그럼에도 그런 작업에 남들보다 능한 사람들이 있다. 그런 이들은 비록 베이즈 규칙을 직접 적용하지 않는다 해도 사실상 똑같은 원리를 따르고 있는 것이다.

베이즈주의적 세계관의 장점 중 하나는 다른 인식론에서 이견이 분분한 다수의 철학적 난제를 자연스럽게 해결할 수 있다는 점이다. 한 예로, 적어도 19세기 독일 철학자 아르투어 쇼펜하우어까지 거슬러 올라가는, 사물의 정의와 정체성에 관한 논쟁이 있다. 가령 '게임'이란 무엇인가? 사람들이 재미로 하는 활동인가? 그렇다기엔 재미로 하는 활동 중 게임이 아닌 것이 많다. 스키나 독서가 그런 예다. 또한 재미가 아니라 운동이나 돈을 벌기 위한 목적으로 게임을 하는 사람도 많다.

그렇다면 경쟁인가? 역시 아니다. 협력하면서 하거나 혼자 하는 게임도 있고, 게임이 아닌 경쟁도 있다(복권이 게임은 아닐 것이다). 규칙이 있는 활동인가? 모든 게임에 규칙이 있진 않다. 내 딸은 상상력이 넘치는 게임을 하면서 노는데, 곰 인형을 가지고 심지어… 솔직히 무엇을 하는지 전혀 모르겠다. 어쨌든 명확한 '규칙'은 없다.

물론 게임만 이런 식인 게 아니다. 게임은 전형적인 예에 불과하다. 미국 대법원에서 프랑스 영화 〈연인들〉이 '하드코어 포르노'인지 여부를 판결해야 했던 적이 있다.[30] 판사 중 한 명은 이렇게 말했다. "나는 오늘 그 약칭의 범주에 포함되어야 할 것으로 생각되는 자료의 종류를 더 상세히 정의하려고 시도하지 않을 것이며, 어쩌면 명쾌한 정의는 불가능할 것이다. 하지만 내가 보면 아는데I know it when I see it, 이 사건에 관여된 영화는 그 종류가 아니다." 명확한 정의도 특징도 없는데 어떻게 포르노인지 아닌지 판정할 수 있을까?

우리가 벌이는 공적 담론의 상당 부분은 한마디로 사물, 집단, 사람, 개념 등을 범주화하려는 시도다. 정당 A는 파시스트 조직인가? 집단 B는 사이비 종교 집단인가? 인물 C는 인종차별주의자인가? 하지만 이런 범주는 모두 모호하다. 명백히 범주에 들어맞는 경우도 있지만(무솔리니는 분명히 파시스트다), 논란의 여지가 많은 경우도 있다.

그러나 베이즈주의 관점에서 보면 너무나도 명확해진다. 루트비히 비트겐슈타인은 게임성을 특징짓는 단일한 요소는 없다고 주장했다. 각종 게임은(그리고 정의하긴 어려워도 '보면 안다'는 식으로 우리가 명확히 인지할 수 있는 그 밖의 모든 것은) 가족 유사성을 가질 뿐이다.[31] 우리가 '게임'이라고 부르는 것들은 다양한 특징을 공유한다. 어떤 게임은 그중 어떤 특징을 갖고, 또 어떤 게임은 그중 또 다른 특징을 갖는다. 비트겐슈타인이 이를 가리켜 베이즈적이라고 하진 않았지만, 분명히 베이즈적이다.

주어진 어떤 개념이 '게임'일 사전확률은 매우 낮다. 가령 '비유클리드 기하학'이나 '권태' 등 게임이 아닌 개념이 수없이 많기 때문이다. 그러나 사람들이 재미로 하는 활동이고 규칙이 있다는 것을 알게 되면, 그 새로운 정보로 인해 확률이 올라간다. 경쟁과 관련 없는 활동이라는 것을 알게 되면 확률이 내려간다. 얼마나 확신이 들어야 '게임'이라고 부를 수 있는지는 사람에 따라 다르다(물론 직접적인 계산을 하는 것은 아니다). 어쨌든 베이즈적 과정임은 틀림없다.

물론 우리가 '게임'이 무엇인지 배운 과정 자체도 베이즈적이다. 유아 시절 '게임'이라는 말을 처음 들었을 때 그 말은 아마도 주사위 말판 놀이 같은 것을 지칭했을 것이다. 이때 우리는 '게임'이란 종이판 위에서 주사위를 굴려서 나오는 대로 하는 놀이구나 하고 낮은 확신도로 추측한다. 나중에 '캐치볼'도 게임이고, '축구'도 게임이라는 것을 알게 된다. 그런 게임은 종이판을 쓰지 않지만 '부루마블'이나 '인생게임' 같은 게임은 종이판을 쓰는 것으로 보아, P(종이판 | 게임)=0.57 정도로 추정한다. 캐치볼은 정해진 규칙이 없지만, 위에 언급한 다른 모든 게임은 규칙이 있다. 점점 많은 개념을 '게임'으로 분류하면서, 그런 개념에서 어떤 특징이 나타날 확률을 점점 더 정확히 추정하게 된다. 공놀이가 게임에 포함될 사전확률을 낮게 잡고 있다가도, 축구, 야구, 테니스, 탁구 같은 것이 모두 게임이라는 말을 듣고는 확률을 갱신한다.

다른 모델들보다 훨씬 잘 들어맞는 모델 아닌가! 소크라테스가 인간을 "깃털 없는 두 발 동물"로 정의했는데, 디오게네스는 닭의 털을 뽑아서 "보라! 이게 당신이 말하는 인간이다"라고 반박했다고 한다.[32] 만약 소크라테스가 "나는 무언가가 깃털 없는 두 발 동물이라는 사실을 알게 되면 그것이 인간일 확률의 추정값을 크게 높여 잡는다"고 말했더라면, 완벽히 합리적인 주장이었을 것이다. 물론 반례는 항상 존재할 테니, 틀렸을 가능성도 생각해보아야 한다.

유사한 철학적 난제로 더미의 역설이란 것이 있다. 모래 더미가 있다고 하자. 모래 알갱이 하나를 뺀다. 여전히 모래 더미일 것이다. 알갱이를 또 하나 뺀다. 그래도 여전히 모래 더미일 것이다. 이렇게 모래 알갱이를 하나씩 빼다 보면 결국 알갱이 하나만 남게 된다. 이제는 모래 더미가 아닌 게 명백하다. 그렇다면 어느 순간 모래 더미가 아니게 되었을까? 어느 알갱이로 인해 '더미'에서 '더미가 아닌 상태'로 바뀌었을까?

아리스토텔레스 철학은 이 문제를 쉽게 해결하지 못한다. 가령 모래 1,000,000알은 더미지만 999,999알은 더미가 아니라고 규정한다는 건 도무지 수긍하기 어렵다. 그렇지만 모래 더미에서 한 알을 빼도 모래 더미라는 전제를 받아들인다면, 어딘가에 임의로 경계를 긋거나, 아니면 모래 한 알도 더미임을 인정하거나 해야 한다. 베이즈 추론은 이런 문제가 없다. 주관적인 확률 평가이긴 하지만, 나는 모래 100만 알이 더미라는 데에 아주 높은 확신을 갖는다. 모래 알갱이를 제거할 때마다 확신은 미세하게 줄어든다. 모래 알갱이가 다섯 개쯤 남으면 '이것은 모래 더미다'라는 가설에 거의 확률을 부여하지 않게 된다. 역설도 없고, 기이한 경계선도 없다.

깔끔하고 일관적이며 우아한 해법이다. 아리스토텔레스 철학에서 문제가 되는, X라는 범주와 Y라는 범주의 경계를 밝히거나 정의를 명확히 해야 하는 어려움을 피할 수 있다. 실제로 그런 명확한 경계란 존재하지 않는 경우가 대부분이다. 세상은 연역적 명제로 이루어져 있지 않기 때문이다. 세상은 흑백이 아니다.

그런가 하면 베이즈 추론은 그 반대의 문제도 피할 수 있다. 파울 파이어아벤트나 로버트 앤턴-윌슨 같은 사람이 주장하는, 우리는 그 어떤 것도 알 수 없다고 하는 문제다. 베이즈 추론은 세상 모든 것이 회색임을 인정하지만, 그 회색들은 각기 다르다. 어떤 회색은 흰색에 가깝고, 어떤 회색은 검은색에 가깝다. 나는 백신이 효과가 있다는 것도 완전히 확신할 수 없고, 피라미드를 고대 외계인이 만들었다는 것도 완전히 확신할 수 없다. 하지만 그렇다고 해서 두 진술이 참일 가능성이 똑같다고 생각하는 것은 아니다.

우리는 믿음과 정의의 확률성을 인정함으로써, 모든 믿음이 불확실하며 따라서 똑같이 타당하다는 피상적 포스트모더니즘 사상의 함정으로부터 지식과 합당한 믿음의 가치를 지켜낼 수 있다. 그리고 물론 우리가 신뢰해야 할 믿음은, 세상을 예측하는 데 도움이 되고 새로 들어오는 정보에 가장 잘 부합하며 예측오차를 피할 수 있는 믿음이다. 한마디로, '참'일 가능성이 가장 높은 믿음이다.

5

베이즈 뇌 모델

EVERYTHING IS PREDICTABLE

플라톤에서 그레고리까지

앞에서 인간이 특정 상황에서는 베이즈 추론에 능하다는 점을 살펴보았다. 우리는 인위적으로 설계된 상황에서는 잘못된 추론을 하기도 하고, 베이즈 규칙을 직접 계산하는 데도 서툴지만, 자연스러운 상황에서는 베이즈 규칙에 꽤 근접한 결정을 내리는 것으로 보인다.

그렇지만 더 깊이 들어가볼 수도 있다. 사실 우리가 세상을 지각하는 것이 다 베이즈 정리 덕분이다. 우리의 지각과 의식 자체가 말 그대로 베이즈적이다.

어찌 보면 자명한 얘기라고도 할 수 있다. 의식을 연구하는 서식스대학교의 신경과학자 아닐 세스는 이렇게 말한다. "뇌가 마주하는 문제는 베이즈로 아주 잘 설명된다. 뇌는 모호한 감각 정보를 마주한다." 이때 뇌는 그 정보를 가지고 정보를 유발한 원인이 무엇인지 알아내야 한다. "관찰된 결과에서 그 결과를 일으킨 원인으로 가는 것이니 일종의 역추론이고, 거기엔 베이즈가 매우 적합하다"는 것이다. 불확실한 상황에서 내리는 모든 결정의 기반에 베이즈 정리가 있으며 모든 결정 과정은 베이즈에 가까울수록 우수하고 그러지 않을수록 열악하다고 내가 이 책에서 내내 주장했으니, 우리 뇌가 어느 정도 베이즈 정리를 따르지 않는다면 그게 오히려 이상한 일일 것이다.

하지만 여러 과학자들이 제기하는 더 강력한 주장이 있다. 뇌가 하는 일의 상당 부분이 베이즈 규칙에 의해 수학적으로 설명되며, 뇌가 하는 주요 역할이 바로 세상에 대한 예측을 세우고 그 예측을 감각 정보와 통합하는 것이라는 주장이다. 즉, 뇌는 사전확률을 설정하고 이에 가능도를 반영해 갱신함으로써 사후확률을 구한다는 것이다. 뇌는 이 작업을 다양한 수준에서 수행한다. 아주 낮은 기초 수준에서 특정 근육이 움직일 때 어떤 뉴런들이 발화할지 예측할 때도, 상위 수준의 복잡한 개념으로 가서 '오늘 구내식당 점심에 수프가 나올 것'이라고 예측할 때도 모두 그런 방식으로 한다. 그런 다음 예측을 현실과 비교하여 검증한다. 예측의 내용과 감각으로 들어오는 정보가 일치하는지 확인하는 것이다. 만약 일치하지 않으면, 뇌는 자신이 가진 세상의 모델을 적절히 갱신한다.

우리가 세상을 지각하는 느낌과는 상반된 이야기다. 우리는 마치 창문을 통해 세상을 바라보고 있는 것처럼 느낀다. 하지만 그게 사실이 아니라는 것도 명백하다. '우리'는 곧 뼈 속 빈 공간에 얹혀진 뇌라는 것, 뇌와 바깥세상을 이어주는 통로는 감각기관에 연결된 신경다발뿐이라는 것을 우리는 알고 있다. 베이즈 뇌 모델에 따르면 지각은 쌍방통행이다. 정보는 감각기관에서 출발해 '상행'하기도 하지만, 우리가 가진 세상의 모델에서 출발해 '하행'하기도 한다. 우리의 지각은 상향 흐름과 하향 흐름이 융합된 결과다. 두 흐름은 서로를 제한하는 역할을 한다. 하행하는 사전확률이 강력하다면, 이를 뒤집기 위해서는 감각기관으로부터 상행하는 증거가 정교하고 선명해야 한다.

수천 년 전부터 학자들은 인간이 세상을 지각하는 원리를 궁금해했다. 플라톤의 유명한 동굴의 비유도 지각에 관한 것이다. 죄수들이 동굴 안에 쇠사슬로 묶인 채 벽을 마주하고 있다. 등 뒤에 있는 불빛으로 인해 꼭두각시 인형극의 그림자가 벽에 비친다. 평생 그림자 외에 아무것도 본 적이 없는 죄수들은 그림자를 현실로 생각하고, 그림자에 이런저런 이름을 붙인다.[1] 플라톤은 우리가 지각하는 세상이 그와 같다고 생각했다. 우리는 현실을 있는 그대로 보는 것이 아니라, 감각을 통해 매개된 현실의 그림자를 볼 뿐이다.

그러나 플라톤이 이 문제를 처음 논한 것은 아니다. 기원전 5세기에 데모크리토스는 세상의 모든 물체가 자신을 구성하는 원자로 이루어지고 자신과 닮은 형상인 '에이돌론'을 끊임없이 발산한다고 믿었다.[2] 한편 에우클레이데스(유클리드)는 눈에서 광선이 뻗어나가 세상의 물체를 탐색하고 물체에 관한 정보를 가지고 되돌아온다고 믿었다.[3] 눈에서 광선이 뻗어나간다는 유출설과 물체가 발산하는 물리적 형상이 눈으로 수용된다는 유입설의 두 가지 지각 모델은 약 천 년 동안 지각, 특히 시각을 설명하는 이론의 주종을 이루었다.

현대 시지각 이론과 비슷한 이론을 처음 수립한 사람은 10세기 철학자 아부 알리 알하산 이븐 알하이삼이다. 그는 발광체에서 방출된 빛이 온 사방으로 일직선으로 뻗어나간다고 주장했다. 그 빛이 다른 물체에 반사되어 그중 일부가 관찰자의 눈에 도달한다고 했다.[4]

18세기에 이마누엘 칸트는 세계의 진정한 모습은 알 수 없으며, 우리는 감각을 통해 지각된 세상을 알 뿐이라고 했다. 그리고 사물에 대한 우리의 지각을 '현상', 사물 그 자체를 '물자체'라 하여 둘을 명확히 구분했다.[5] 칸트는 더 나아가 뇌의 베이즈 모델을 예견했다. 우리 뇌에는 세상을 이해하기 위한 개념적 틀이 미리 장착되어 있는 게 분명하며, 그렇지 않다면 감각기관으로 들어오는 데이터는 무의미한 혼란에 불과할 것이라고 주장했다. 오늘날의 용어로 말하면 사전확률이 설정되어 있다는 것이다.[6] 우리가 세상을 그저 수동적으로 지각하는 것이 아니라 세상을 '구성'한다, 더 정확히 말하면 세상의 모델을 구성한다는 주장이었다.

이 사상을 한층 더 발전시킨 사람은 19세기 독일의 다재다능한 학자 헤르만 폰 헬름홀츠였다. 헬름홀츠는 안과에서 망막을 들여다보는 데 쓰는 검안경을 발명하기도 했다. 그의 탁견은 우리가 세상을 있는 그대로 지각할 수 없다는 것이었다. 그 이유는 우리가 너무 느리기 때문이라고 했다.

헬름홀츠가 연구하던 당시에는 신경계가 전기적 성질을 갖는다는 사실이 알려져 있었다. 그리고 전기는 빛의 속도로 극히 빠르게 이동한다는 것도 알려져 있었기에, 신경 신호도 감각기관에서 뇌로 사실상 순간적으로 전달된다고 생각했다. 헬름홀츠의 지도교수는 그 속도를 굳이 측정하려고 애쓰지 말라고 했다. 그러나 무시하고 실험을 진행한 헬름홀츠는 놀랍게도 신경 신호의 이동 속도가 턱없이 느리다는 것을 발견했다. 초속 약 50m, 즉 시속 180km 정도였다.[7] 또한 피험자의 팔을 건드리면 최대한 빨리 버튼을 누르게 하는 방식으로 반응 시간을 측정해보니, 감각에서 반응까지 걸리는 시간이 0.1초 이상으로 나타났다. 이로 미루어 볼 때 우리가 세상을 있는 그대로 즉각적으로 지각한다는 것은 불가능한 일이라고 그는 주장했다. 세상의 정보가 우리에게 그리 빨리 도달할 수 없기 때문이다. 만약 지각이 직접 이루어진다면, 우리는 세상을 항상 실제보다 한발 늦게 인지하게 될 것이다. 가령 떨어지는 물체를 잡으려 한다면, 항상 물체의 실제 위치보다 약 5cm 위의 허공에 헛손질을 하게 될 것이다.

헬름홀츠는 그러므로 우리가 세상을 힘들이지 않고 즉각적으로 지각한다는 느낌은 착각이라고 주장했다. 우리의 정신은 일련의 '무의식적 추론'을 통해, 망막에 투사된 잡음 많은 2차원 이미지와 그 밖의 감각으로 들어오는 역시 잡음 많고 불분명한 정보로부터 세상의 3차원 모델을 구축한다.

헬름홀츠는 한 가지 예를 들었다. 어떤 사람이 펜을 손에 들고 있다고 하자. 세 손가락이 펜에 닿아 있다. 하지만 각 손가락이 보내는 정보는 매끈한 원통 모양의 물체와 접촉하고 있다는 것뿐이다. 손의 신경에서 직접 보내는 신호는 손가락마다 각기 다른 펜을 만지고 있어도 동일할 것이다. 세 손가락이 서로 가까이 있다는 것을 알기 때문에 자신이 하나의 펜을 쥐고 있다고 지각하는 것이다.[8] 이런 식으로 각자가 가진 세상의 모델에 따라 지각이 형성된다.

1970년대에 영국 심리학자 리처드 그레고리는 헬름홀츠의 연구를 확장시켰다. 그는 우리의 지각이 본질적으로 가설이라고 주장하면서, 과학에서 세상에 대한 가설을 세우는 과정에 이를 직접 비유했다. 그리고 우리는 감각을 이용해 그 가설을 검증한다고 했다. 그 점을 입증하기 위해 몇 가지 착시 현상을 예로 들면서, 착시 현상은 단순히 지각의 결함이 아니라 우리 뇌가 세상의 모델을 특정한 방식으로 구축하다 보니 발생하는 현상이라고 했다. 그럴듯한 착시 현상을 고안하려면 우리 뇌가 사용하는 지름길의 허점을 공략해야 한다.

그런 착시 현상이 일어나는 이유는, 뇌가 할 일이 너무 많기 때문이다. 우리 망막에 비치는 세상은 깔끔하지 않다. 우선 상하좌우가 반전되어 있다(눈을 감고 한쪽 눈의 왼쪽 아래를 눌러보면, 시야의 오른쪽 위에 색깔이 번지는 것을 볼 수 있다). 또한 안구 뒷면의 오목한 형태로 인해 왜곡되어 있고, 안구 뒷면은 혈관으로 덮여 있어 울퉁불퉁하기까지 하다. 최악은 눈이 설계된 구조 자체다. 망막에서 나오는 신경이 바깥쪽이 아닌 안쪽을 향하고 있어 뇌 쪽으로 나가려면 망막을 뚫고 나와야 하고, 그로 인해 큰 맹점이 생긴다.

(재미있는 실험 하나. 왼쪽 눈을 감고 두 집게손가락을 수평으로 맞대어 눈높이에 위치시킨다. 왼쪽 손가락은 그대로 두고 계속 바라보면서, 오른쪽 손가락을 천천히 오른쪽으로 움직인다. 약 20cm쯤 이동하면 오른쪽 집게손가락의 첫째 마디가 사라진다. 그게 바로 오른쪽 눈의 맹점이다.)

"뇌의 임무는 망막에 맺힌 상을 보는 것이 아니라 망막에서 오는 신호를 외부 세계의 물체와 연관짓는 것"이라고 그레고리는 말한다.[9]

그런데 문제가 있다. 외부 세계에서 오는 신호의 원인은 말 그대로 무한한 경우의 수가 있을 수 있다. 깜깜한 밤하늘에 밝은 점 하나가 보인다고 하자. 그 점은 작고 가까이 있는 것일 수도 있다. 이를테면 반딧불이거나 아니면 비행기의 착륙등일 수 있다. 혹은 거대하고 멀리 있는 것일 수도 있다. 예컨대 목성일 수 있다. 아니면 더 거대하고 더 멀리 있는 직녀성일 수도 있다. 여기에는 크기와 거리라는 두 가지 변수가 있다. '조그만 밝은 불빛'이라는 현상을 설명할 수 있는 두 변수의 조합은 무한하다. 아주 가깝고 작을 수도, 아주 멀고 클 수도, 그 중간 어디일 수도 있다. 그레고리는 "뇌가 풀어야 할 근본적인 문제는 망막에 맺힌 상이 항상 무한한 가짓수의 크기와 모양과 거리를 가진 물체에 의해 만들어질 수 있다는 것"이라며 "그럼에도 우

리에게는 보통 하나의 물체가 안정적으로 보인다"고 말한다.[10]

그레고리는 뇌가 일단 가설을 내놓은 다음, 감각으로 얻은 증거와 비교하여 가설을 검증한다고 주장했다. 그리고 증거를 똑같이 잘 설명해주는 두 가지 가설이 있을 때는 뇌가 둘 사이를 왔다 갔다 할 수 있음을 보여주는 예시를 들었다. 가장 유명한 예가 '네커 입방체'이다. 아마 독자도 잘 들여다보면 마음 먹기에 따라 오른쪽 위에서 내려다보는 형태로도, 왼쪽 아래에서 올려다보는 형태로도 볼 수 있을 것이다.

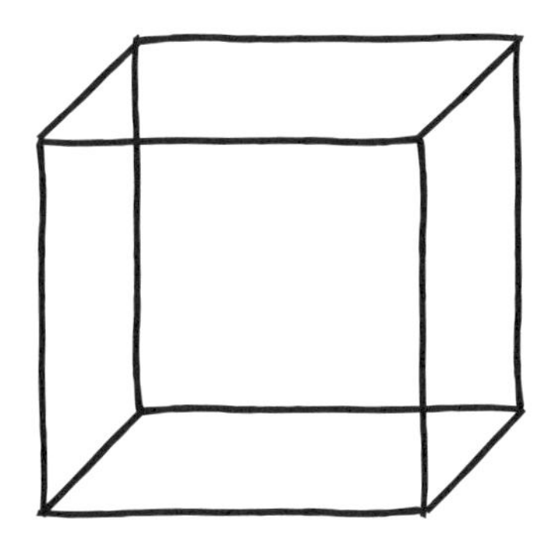

이런 뇌의 작동은 바로 베이즈 방식임을 알 수 있을 것이다. 당신이 세운 가설이 곧 사전확률이다. 가설을 입증하거나 반증할 새 증거를 감각으로부터 구한다. 그게 가능도이자 데이터다. 그리고 둘을 결합하여 사후확률분포를 구한다. 네커 입방체는 두 가설(위에서 본 형태와 아래에서 본 형태) 중 어느 쪽도 뚜렷하게 선호할 이유가 없으므로 사전확률이 50 대 50이 되고, 데이터도 두 가설에 모두 잘 맞아떨어지는 경우다.

착시 현상

2015년의 어느 날, 나는 인터넷 언론사 〈버즈피드〉에서 일하고 있었다. 사무실이 갑자기 엄청나게 들뜬 분위기에 휩싸였다. 미국 지사의 동료 케이츠 홀더니스가 인터넷에서 희한한 것을 찾아냈기 때문이다.[11] 케이츠는 인터넷에서 희한한 것을 찾아내는 데 일가견이 있었다. 이번에 케이츠가 발견한 것은 어떤 드레스 사진이었다.

아마 독자도 그 드레스를 기억할 것이다. 우리 〈버즈피드〉 직원들에게는 기이한 순간이었다. 우리가 골몰하던 온라인 세계 속의 현상이 그 세계를 뚫고 나와 완전히 주류로 떠오른 사건이었기 때문이다. 아내와 처가 식구들과 함께 식당에 점심을 먹으러 갔는데 지나가는 사람들이 드레스가 파란색과 검은색인지 흰색과 금색인지 논쟁하는 것을 들은 기억이 난다. 케이츠가 올린 버즈피드 기사는 3700만 회 이상의 조회수를 기록했으며, 우리 런던 지사 직원들까지 포함해 버즈피드의 사실상 전 직원이 관련 기사나 반응 기사 등을 쓰는 데 동원되었다.

문제의 사진은 가로 줄무늬가 있는 드레스였다. 줄무늬는 아무리 봐도 흰색과 금색이었다. 하지만 케이츠가 올린 기사의 인터넷 주소는 'help-am-i-going-insane-its-definitely-blue(도와주세요 미치겠네 당연히 파란색이잖아)'였다. 기사에는 투표 기능이 포함되어 있었고, 드레스가 흰색과 금색인지 아니면 파랑과 검정인지 답하게 되어 있었다. 지금까지 8년간 투표한 약

370만 명 중에서 67퍼센트는 흰색과 금색이라고 답했고, 33퍼센트는 파랑과 검정이라고 답했다. 가수 테일러 스위프트는 다른 사람들 눈에 파랑과 검정이 보이지 않는다는 사실이 "혼란스럽고 무섭다"고 트윗을 올렸다. 가수 저스틴 비버도 '파랑-검정'파였다. 가수 케이티 페리와 방송인 킴 카다시안은 '흰색-금색'파였다. (이상의 반응은 위키피디아에 나와 있는 내용이다.) 대부분의 사람들은 다른 파 사람들이 무슨 소리를 하는지 도저히 이해하지 못했다.

색상 지각도 그레고리가 주장하는 '가설' 가설의 좋은 예다. 빛이 우리의 망막에 도달할 때 그 파장과 진폭은 다양하며, 매초 우리의 광 감각 세포에 도달하는 광자의 수도 그때그때 다르다. 하지만 우리는 빛의 파장이나 광자의 수에는 관심이 없다. 우리의 관심사는 그런 정보를 가지고 빛을 반사시킨 물체에 대해 무엇을 알 수 있느냐 하는 것이다. ('뇌의 임무는 망막에 맺힌 상을 보는 것이 아니라 망막에서 오는 신호를 외부 세계의 물체와 연관짓는 것'이라는 점을 기억하자.)

만약 망막의 한 지점에 진폭이 비교적 낮은 소량의 광자가 넓은 스펙트럼의 파장으로 도달한다면, 즉 흐릿한 회색빛이 눈에 들어온다면, 이는 여러 가설로 설명될 수 있다. 어두운 조명 아래 밝은 흰색 물체일 수도 있고, 밝은 조명 아래 어두운 회색 물체일 수도 있다. 또는 그 사이의 모든 경우가 다 가능하다.

그 점을 잘 보여주는 사례가 매사추세츠 공과대학교의 에드워드 애델슨이 고안한 유명한 착시 현상이다. '체커 그림자 착시'라고 하는 것으로, 체스판의 한 모퉁이에 큰 원통이 놓여 있는 그림이다. 원통은 옆에서 빛을 받아 체스판에 그림자를 드리우고 있다. 그림자 밖에 있는 네모 칸 하나와 그림자 안에 있는 네모 칸 하나가 각각 A와 B로 표시되어 있다.

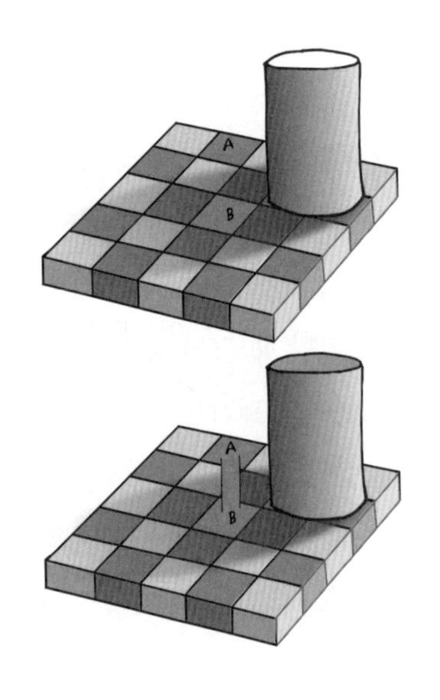

아무리 봐도 A는 어두운 색, B는 밝은 색으로 보인다. 그런데 사실 둘은 정확히 똑같은 색이다. 위 그림처럼 두 칸을 같은 색의 막대로 연결하면 알 수 있다. 아니면 두 네모 칸만 보이게 손가락으로 그림을 가려봐도 된다. 이 착시 현상은 우리 뇌가 가설을 형성하고 현실과 비교해 검증하는(그리고 이 경우는 의도적인 속임수에 속아 넘어가는) 완벽한 예다. 방금 말했듯이, 어중간한 회색빛으로 망막에 맺힌 상은 어두운 조명 아래 밝은 색 물체일 수도 있고, 밝은 조명 아래 어두운 색 물체일 수도 있다.

망막에 그런 상이 맺히면 우리 뇌는 최선의 가설을 세우기 위해 단서를 찾아 나선다. 가만히 보니 한 네모 칸은 그늘이 져 있고 한 네모 칸은 아니다. 따라서 우리 뇌는 그늘진 칸은 밝은 색인데 어둡게 조명되었고, 다른 칸은 어두운 색인데 밝게 조명되었다는 것이 최선의 가설이라고 생각한다.

우리 뇌가 가설을 형성하는 과정을 직접 느껴볼 수 있는 방법이 또 하나 있다. 처음에는 무엇인지 알 수 없던 그림이, 어떤 가설을 제시받고 나면 꼭 그렇게만 보이는 현상이다. 한 예로, 아래 그림을 보자. 이게 과연 뭘까?

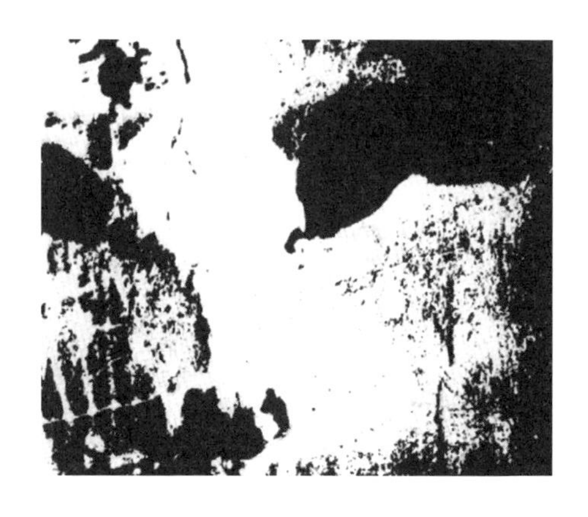

정답은 몇 줄 밑에서 공개하겠다. 잘 보고 알아맞혀보자.

…

…

… 그렇다, 나는 원고료를 줄 수로 쳐서 받는다. …

자, 그럼 정답을 공개한다. 소의 그림이다. 그림의 왼쪽 편에 소의 머리가 있고, 정면을 향하고 있다.

이제 보이는가? 보인다면, 다시 이 그림을 아무 의미 없는 얼룩덜룩한 무늬로 보려고 노력해보라. 대부분의 사람은 아무리 해도 안 된다. 가설을 확보했고, 증거에 비추어 검증했으니, 이제 가설이 뇌리에 고착되어 좀처럼 바꿀 수 없는 상태다.

색상 지각은 의식의 수준보다 훨씬 낮은 수준에서 이루어진다는 데 아마 대부분의 독자가 동의할 것이다. (뒤에서 '상위' 지각과 '하위' 지각에 관해 더 체계적으로 살펴보겠지만, 지금은 일단 그렇다고 해두자.) 소 그림을 인식하는 것도, 물론 '소'가 '회색'보다 더 상위의 개념이긴 하겠지만, 여전히 상당히 기초적인 수준인 듯하다.

하지만 문자 인식은 어떨까?

다음 두 그림을 보자.

첫 번째 그림에서 "THE"의 H와 "CAT"의 A가 같은 모양이라는 것을 알아챘는가? 어쨌든 읽는 데는 아무 어려움이 없었을 것이다. 우리 뇌는 "TAE"라는 가설보다는 "THE"라는 가

설이 더 가능성이 높고, "CHT"보다는 "CAT"가 가능성이 더 높다는 것을 알고 있기 때문이다.

두 번째 그림의 문장은 어떻게 읽었는가? "I love Paris in the springtime"이라고 읽었는가? 아니면 THE가 반복되었다는 것을 알아챘는가? 아마 알아채지 못했을 것이다.

역시 베이즈적인 작용이다. 우리는 "PARIS IN THE SPRINGTIME"이 "PARIS IN THE THE SPRINGTIME"보다 가능성이 높다는 사전확률을 강하게 갖고 있고, "THE CAT"이 "TAE CAT"이나 "THE CHT"보다 가능성이 높다는 사전확률을 강하게 갖고 있다. 그래서 증거를 접해도 사후확률이 크게 바뀌지 않는다. 실제로 어떻게 적혀 있는지 깨달으려면 훨씬 더 강력한 증거가 필요하다. 즉, 찬찬히 오래 들여다봐야 한다. 그런데 그마저도 통하지 않는 경우가 있다. 사전확률이 아주 강할 때는 증거를 아무리 많이 접해도 바뀌지 않는다. 유명한 예로 리처드 그레고리가 제시한 '오목 가면hollow mask' 착시 현상이 있다. 다음의 찰리 채플린 가면 사진을 보자.[12]

  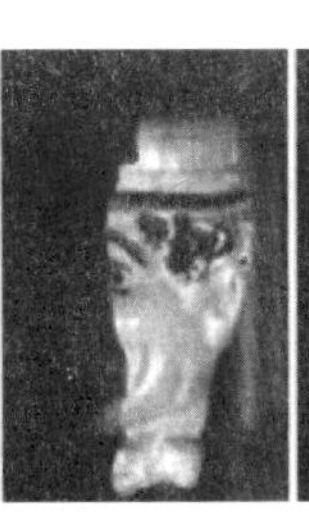 

첫 번째 사진에서는 가면이 앞을 향하고 있다. 그런데 가면이 회전하기 시작한다. 네 번째 사진에서는 가면이 뒤를 보고 있어서 가면의 오목한 안쪽 면이 드러나 있다. 하지만 우리의 뇌는 얼굴이란 항상 볼록하다는 사전확률을 매우 강력하게 갖고 있기에 이 모습을 볼록하게 인식한다. 그 사전확률이 워낙 강력한 나머지 아무리 마음 먹고 들여다봐도 다르게 보이지 않는다. (구글에서 영상을 찾아서 보면 더욱 기이하다. 가면이 돌아갈 때 어느 순간 우리 뇌가 '반전'된다고 해야 할까, 가면이 분명히 돌아가서 뒤집힌 것을 보았음에도 도저히 오목하게 보이지가 않는다.)

이쯤이면 처음에 언급했던 드레스 색 논란도 훨씬 이해가 잘 되지 않을까 한다. 그 경우에도 사람들의 눈에 들어온 정보는 거의 차이가 없었다. 특정 파장과 진폭으로 이루어진 일정량의 광자였을 뿐이다. 그러나 그 정보가 두 가지 그럴듯한 가설과 양립할 수 있었던 것이다. 하나는 노르스름한 밝은 조명 아래의 짙은 파란색과 검정색으로 된 드레스, 또 하나는 푸르스름한 어두운 조명 아래의 흰색과 금색으로 된 드레스다.[13]

이 드레스 색 논란의 흥미로운 점은, 네커 입방체와는 달리 대부분의 사람이 두 가지 가설 사이를 왔다 갔다 할 수 없다는 것이다. 그리고 '진짜' 색깔이 밝혀진 후에도 앞서 보았던 소의 그림처럼 뇌리에 고착되는 효과가 없었다. (실제 드레스는 파란색과 검정색이었다. 드레스를 입었던 여성이 같은 드레스의 다른 사진도 올렸다.) 한 가지 가능한 설명은 사람마다 애초에 가진 사전확률이 다르다는 것이다. 한 논문은 '아침형 인간'이 조명을 더 파랗게 보는 사전확률을 가졌을 가능성이 있다고 주장했다. (그러나 결정적인 증거는 찾지 못했다.)[14]

그 드레스의 색을 사람에 따라 다르게 지각하는 정확한 원리는 아직 밝혀지지 않았다. 하지만 그 개념 자체는 특이할 게 없다. 우리가 가진 사전확률, 즉 우리가 가진 하향식 세계 모델에 따라 감각에서 오는 정보가 다르게 지각된다는 것이다. 드레스 색깔 논란은 베이즈 현상이었다.

현실은 제어된 환각

리처드 피츠휴라는 사람이 흥미로운 실험을 시도한 적이 있다. 고양이의 망막에서 뇌로 전달되는 신경 자극만을 보고 고양이가 무엇을 보고 있는지 알 수 있을까? (실험을 위해서는 고양이를 어느 정도 해부해야 했을 것으로 짐작된다.)

종종 잊는 사실이지만, 뇌에 전달되는 정보는 에너지다. 광자가 수용체 세포에 닿으면 미세한 화학적 변화가 일어나면서 연쇄 반응이 신경을 타고 이어진다. 손끝에 압력이 가해져도 비슷한 현상이 일어난다. 신경을 통해 우리 뇌에 전해지는 것은 에너지가 불쑥불쑥 치솟는 패턴이다. 특별히 흥미로운 일이 일어나지 않을 때 수용체는 일 초에 몇 번씩 다소 뜬금없이 발화할 뿐 대체로 조용하다. 그러다가 가령 섬광이 번쩍인다거나 하는 변화가 일어나면, 발화가 집중적으로 일어나면서 뇌에 도달하는 신호가 대폭 늘어난다. 피츠휴는 시신경에 흐르는 신호만을 관찰해 고양이가 섬광을 본 순간을 판정하는 통계적 방법을 고안하고자 했다.[15]

그리고 정확히 판정해내는 데 성공했다. 결과를 실제와 비교해 확인했다고 한다. 그러나 실제 뇌는 그보다 훨씬 어려운 일을 해내야 한다. '섬광'과 '섬광 없음'뿐만 아니라 '개', '쥐', '자동차', '주인', '사료 그릇', '매력적인 이성 고양이' 등 무수히 많은 경우를 구별해야 한다(계속 고양이 뇌 입장에서 예를 들어본 것이다). 뇌에 전해지는 것은 다양한 입력에서 비롯되어 다양한 빈도로 치솟는 전기화학적 에너지의 패턴일 뿐이다. 뇌는 그것을 가지고 각종 물체와 사회적 행동으로 가득한 세상을 온전히 구현해내고 있다.

지금까지 알아보았듯이 우리 뇌 속에서는 사전확률, 예측, 가설과 관련된 뭔가가 일어나고 있다. 이제 좀 더 구체적으로 살펴보자. 신경과학자 크리스 프리스는 우리의 현실 지각을 가리켜 제어된 환각이라고 말한다.

내가 책상에 놓인 커피잔을 보고 있다고 하자. (이 주제를 논하는 책들은 어째서인지 하나같이 커피잔을 예로 들고 있다. 처음엔 다들 서로 베꼈나 싶었지만, 지금 생각은 저자들이 하나같이 책상에 앉아 예로 들 만한 것을 찾다가 커피잔이 눈에 들어왔기 때문일 것 같다. 그래서 나도 전통을 따르겠다.) 직관적으로 이해되는 지각 모델은 이런 것이다. 나는 상행하는 신호를 통해 커피잔을 지각한다. 즉, 카메라를 통해 뇌 속의 TV 화면에 픽셀이 전송되듯 색깔, 선, 형태 등 현실을 이루는 기초 요소가 신호 형태로 내 눈을 통해 들어온다. 뇌의 하위 처리기가 그 신호를 받아 조합하여 복잡한 개념을 생성하고, 이를 세상에 관한 기억이나 지식에 비추어 '컵'이나 '커피' 등으로 분류하는 작업이 이루어진다.

이런 상향식 지각 모델은 오랫동안 인지과학 분야에서 주종을 이루었다. 하지만 오늘날의 이론은 좀 다른데, 말하자면 이런 식이다.[16]

세상의 상이 감각을 통해 들어오는 것이 아니라, 뇌가 끊임없이 세상의 상을 만들어낸다. 우리는 주변 환경의 모델을 3차원으로 구축한다. 그리고 세상을 예측하고 있다. 다른 말로 하면, 세상을 '환각'하고 있다. 중요한 점은 정보가 상향으로 흐를 뿐 아니라 하향으로도 흐른다는 것이다. 뇌의 상위 처리기가 신경 수용체로 신호를 내려보내 어떤 신호를 예상하라고 알려준다.

구체적인 예를 들면 이렇다. 내가 책상 위를 둘러보면서 시선을 특정 지점으로 옮길 때, 뇌의 상위 영역은 하위 영역으로 '키보드 옆에 분홍색 커피잔이 있을 거야'라는 신호를 보낸다. 하위 처리기는 그 개념을 '시야 중앙에서 약 30도 각도에 위치한 엷은 색의 땅딸막한 원통형 물체' 하는 식으로 잘게 쪼갠다. 이는 다시 더 기초적인 개념으로 쪼개진다. 이 자리에 이 색깔, 이 자리에 수직선 하나 … 하는 식이다. 그 결과는 다시, 피츠휴가 다뤘던 수준인 지극히 기초적인 기계 코드 수준으로 변환된다. 이를테면 시신경의 어떤 뉴런들이 대략 어떤 정도의 빈도로 발화할 것이라는 내용이다. 이런 식으로 추측, 예측, 가설들이 복잡한 개념의 상위 수준에서 시작해 지극히 단순한 신경신호 수준에 이르기까지 차례차례 변환되어 내려온다.

이와 동시에 신경에서 신호가 올라온다. 어떤 신경들이 어떤 빈도로 발화하고 있다는 내용이다. 커피잔이 예상했던 위치에 있으니 신경 신호는 예측했던 패턴과 일치한다. 의외의 사건이 일어나지 않았으므로, 내가 가진 세상의 모델은 변함없이 유지된다. 커피잔이 있어야 할 자리에 있으니 더 높은 수준으로 신호를 올려보낼 필요가 없다. 내 주위의 환각된 장면은 그대로 유지된다.

그런데 이제 내가 커피잔을 잡으려고 손을 뻗는다고 하자. 나는 그 잔에 뜨거운 커피가 가득 차 있을 것이라고 믿고 있다. 커피잔이 있으리라 예상되는 곳으로 손을 움직여 커피잔을 잡는다(뜨거운 커피가 잔에 들어 있으리라는 상위 수준의 예상, 일정한 무게와 온도를 지닌 원통형 물체에 대한 하위 수준의 예상, 고유감각 신경과 온도 감지 신경이 그런 신호를 보내리라는 기계 코드 수준의 예상 등). 그러나 손으로 잔을 잡고 들어 올리는데, 신경 신호의 패턴이 예상과 맞지 않는다.

이제 어떤 작용이 일어나기 시작한다. 예측했던 패턴이 수신된 패턴과 맞지 않으면, 하위 처리기는 문제를 한 단계 위로 올려 보낸다. 약간 더 높은 수준의 처리기가 문제를 설명할 수 있다면, 설명하여 새로운 신호를 다시 내려보낸다. 설명할 수 없다면, 자신의 신호를 더 위로 올려보낸다. 결국 신호가 상위 영역에 도달해서야 설명이 가능해지면서, 내가 10분 전에 커피를 다 마셔서 잔이 식은 지 이미 오래됐으며 더 마시려면 물을 또 끓여야 한다는, 복잡한 개념의 결론에 도달하게 된다.

그렇다면 중요한 것은 신경에서 올라오는 신호 자체가 아니라, 신경에서 올라오는 신호와 뇌의 상위 영역에서 내려오는 예측 간의 차이다. 이 차이를 **예측오차**라고 한다. 예상과 결과 사이의 차이라고 할 수 있다. 우리 뇌는 예측오차를 최소화하려고 끊임없이 애쓴다. 즉, 새로운 신호가 들어올 때마다 자기가 가진 모델을 갱신하여 현실에 최대한 가깝게 만든다.

통계나 기계학습 전문가들이 보기엔 '칼만 필터'와 다르지 않은 원리일 것이다. 칼만 필터는 여러 측정값을 사용해 알고자 하는 미지의 양을 추정하고, 그 추정을 사용해 예측을 하는 알고리즘이다. 예를 들면 휴대전화의 GPS는 여러 위성에서 신호를 받아 자신의 위치를 추정하고, 그 추정값을 사용해 다음 신호가 언제 도착할지를 예측한다. 이 과정이 꼬리를 물고 반복된다. 사전확률, 데이터, 사후확률을 차례로 얻고, 사후확률이 다시 사전확률로 쓰인다.

물론 뇌가 해야 할 일은 그보다 훨씬 많다. 어떤 신호가 올지 예측하는 것 외에도, 자기가 근육으로 보내는 신호가 어떤 작용을 할지, 또 그로 인해 감각 신호에 어떤 영향이 있을지 예측해야 한다. 실로 엄청나게 복잡한 춤이라 할 수 있다. 신호가 위로, 아래로, 그리고 횡으로 오가면서 서로 동기화되고, 다양한 처리 영역에서 예측과 결과를 비교한다. 예측의 신뢰도와 특이도, 들어오는 정보의 정밀도를 모두 저울질하고 판단한다. 게다가 물론 다양한 양식modality의 정보를 취합해야 한다. 여기엔 시각, 청각, 촉각, 후각, 미각뿐만 아니라 몸의 위치와 자세, 배고픔, 목마름, 성욕 같은 내부 감각까지 포함된다.

하지만 이 모든 것의 근본은(이제는 말하지 않아도 알 것 같고, 아마 더 듣기도 지겨울 것 같지만) 역시 베이즈 시스템이다.

우리의 예측이 사전확률이고, 감각 데이터가 가능도이며, 갱신된 예측이 사후확률이다. 그리고 중요한 점이 있다. 우리가 경험하는 것은 감각에서 온 데이터가 아니라, 우리가 내린 예측이다. 물론 감각 정보에 의해 끊임없이 갱신되는 예측이지만, 우리는 데이터가 아니라 예측 속에 산다. "우리가 경험하는 것은 한마디로 말해 감각 데이터의 원인에 대한 베이즈 추정"이라고 신경과학자 아닐 세스는 말한다.

'우리가 하는 의식 경험이란 기본적으로 우리가 가진 베이즈 사전확률이다'라고까지 말하는 건 너무 많이 나간 것이 아닐까 생각했다. 그런데 세스와 프리스 두 사람 모두 기꺼이 그 말에 동의했다. "의식은 우리가 품은 세상의 모델이지, 세상이 아니다"라고 프리스는 말한다. 세스는 "우리 지각의 내용은 곧 우리가 벌이는 하향식 예측의 내용이다"라고 말한다. 그렇다면 의식은 분명히 베이즈적이다.

도파민과 첨단 컴퓨터 로봇

그러나 신중할 필요도 있다. 숫자를 실제로 따져보지 않고 무엇이든 다 베이즈적이라고 말하기는 쉽다. "추측을 하고, 새로운 정보를 얻고, 추측을 바꾼다고! 완전 베이즈적이네!" 하는 식으로 말이다. 아무래도 좀 더 설득력 있는 증거가 필요할 것 같다.

한 가지 증거를 들면 이런 것이 있다. 앞서 잠깐 언급했지만 아직 제대로 다루지 않았는데, 우리 뇌가 안고 있는 특유의 난제가 있다. 여러 감각에서 오는 정보를 통합하는 일이다. 예컨대 누군가와 대화할 때, 나는 상대방의 목소리라는 청각 정보와 상대방의 입 모양이라는 시각 정보를 동시에 활용할 수 있다.

정말 베이즈 방식으로 한다면 더 정밀한 정보를 전해주는 감각 쪽에 가중치를 더 많이 부여해야 할 것이다. 실제로 그런 일이 일어난다는 것을 입증한 실험 하나를 크리스 프리스와 아닐 세스가 모두 언급하고 있다.[17] 프리스는 "훌륭한 실험이다. 내가 한 실험은 아니다. 시각과 촉각을 결합한 실험"이라고 말했다.

피험자들에게 눈과 손을 사용해 판자 위에 놓인 막대의 너비를 추정하게 했다. 그런데 판자와 막대는 실물이 아니라, 머리 위에 설치된 스크린이 거울에 비친 상이었다. 거울 밑에 있는 피험자의 손은 프리스의 표현에 따르면 '첨단 컴퓨터 로봇', 논문의 저자에 따르면 '힘 피드백 장치'를 쥐고 있었다. 연구진은 영상에 지직거리는 잡음을 넣거나 첨단 컴퓨터 로봇이 손에 가하는 피드백의 정밀도를 떨어뜨리는 방법으로 두 입력의 정밀도를 마음대로 조절할 수 있었다.

보통은 시각이 촉각보다 정밀하기에, 피험자들은 손에 느껴지는 피드백보다 눈에 보이는 형태에 주로 기반해 추정했다. 그러나 영상에 잡음이 많이 추가될수록 촉각의 영향이 커졌다.

흥미로운 점은 이 부분이다. 연구진은 피험자가 베이즈 방식을 완벽히 따른다고 할 때 불분명한 두 감각 정보를 어떻게 통합할지에 대해서도 '최대가능도추정법'을 사용해 모델링했다. 앞에서 로널드 피셔와 칼 피어슨의 사이가 틀어진 계기로 언급했던 기법이다. 각 감각에서 오는 입력값의 표준오차가 증가함에 따라, 즉 그래프의 곡선이 평평하게 퍼짐에 따라, 그 감각이 우리의 믿음에 미치는 영향은 줄어들어야 한다.

실험 결과, 인간이 실제로 정보를 통합하는 방식은 이상적인 베이즈 관찰자의 방식과 지극히 흡사한 것으로 드러났다. 우리 뇌는 잡음 섞인 데이터를 베이즈 최적Bayes-optimal 방식에 가깝게 활용하고 있는 것이다.

인터넷에 많이 올라와 있는 시청각 착각 현상을 통해 그런 정보 통합 현상을 확인할 수 있다(베이즈 최적 방식인지는 직접 확인할 수 없겠지만). 가장 유명한 것은 아마도 맥거크 효과일 것이다.[18] 영상을 보면, 한 남자의 얼굴이 등장해 "bah … bah … bah"와 "vah … vah … vah"를 번갈아 발음하는 듯하다. 그러나 실제로는 계속 동일한 'bah' 소리다. 차이점은 남자가 'bah'로 들리는 소리를 낼 때는 입술을 붙이고, 'vah'로 들리는 소리를 낼 때는 윗니를 아랫입술에 댄다는 것뿐이다. 우리 뇌가 눈에서 오는 정밀한 정보를 귀에서 오는 비교적 덜 정밀한 정보보다 우선시하면서 일어나는 착각이다.

이와 같은 착청 현상의 예는 많다. 내가 정말 이해하기 어려운 착청 현상 중 하나는, 똑같은 모호한 소리가 어떤 단어를 눈으로 보고 있느냐에 따라 '그린 니들green needle'로 들리기도 하고 '브레인스톰brainstorm'으로 들리기도 하는 것이다.[19]

그뿐만이 아니다. 우리가 어떤 사건을 예상하고 있을 때 우리 뇌는 사건 자체보다 사건이 일어나리라는 예측에 더 강하게 반응한다. 프리스는 내게 신경과학자 볼프람 슐츠의 2001년 논문을 예로 들어 보였다. 원숭이의 뇌에 전극을 꽂고(그리 유쾌한 실험 방법은 아닌 것 같다) 도파민 분비 세포가 언제 활성화되는지 관찰한 연구다.[20] (도파민을 '보상 물질'이나 '쾌락 물질'로 부르는 것이 적절한가 하는 논쟁은 여기서 피하고자 한다. 도파민은 신경전달물질이고, 여러 가지 역할을 하며, 단순히 행복 등의 감정 상태를 나타내는 물질이라고 말하기는 어렵다. 어쨌든 보상과 관련이 있다.)

연구진은 원숭이들에게 밝은 빛이 번쩍인 후에 맛있는 과일 주스라는 보상이 주어진다는 것을 예상하도록 훈련시켰다. 원숭이에게 섬광을 보여주고, 1초 후에 주스를 입안으로 직접 분사해주는 식이었다.

여기서 '파블로프의 개' 실험을 떠올리는 독자도 있을 것이다. 종을 칠 때마다 개들에게 먹이를 주었더니 나중에는 개들이 종소리만 듣고도 침을 흘리더라는 실험이다. 슐츠의 실험에서도 비슷한 현상이 나타났다. 처음에는 주스가 공급된 직후에 도파민 세포의 활동이 급증했다. 보상에 대한 반응이었다. 그러나 시간이 지나자 주스가 공급되기 직전, 빛이 번쩍일 때 도파민 활동이 급증했다. 섬광과 함께 일종의 '보상'이 이루어진 셈이다. 주스가 실제로 공급되었을 때는 활동이 더 증가하지 않았다.

더 흥미로운 결과는 그다음이었다. 섬광을 번쩍이지 않고 주스를 공급하니 도파민 세포 활동은 예상치 못한 보상에 반응하여 이전처럼 급증했다. 그런데 섬광을 번쩍이고 나서 주스를 공급하지 않으면, 도파민 세포 활동은 평소 수준 이하로 떨어졌다. 예상했던 보상이 이루어지지 않자 원숭이가(혹은 원숭이의 도파민 분비 세포가) 실망한 것이다.

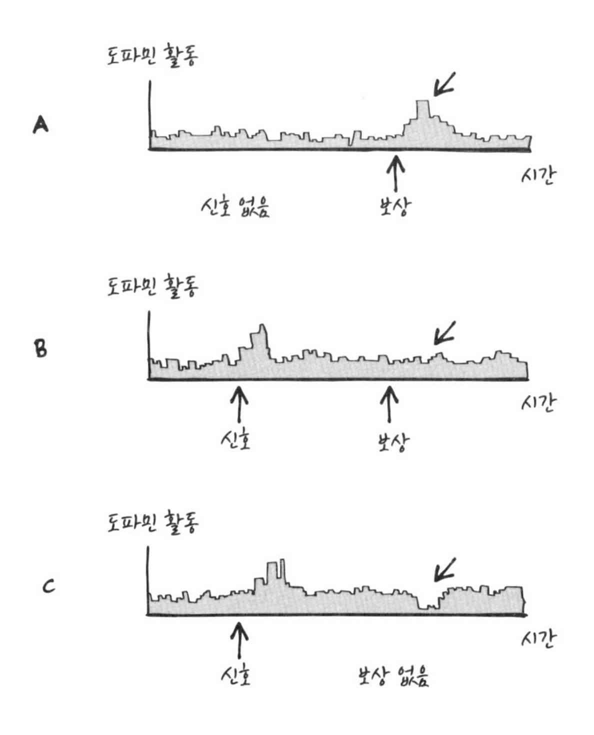

이 실험은 '우리 뇌는 예측 기계' 모델을 가장 낮은 수준에서 보여주는 예라고 할 수 있다. 이처럼 기초적인 기계 코드 수준

에서는 감각기관이 세상을 예측한 후 세상이 예측대로면 더 이상 신호를 보내지 않는다. 예측이 틀리면 상위 수준으로 신호를 올려보낸다.

바로 그 점이 중요하다. 어느 수준에서든 항상 우리가 경험하는 것은 우리가 예측한 내용이다. 예측한 내용을 현실과 비교해 검증한다. 비교해보고 일치하면 아무 문제 없다. 일치하지 않으면 예측오차가 발생한 것이며, 그때 비로소 상위로 신호가 전해진다.

그 밖의 여러 연구에서도[21] 예측 성공이 아니라 예측오차가 신경 신호를 유발한다는 사실이 밝혀졌다. 예를 들어 망막의 신경세포는 "원본 시각 이미지가 아니라 예측되는 구조에서 벗어나는 부분을 신호화한다"고 한다.[22] 또 그러한 하위 수준에도 베이즈적 관계가 존재하는 것으로 보인다. 새로운 정보가 통합되어 미래 예측에 포함되는 과정이 베이즈 최적 방식과 유사하다.[23]

이제 앞 절에서 상상했던 그림에 좀 더 살을 붙여볼 수 있다. 예측이 정밀하고 감각 데이터가 정밀할수록 뇌가 더 많은 주의를 기울인다는 점이 중요하다. 상위 처리기는 더 하위의 처리기로 끊임없이 신호를 내려보내 무엇을 예상해야 하는지 알려준다. 하위 처리기는 이를 다시 하위 수준의 예측으로 변환하여, 더 하위의 영역에서 올라오는 감각 데이터와 비교한다. 항상 어느 수준에서든 위의 수준에서 내려오는 정보는 '예측' 역할을 하고, 아래 수준에서 올라오는 정보는 '데이터' 역할을 한다.

그런데 이 모든 것은 확률적이다. 지각과 예측 중에서도 더 확신이 강한 지각과 예측이 있다. 확신이 강한 예측을 가리켜 보통 '정밀도가 높다'고 한다. 맑은 날 들판에 서 있는 눈앞의 소를 지각하는 것은 정밀도가 높다. 탁한 물속에서 스노클링을 하다가 어두운 형체를 얼핏 지각하는 것은 정밀도가 매우 낮다. 망치를 손에서 놓으면 아래로 떨어질 것이라는 예측은 정밀도가 높다. 내년 물가상승률이 5퍼센트 이하일 것이라는 예측은 정밀도가 매우 낮다.

각 층위에서는 대략 이런 과정이 벌어진다. 상위에서 내려온 예측이 있고, 하위에서 올라온 감각 데이터가 있다. 베이즈 정리를 적용해 두 정보를 결합한다. 둘이 대략 일치한다면 예측이 어느 정도 맞은 것이다. (베이즈 용어로 말하자면, 가능도 데이터가 사전확률과 크게 다르지 않다면 사후확률도 크게 달라지지 않는다.) 그런 경우 그 층위에서는 위나 아래로 별다른 신호를 보내지 않는다. 그냥 "좋아, 아무 이상 없어" 하는 정도로 넘어간다.

반면 둘이 일치하지 않으면 여러 가지 상황이 발생할 수 있다. 첫째, 정밀도가 많이 떨어지는 감각 데이터가 매우 정밀한 예측과 어긋나는 경우다. 안개가 자욱한 날 도심 외곽의 공원을 걷고 있는데, 100미터쯤 거리에 덩치와 모양이 물소를 닮은 형체가 어슴푸레하게 보인다. 우리 뇌는 도시에 물소가 있을 리 없다는 예측을 강하게 확신하고 있고, 눈에서 오는 데이터는 흐릿하고 부정확하다. 따라서 예측에 묻혀 감각 데이터가 힘을 쓰지 못한다. 그래프로 표현하자면, 데이터의 평균은 사전확률과 많이 다르지만 표준편차가 워낙 커서 평평하게 퍼진 곡선을 이루기에, 정밀한 사전확률의 뾰족한 곡선이 거의 움직이지 않는 상황이다. 이 경우 그 층위는 계속 잠잠하고, 위쪽으로 신호를 거의 보내지 않는다.

둘째, 비교적 정밀한 감각 데이터가 예측과 어긋나는 경우다. 이때는 새 정보가 예측을 움직이게 된다. 베이즈 공식에 따라 예측이 틀렸을 가능성이 높아지고, 이 층위에서는 예측 오류, 다른 말로 '놀라움'을 겪는다. 따라서 이 층위의 뉴런들이 발화하여 바로 위의 층으로 경고 신호를 보낸다. 불일치가 심할수록 발화가 강하게 일어난다. 극도로 정밀한 예측이 극도로 정밀한 감각 데이터에 의해 반박되는 경우, 예컨대 안개가 걷히고 해가 난 후 다시 바라보니 맙소사 진짜 물소라면, 매우 강력한 경고 신호가 바로 위의 수준으로 올라간다.

상위 수준에 경고 신호가 도달하면, 그 정보가 감각 데이터 역할을 하면서 모든 과정이 다시 반복된다. 더 높은 수준의 처리기가 더 높은 수준의 세상 모델을 가지고 정보를 이해해본다. 이해가 되면 아래 수준으로 새로운 예측을 내려보내 모든 것이 서로 들어맞게 하고, 위쪽에는 알리지 않는다. 이해가 되지 않으면 더 위쪽으로 다시 경고 신호를 보낸다. 어느 수준에서든 처리기가 하는 일은 같다. 아래에서 올라온 데이터와 위에서 내려온 예측을 서로 맞춰보고, 둘을 가지고 새로운 예측을 만들어

아래로 내려보내거나 이해가 불가능하면 경고를 올려보낸다. 불일치가 클수록, 즉 사전확률이 크게 바뀔수록 올려보내는 신호의 강도가 세진다. 신호가 더 '요란해지는' 셈이다.

여기서 핵심은 뇌가 예측오차를 싫어한다는 것이다. 뇌는 예측과 감각 데이터 간의 차이를 최소화하고자 하며, 자신의 예측이 옳기를 간절히 원한다. 그래서 불일치가 발생하면 주의를 기울여 해결하려고 한다. 이 모델에서 '주의'란 다른 것이 아니라, 상위의 처리기와 정밀한 감각 데이터가 우리 주변 환경의 한 측면에 초점을 맞추는 현상을 가리킨다. 우리가 어떤 것에 주의가 쏠리는 경우는 감각에서 올라오는 데이터와 뇌에서 내려오는 예측이 서로 맞지 않을 때다. 이때 요란하고 긴급한 신호가 최상위 수준으로 전달된다.

워들, 테니스, 신속안구운동

지금까지는 지각을 마치 저절로 일어나는 현상처럼 설명했다. 우리는 가만히 앉아 스펀지처럼 외부 정보를 흡수하고 있다는 식이었다. 물론 그렇게 설명하는 편이 더 간단하고, 기본 모델을 세워나가기에도 유리하다. 하지만 실상은 그렇지 않다.

우리는 정보를 흡수하기도 하지만 정보를 찾아 나서기도 한다. 우리는 세상 속을 돌아다닌다. 물체 쪽으로 얼굴을 들이밀기도 하고, 일어서서 가까이 다가가 확인하기도 하고, 집어서 입안에 넣어보기도 한다. 하늘에 떠 있는 빛이 행성인지 별인지 알아보려고 망원경을 사용하기도 한다.

이로 인해 뇌는 두 가지 새로운 과제에 직면한다. 첫째는 자기 자신의 움직임이 미칠 영향을 예측하는 것이고, 둘째는 세상의 정보를 최대한 많이 얻을 수 있는 최적의 움직임을 예측하는 것이다.

그 과정을 베이즈적으로 설명하는 모델이 있는데, 예측 처리predictive processing라고 한다. 창시자는 런던 국립신경병원의 신경과학자 칼 프리스턴이다.

프리스턴은 내게 이렇게 말했다. "1990년쯤부터 베이즈 뇌 가설에 관한 논의가 활발했다. 그렇지만 논의가 지각 측면, 즉 이해 쪽에 치우치면서 운동제어나 의사결정과 같은 행동 측면은 등한시되었다. 우리가 직접 나서서 데이터를 수집하는 과정이 간과된 것이다. 그러다 보니 훨씬 더 광범위한 문제가 대두되었다."

우리는 지각과 행동을 별개의 것으로 생각하는 경향이 있다. 감각을 통해 세상을 보고, 어떻게 할지 결정하고, 행동으로 옮긴다는 식이다. 그러나 앞에서 살펴봤듯이, 우리는 엄밀히 말해 세상을 보고 있지 않다. 우리는 세상을 예측하고, 새로운 정보를 통해 베이즈 방식으로 예측을 갱신한다.

문제는 우리가 세상에서 받는 신호(즉 신경세포나 도파민 분비 세포 등이 발화하는 패턴)가 세상의 변화뿐만 아니라 우리 몸의 변화에 따라서도 달라진다는 점이다. 예를 들어 망막에서 수평 방향으로 배열된 세포들이 차례로 발화했다면, 그 원인은 눈앞에서 불빛이 오른쪽에서 왼쪽으로 이동한 것일 수도 있고, 내가 고개를 돌리면서 고정된 불빛이 시야를 가로지른 것일 수도 있다. 우리 뇌는 세상에서 오는 신호를 예측해야 할 뿐만 아니라, 우리가 취하는 행동에 따라 세상에서 오는 신호가 어떻게 변할지도 예측해야 한다. 그런 다음 그 예측분을 차감해서 세상 자체의 변화를 예측해야 한다. 그래야만 현실을 안정적으로 지각할 수 있다.

그런데 실상은 한층 더 복잡하다. 앞서 논했듯이 뇌는 예측 오차를 줄이고 싶어한다. 그러려면 우선 세상에 맞추어 믿음을 바꾸는 방법이 있다. 커피잔에 뜨거운 커피가 있다고 믿었는데 잔을 잡아보니 차갑다면, 믿음이 바뀐다. 그런가 하면 믿음에 맞추어 세상을 바꾸는 방법도 있다. 방금 든 예에서는 잔에 다시 뜨거운 커피를 채울 수 있을 것이다. 프리스턴에 따르면 결국 우리의 모든 정신 활동은, 심지어 욕구나 결정까지도, 일종의 예측으로 설명할 수 있다고 한다.

하지만 그 얘기는 나중에 하기로 하자. 지금은 더 간단한 것부터 시작해보겠다.

우선, 행동을 하려면 예측이 직접적으로 필요한 부분이 있다. 내가 팔을 움직이고 싶다면, 뇌는 신경을 어떤 순서로 발화해야 팔이 움직일지 예측해야 한다. 혹은 신경을 일정 패턴으로 발화할 때 몸이 어떻게 움직일지를 예측해야 한다고도 볼 수 있다.

이 둘은 별개의 문제이며, 어느 행동 모델에 따르면 우리 뇌는 두 가지를 모두 수행한다. 전자는 **역방향 모델**이라고 하며, 후자는 **순방향 모델**이라고 한다. 크리스 프리스는 "역방향 모델은 내가 근육에 어떤 신호를 보내야 하느냐 하는 것"이라며 "문제는 목표가 정해져 있다는 것이다. 가령 손을 뻗어 어떤 물체를 잡고 싶다면, 그 목표를 달성할 수 있는 방법은 무한히 많다"고 말한다.

"한편 순방향 모델은 고정적이다. 보낼 신호를 결정했다면 정확히 어떤 일이 일어날지 계산할 수 있다." 프리스에 따르면 두 모델이 나란히 작동한다. 우리 뇌는 두 시뮬레이션을 동시에 수행하여 결과를 서로 비교한다는 것이다. 예컨대 커피잔을 든다거나 하는 목표가 있다면, 우리 뇌는 어떤 순서로 신경을 발화해야 목표가 가장 잘 달성될지 예측하고, 동시에 그 순서를 따르면 실제로 어떻게 될지 예측하여, 두 모델이 일치하는지 확인한다. '이 역방향 모델을 따랐을 때 원하는 목표가 실제로 달성되는지' 따져보는 것이다.

이 말은 곧, 상상만으로 학습할 수 있다는 뜻이기도 하다. 우리 자신이 어떤 목표를 수행하는 모습을 상상해보자. 나는 지금 축구공을 발 안쪽으로 차는 모습을 상상하고 있다. 어떤 순서로 신경을 발화해야 목표가 달성될지 예측하고, 그 순서대로 신경을 발화한다면 어떤 결과가 나올지 예측하는 과정을 통해, 상상만으로도 과제 수행 능력이 실제로 향상될 수 있다.

그뿐만이 아니다. 우리 뇌는 우리가 움직일 때 어떤 감각을 경험하게 될지도 예측해야 한다. 내가 버스를 잡으려고 달려가고 있다면, 내 시야에서는 버스가 점점 커지면서 위아래로 흔들릴 것이다. 하지만 나는 버스를 일정한 크기의 안정된 물체로 지각한다. 내 뇌는 자기가 근육으로 보내는 신호가 눈으로부터 받는 신호에 미칠 영향을 이미 예측했기 때문이다.

그런 다음 뇌는 그와 같은 움직임을 차감해서 세상의 예상되는 움직임을 구해야 한다. (버스가 내 쪽으로 다가오고 있다면 그 사실을 알아차릴 수 있어야 한다.)

또한 우리 뇌는 주어진 과제 자체를 완수하기 위한 행동 외에, 세상의 정보를 얻기 위한 행동도 수행한다.

비유를 하나 들어보겠다. 세계적으로 유행했던 워들Wordle이라는 게임을 해보았는지? 해보지 않은 독자를 위해 설명하면, 다섯 글자짜리 영어 단어를 알아맞히는 게임이다. 기회는 여섯 번이고, 매번 유효한 영어 단어 하나를 입력해야 한다. 입력한 단어에서 자리까지 정확히 맞는 글자가 있으면 그 글자는 초록색으로 표시된다. 글자가 있긴 하지만 자리가 틀리면 노란색으로 표시된다.

워들의 데이터베이스에 등록된 단어는 약 2,000개이므로, 첫 시도에서 정답을 맞힐 확률은 약 2,000분의 1, 즉 $p = 0.0005$다. 임의의 단어 여섯 개를 시도해볼 수도 있겠지만, 그럴 경우 맞힐 확률은 약 0.3퍼센트에 불과하다.

그래서 나는 이런 식으로 한다. 정보를 수집하는 것이다. 가령 자주 쓰이는 글자가 많이 들어간 단어를 넣어본다. 예를 들면 'ARISE' 등이다. 그 단어를 넣었더니 A가 노란색으로, E가 초록색으로 표시되었다고 하자.

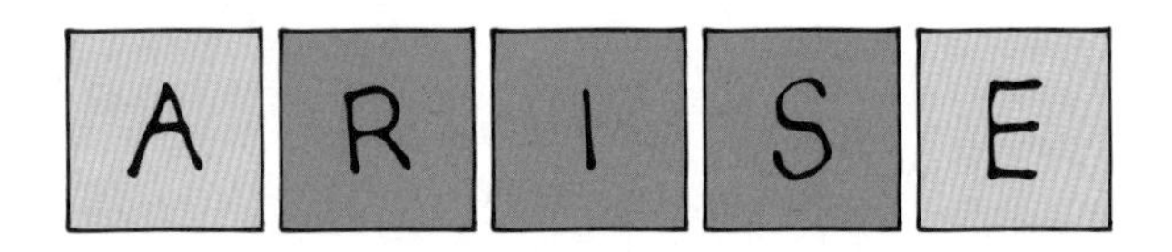

워들 데이터베이스에 A가 어딘가에 들어가고 E로 끝나며 R, I, S가 들어가지 않는 단어가 몇 개나 있을까? 정확히는 모르겠지만 아마 몇십 개쯤 되지 않을까 싶다. 갑자기 후보 단어에 부여할 수 있는 확률이 크게 바뀌었다. 처음에는 2,000개 단어에 모두 똑같이 p=0.0005의 확률을 부여했지만 이제는 'PLACE'나 'LEAVE' 같은 단어에 2퍼센트 정도의 확률을, 'BRACE'나 'GLEAM' 같은 단어에는 0퍼센트의 확률을 부여할 수 있다.

이제 어떻게 해야 할까? 가령 후보 단어가 50개 남아 있다면, 정답을 맞히는 시도에 들어간다고 할 때 맞힐 확률은 여전히 10퍼센트 정도에 불과할 것 같다(남은 기회는 다섯 번, 선택지는 50개이므로). 따라서 범위를 좀 더 좁히는 게 나을 것이다.

그리고 이왕이면 범위를 더 많이 좁혀줄 수 있는 단어를 택해야 한다. 가령 RAISE 같은 단어는 이미 다 시도해본 글자들이니 넣어봤자 A가 두 번째 자리인지 아닌지만 알 수 있을 뿐이다. (그리고 아마 아닐 것이다. A가 LANCE나 MANGE처럼 두 번째 자리에 있는 단어보다 GLAZE나 FLAKE처럼 가운데에 있는 단어가 틀림없이 더 많을 것이다.)

영어에서 가장 많이 쓰이는 글자는 아마 E, T, A, O, I, N, S, H, R, D, L, U일 것이다. 그런 흔한 글자가 많이 들어간 단어를 넣어보는 것도 방법이다. 내 경우는 DONUT을 자주 이용한다. 아니면 모음 두 개는 이미 알아냈으니 모음이 하나만 들어 있는 단어를 넣어볼 수도 있다.

(이제 '이것도 베이즈적이다!'라는 말은 굳이 또 하지 않아도 될 것 같다. 처음에는 모든 단어가 정답일 사전확률이 1/2,000이었다가 새로운 데이터를 얻고 갱신된 사후확률을 구하는 과정이 정확히 베이즈 규칙에 따라 이루어진다.)

요컨대, 과제를 직접 해결하지는 않지만 과제 수행에 필요한 정보를 제공하는 행동이 있다. 예컨대 DONUT은 A나 E가 들어 있지 않으니 정답이 확실히 아니지만, 정보를 얻는 데 유용할 수 있다. 그중에서도 더 유용한 행동이 있고, 그중 적어도 하나는 베이즈 최적 행동이다. 즉, 탐색 범위를 가장 많이 줄여줄 수 있는 추측이다.

참고로 나는 BOTHY를 입력하고 이어서 CHAFE를 입력해 정답을 맞혔는데, 아마 운이 좀 따랐던 것 같다.

프리스턴에 따르면 이 '베이즈 최적 설계'라는 개념은 데니스 린들리로 거슬러 올라간다. "내가 다음에 어떤 데이터를 수집할지 선택해야 한다면, 어디를 관찰해야 하며, 어떤 질문이나 질의어를 던져야 최선인가?"를 따져보는 것이다.

그 개념은 프리스턴과 세스 등의 지각 이론에서 핵심적인 요소가 되었다. 뇌는 그저 수동적으로 지각하는 데 그치지 않고, 세상의 불확실성을 줄이기 위해 능동적으로 정보를 탐색한다. 세스는 "설명하기에 따라, 현재 원하는 목표를 이루는 데 가장 유용한 행동 또는 정보 획득을 최대화하는 인식론적 행동이라고 할 수 있다"고 말한다.

그 훌륭한 예가 눈의 움직임이다. 앞서 이야기했듯이, 우리가 눈앞의 시야 전체를 다채로운 색상으로 선명하게 보고 있는 것 같지만 사실은 그렇지 않다. 오로지 망막의 중심부인 '중심와'에서만 상을 선명하게 식별하고 색을 인식할 수 있다. 나머지 부분은 뇌가 예측하여 채워 넣는다. (카드 더미에서 아무 카드나 보지 않고 뽑아서 고개 뒤로 들었다가 천천히 시야 안으로 가져와보라. 처음에는 빨간색인지 검정색인지 구분이 되지 않을 것이다.)

세세한 부분을 채워넣기 위해 뇌는 중심와를 이리저리 움직인다. 눈이 한 지점에서 다른 지점으로 움직일 때는 매우 급속한 동작을 취하는데, 이를 '신속안구운동saccade'이라고 한다. 워낙 빠른 동작이어서 다른 사람의 눈에는 동공이 이리저리 점프하는 것처럼 보인다. 움직임 자체는 보이지 않고 위치만 휙휙 바뀐다.

그렇다면 신속안구운동은 시선을 어디로 옮기는 걸까? 시야에서 가장 두드러진 지점이 아닐까 생각해볼 수 있다. 녹색 점 여러 개 속에 빨간 점이 하나 있다거나, 수평선 여러 개 틈에 수직선이 하나 있다거나 하는 식으로 가장 밝거나 눈에 띄는 물체가 있으면 그쪽으로 옮겨간다는 것이다. 이는 상향식 지각 모델이라고 할 수 있다. 각 장면의 세세한 특징에 따라 우리가 보는 것이 정해지고 세상을 파악해나가는 방식이 정해진다는 관점이다.

그런데 실제 일어나는 현상은 다르다. 영리하게 설계된 실험을 통해, 우리의 시선은 일이 벌어질 것으로 예상되는 지점으로 이동한다는 사실이 밝혀졌다. 가령 테니스 같은 운동을 하는 사람의 눈을 관찰해보면, 흥미로운 현상이 존재하는 지점이 아니라, 흥미로운 현상이 발생할 것으로 예상되는 지점으로 시선을 휙 옮긴다. 한 논문은 "신속안구운동으로 시선이 이동하는 지점은 공이 잠시 후 도달할 곳"이라며 "중요한 점은, 목표 위치가 설정되는 시점에는 그 위치가 주변 배경과 시각적으로 전혀 구별되지 않는다는 것"이라고 설명한다.[24]

이렇게 현재로선 특색이 없지만 곧 중요해질 곳을 미리 봄으로써 뇌는 불확실성을 최대한 줄일 수 있다. 가령 테니스를 칠 때 공은 너무 빨리 움직여서 우리 눈이 연속적으로 추적할 수 없다. 그 대신 뇌는 공의 경로상에서 가장 중요한 지점, 즉 정보 밀도가 가장 높은 지점을 예측한다. 예컨대 서브를 받을 때는 상대방의 라켓이 공을 치는 지점, 공이 바닥에 바운드하는 지점, 공이 내 라켓과 만나는 지점 등이다. 과학적임을 자처하는 테니스 블로그 '폴트 톨러런트 테니스Fault Tolerant Tennis'에서는 이렇게 설명한다. "공이 빠르게 날아오는 동안 우리 눈은 똑같은 패턴을 여러 번 거듭하여 수행한다. 즉, 공의 미래 위치를 예측한다. 신속안구운동으로 그곳에 시선을 보낸다. 공이 올 때까지 그 지점에 시선을 고정한다. 공을 잠깐 동안 주시하며 추적한다. 이 과정을 반복하는 것이다."[25]

이처럼 공이 중요한 순간마다 시야의 중심을 통과하게 되면, 우리 뇌는 공의 움직임에 관해 최대한 많은 정보를 얻을 수 있다. 만약 예측이 틀렸다면 금방 알아차릴 수 있다. 예측이 맞았다면, 공이 눈의 초점을 통과할 때 공의 움직임에 관해 고품질 정보를 많이 얻을 수 있으므로 다음 중요 지점이 어디일지 예측할 수 있고, 공이 초점에서 벗어난 후 그곳으로 다시 시선을 옮길 수 있다.

그렇다면 지각이란 고도의 기술을 요하는 작업이다. 나는 축구 팬이지만 축구 실력은 형편없다. 어릴 때 축구를 해본 적이 없어서 몸놀림이 마네킹처럼 굼뜨고 뻣뻣하다. 그런데 그뿐만이 아니다. 남들보다 축구를 보는 능력도 떨어진다. 예를 들면, 선수들의 몸 자세나 발과 공의 접촉을 친구들만큼 잘 예측하지 못한다. 친구들은 공이 발등에 제대로 얹혔는지 아니면 발끝에 어색하게 걸렸는지를 나보다 훨씬 잘 보는 것 같다. 아마도 오랜 축구 경험을 통해 공이 발등이나 발끝에 맞을 때 자세의 미묘한 차이나 공이 나아가는 모습의 차이를 보는 눈이 길러졌기 때문일 것이다.

그 같은 차이는 연구에서도 드러난다. 초보 운전자는 시선을 바로 앞 도로에 고정하는 반면, 숙련된 운전자는 교차로나 위험 요소 등 중요한 상황을 보기 위해 시선을 더 멀리 둔다.[26] 야구나 테니스를 하다 보면 공이 바운드하는 지점을 점점 더 잘 예측하게 된다. 초보자는 일이 벌어질 지점을 예측하는 데 서툴러 예측의 정밀도가 많이 떨어지지만, 전문가는 잘 구축된 모델을 가진 덕분에 세상의 정보를 정밀하게 수집할 수 있다. 워들 게임 플레이어가 어느 단어를 선택해야 정답을 맞히는 데 필요한 정보를 얻을 수 있을지 잘 판단해야 하듯, 인간의 뇌도 어디서 정보를 찾아야 세상의 베이즈 모델을 잘 구축해나갈 수 있을지 알고 있어야 한다.

조현병 환자가 자기 몸을 간지럽힐 수 있는 이유

우리는 왜 자기 몸을 간지럽힐 수 없을까?

아니다. 질문을 정정하겠다. 당신은 자기 몸을 간지럽힐 수 있는가? 왜 묻냐면, 만약 그렇다면 문제가 있을 수 있기 때문이다. 대부분의 사람은 불가능하지만, 일부 사람들은 가능할 수도 있다고 한다.

2000년에 신경과학자 크리스 프리스, 세라-제인 블레이크모어, 대니얼 월퍼트가* 학술지 〈뉴로리포트〉에 논문을 발표했다.[27] 이 논문은 한 가지 놀라운 예측을 내놓고 검증했다. 조현병 환자들이 자기 스스로를 간지럽힐 수 있으리라는 예측이었다.

연구진이 그런 예측을 한 이유는 베이즈 정리와 관련이 있다.

지금까지 살펴보았듯이 우리의 세상 경험이라는 것은 우리의 세상 예측이자 곧 베이즈 사전확률이지, 감각의 내용이 아니다. 다만 감각에서 오는 데이터의 제약을 받을 뿐이다. 그 과정의 한 가지 핵심은 '정확히 예측할 수 있는 감각 데이터에는 주의를 덜 기울인다'는 것이다. 앞서 이야기했듯이, 내가 세상 속을 돌아다니는 존재라면 내 감각 데이터의 변화는 외부 세계의 변화로 인해 발생할 때도 있고, 나 자신의 움직임으로 인해 발생할 때도 있다. 그렇다면 그 둘을 구별하여 후자를 무시할 수 있어야, 세상을 안정적으로 느끼고 세상 속의 움직임을 감지할 수 있다. (우리는 달리거나 걸을 때 세상이 흔들린다고 느끼지 않는다. 세상이 흔들린다는 가설에 모든 감각 데이터가 부합함에도 불구하고.) 당연히 예측되는 신호는 우리의 세상 감각에서 차감된다. 프리스는 "우리가 움직일 때, 우리가 일으키는 움직임은 억제되고 우리가 일으키지 않은 움직임만 남는다. 후자가 대개 더 중요한 움직임이다"라고 설명한다.

참고로 말하자면, 우리가 일정하게 반복되는 소음을 의식하지 않고 있다가 소음이 멈추면 비로소 알아차리는 이유도 그

• 여담이지만, 여기에 나는 상당히 베이즈적인 뭔가가 있는 것 같다. 크리스 프리스의 아내 우타, 세라-제인 블레이크모어의 아버지 콜린, 대니얼 월퍼트의 아버지 루이스는 각각 심리학, 신경생물학, 발달생물학 분야의 거장이다. 한 논문의 저자 세 명이 모두 각기 유명한 과학자를 가족으로 둘 확률이 얼마나 될까? 인구 중 유명한 과학자의 비율을 기준으로 잡으면 천문학적으로 낮은 확률이지만, 직업이 대대로 이어지는 경우가 많음을 고려하면 어느 정도 높아진다. 어쨌거나 꽤 놀라운 일인 것 같다.

때문이다. 네 박자의 반복적인 멜로디가 20분 동안 흘러나오다가 박자가 한 번이라도 끊기면 마치 소음이 발생한 것처럼 들리는 이유도 마찬가지다. 당연히 예측되는 소리이므로 우리 뇌가 예측하다가 차츰 무시한다. 그러다가 갑자기 소리가 멈추면 그건 예측하지 못한 일이니 뚜렷하게 느껴진다.

모든 종류의 감각이 그렇다. 촉각도 그렇다는 점을 간단한 실험으로 입증한 연구가 있다.[28] 참가자들을 2인 1조로 편성하고, 한 사람에게 왼쪽 집게손가락을 테이블 위에 올려놓게 했다. 테이블 위에 설치된 장치가 손가락을 위에서 누르게 되어 있었고, 다른 참가자가 버튼을 눌러서 장치를 제어했다. 버튼을 세게 누를수록 높은 압력이 가해지는 구조였다. 두 참가자는 역할을 교대해가며 실험을 반복했고, 항상 자기가 받은 힘과 똑같은 힘을 상대방에게 되돌려주게 했다.

참가자들은 매번 상대방이 가한 힘을 과대평가했다. 따라서 차례를 거듭할수록 압력이 점점 올라갔다. 또 참가자들에게 기계가 다른 사람의 손가락을 누르는 것을 관찰한 후 똑같은 힘으로 장치를 이용해 자신의 손가락을 누르게 했다. 이때도 참가자들은 필요한 힘을 계속 과대평가했다. (논문의 주장에 따르면 놀이터에서 아이들이 벌이는 싸움이 점점 격화되는 경향도 같은 원리로 설명할 수 있다. 자기가 맞은 만큼의 힘으로 똑같이 때린다는 생각으로 때리는데 점점 세진다는 것이다.)

이번에는 똑같은 과정을 반복하되 버튼 대신 조이스틱으로 장치를 제어하게 했다. 힘의 세기를 더 짐작하기 어렵게 한 것이다. 그러자 참가자들은 자신이 가하는 힘을 더 정확하게 판단했다. 역시 '확실하게 예측되는 감각은 무시한다'는 가설에 부합하는 결과다. 우리는 그런 감각을 실제로 더 약하게 느끼는 것이다.

간지럼 얘기로 돌아가보자. 원리는 마찬가지다. 내가 나 자신을 간지럽히려고 할 때, 내 뇌는 자신이 느끼게 될 감각을 매우 높은 정밀도로 예측할 수 있다. 만약 다른 사람이 내 손바닥을 쓰다듬으면서 내 뇌 활동을 기록하면, 대뇌피질의 해당 부위에서 뉴런의 발화가 급증하는 모습이 나타날 것이다.[29] 그러나 내가 내 손바닥을 직접 쓰다듬는다면 뉴런의 발화가 거의 증가하지 않을 것이다. 프리스는 "우리가 자기 몸을 만질 때는 뇌가 반응을 억제한다"고 자신의 저서에서 설명한다.[30]

흥미로운 사실은, 조현병 환자는 보통 사람보다 착시 현상을 덜 겪는다는 것이다. 예를 들어 '오목 가면' 착시 현상을 진단 도구로 사용할 수 있다. 한 연구에 따르면 조현병 환자의 약 30퍼센트가 이 착시를 겪지 않는다. 반면 일반인은 그 비율이 10퍼센트에 불과하다.[31] 조현병이 의심되는데 진단을 내리기 어려운 환자의 경우는 가면의 안쪽 면을 볼록하게 보는지 오목하게 보는지 확인해볼 만하다.

이는 조현병 환자가 가진 사전확률이 일반인보다 덜 선명하기 때문에 나타나는 현상으로 보인다. 다시 말해 이들은 세상에 대한 예측이 덜 정밀하기에, 뒤집힌 가면을 보았을 때 감각 데이터가 오목하다는 가설에 부합하면 오목하다고 옳게 판단할 수 있다.

여기엔 해로운 부작용도 따른다. 예컨대 조현병 환자는 자기 몸이 외부의 힘에 의해 조종되고 있다고 호소하는 경우가 많다. 팔이 움직이는데 자기가 움직이는 게 아니라는 것이다. 프리스의 저서에 등장하는 PH라는 환자는 이렇게 말했다고 한다. "손가락이 펜을 집는데, 제가 그러는 게 아니에요. 제 생각과 상관없이 손가락이 움직여요."[32]

베이즈 방식으로 설명하자면, PH는 자신의 팔이 어떻게 움직일지를 남들보다 덜 정밀하게 예측한다고 할 수 있다. 그래서 팔을 움직일 때 그 움직임이 자신의 경험에서 '차감'되지 않는 것이다. 따라서 마치 남이 자기 팔을 잡고 움직이는 것처럼 그 움직임을 억제되지 않은 채로 경험하게 된다.

환청 및 환시 현상도 마찬가지로 설명할 수 있다. 조현병 환자는 머릿속에서 목소리가 들리는 증상을 호소하곤 한다. '사고 주입'이라고 하는 증상이다. 이 모델에 따르면 그 역시 다른 것이 아니라 대부분의 사람에게도 들리는 목소리, 즉 자신의 내적 독백이라고 볼 수 있다.* 다만 대부분의 사람은 그 목소리가 예측되므로 팔을 움직일 때처럼 그 감각이 억제되는 반면, 조현병 환자는 마치 다른 사람이 자기 머릿속에서 말하는 것처

* 모든 사람이 내적 독백을 하지는 않는다고 하는데, 그렇다는 사실이 나는 참 이상하게 느껴진다.

럼 크게 들리고 놀랍게 느껴지는 것이다.

마찬가지로, 사소한 시각적 방해 요인으로 인해 하위 수준에서 예측오차가 살짝 발생하는 경우도 보통 사람은 상위 수준의 처리기가 적당히 설명하고 넘길 수 있다. 사전확률이 충분히 강하기에 "에이, 얼굴이 설마 오목하겠어" 하면서 넘어가는 것이다. 가령 머리를 움직일 때의 시각적 변화나 얼룩덜룩한 망막에서 보내오는 잡음 섞인 데이터도 문제 없이 예측하고 억제한다.

반면 조현병 환자는 사전확률이 미약하기에 세상을 그리 정밀하게 예측하지 못한다. 그래서 같은 데이터가 들어와도 예측오차가 생기고 경고 신호가 발생하면서 세상의 모델이 그에 맞춰 수정된다. 그런데 이 오류는 무작위적이다. 세상의 실제 사물에서 비롯된 것이 아니라 감각 데이터의 잡음이나 예측하지 못한 움직임에서 비롯된 것이기 때문이다. 따라서 뇌는 이를 설명하기 위해 기이한 가설을 만들어낼 수밖에 없다. 가령 망막의 정맥을 흐르는 혈류의 박동으로 인해 감각 데이터에 리드미컬한 변화가 일어날 수 있을 것이다. 이것을 대부분의 사람은 예측하고 억제하지만, 조현병 환자는 '벽이 숨을 쉬고 있다'는 식으로 해석하게 된다.

지금까지는 비교적 낮은 수준의 예측을 이야기했지만, 같은 원리가 높은 수준의 개념에도 적용되는 듯하다. 조현병 환자는 가령 신문에서 자신과 이름이 같은 사람이 언급되었다거나 숫자 13이 포함된 차량 번호판을 보았다거나 할 때 지나치게 놀라곤 한다. 예측오차가 발생했으니 이를 설명하기 위해 가설을 세우지 않으면 안 되고, 따라서 각종 망상을 하게 된다. 이를테면 TV나 신문이 자신에게 비밀 메시지를 보내고 있다고 믿는 등이다.

이제 간지럼 이야기를 처음에 왜 꺼냈는지 이해가 될 것이다. 대부분의 사람이 자기 몸을 간지럽히지 못하는 이유는 자신에게 전달될 감각 데이터를 워낙 정확히 예측할 수 있기 때문이다. 이 손가락이 이 순간 여기를 간지럽히리라는 것을 다 예측할 수 있으니, 모두 경험에서 차감해버린다. 반면 조현병 환자는 그런 데이터를 그리 정밀하게 예측하지 못하는 것으로 보인다. 그래서 프리스, 블레이크모어, 월퍼트는 조현병 환자들이 스스로를 간지럽힐 수 있으리라는 가설을 세웠다. 더 구체적으로 말하면, 환청 등 조현병 증상을 겪는 사람들은 자기 손바닥을 자기가 쓰다듬을 때 남이 쓰다듬을 때와 똑같이 "강렬하고 간지럽고 기분 좋게" 느껴진다고 답할 가능성이 높으리라고 예측했다.

예측은 정확히 맞아떨어졌다. 조현병 증상이 있는 사람들은 자기가 스스로를 간지럽힐 때 남이 간지럽힐 때와 똑같이 민감하게 반응했다.

아닐 세스는 이 연구를 가리켜 이렇게 말한다. "매우 뜻밖의 예측이라는 점에서 정말 마음에 든다. 그게 조현병의 특징일 거라고 누가 생각했겠는가? 프로이트 연구가라면 그런 가설을 세우지 못했을 것이다. 그런 가설은 뇌를 베이즈 방식으로 생각해야만 나온다. 나는 좋은 이론의 가치가 그런 것이라고 본다. 다른 이론에서는 예측하지 못하는 결과를 예측하는 것이다. 상대성 이론처럼 말이다. 개인적으로 참 답답한 건 모든 상황에 다 들어맞는 이론을 내놓는 사람들이다. 이론이라면 뭔가를 예측해야 하지 않나! 이 조현병 연구가 딱 그런 예다."

네 손을 정말 제대로 들여다본 적 있니?

이 주제는 아직 추측에 가까울 수 있는데, 우울증을 베이즈 관점에서 설명할 수 있다는 견해가 점점 늘고 있다. 더 나아가, 우울증을 포함한 각종 정신질환을 환각성 약물로 치료할 수 있으며 그 작용 원리가 베이즈 방식이라고 보는 과학자들도 있다.

이 같은 주장에 너무 큰 비중을 두지는 않으려고 한다. 뇌가 베이즈 방식으로 작동한다는 증거는 이미 충분하다고 생각하며, 설령 환각성 약물이 항우울 효과가 없는 것으로 밝혀진다고 해도(그럴 가능성도 있다), 전체적인 논지에는 큰 영향이 없을 것이다. 그렇지만 매우 깔끔한 가설이고 잠정적인 증거도 있으니, 한번 살펴보자.

먼저, 환각버섯의 주요 성분인 실로시빈이 우울증을 완화해준다는 증거가 있다. 2021년에 발표된 한 논문에 따르면,[33] 실로시빈은 현재 가장 효과적인 항우울제 중 하나인 에스시탈로

프람과 비슷한 효과를 보였다. 다만 유의해야 할 점이 있다. 이 연구는 소규모 임상시험이었고, 환각성 약물의 맹검 시험blind trial을 진행하기는 매우 어렵다. 이중맹검 시험은 위약효과를 줄이기 위해 환자도 연구자도 누가 치료군이고 누가 대조군인지 모르는 상태에서 진행된다. 하지만 환자가 갑자기 환각을 경험하게 되면 자신이 진짜 약을 받았다는 사실을 어느 정도 짐작할 수 있다. 연구진은 이를 방지하기 위해 효과가 거의 없는 미량의 실로시빈을 대조군에도 투여하는 요령을 발휘했지만, 그래도 환자들이 전혀 감을 못 잡지는 않았을 것이다.*

적어도 네 건의 다른 연구에서도[34] 비슷한 결과가 나왔지만, 첫째, 모두 같은 문제를 안고 있다("저 위약 받지 않은 거 알아요. 선생님이 낙타로 보이거든요"). 둘째, 이 분야의 연구는 항상 약간의 난점이 있는데, 환각성 약물을 연구하는 사람들은 환각성 약물의 장점을 무척 입증하고 싶어하는 경향이 있다는 점이다. 과학계에는 '연구자 효과'라고 하는 현상이 있다. 연구자들이 자신이 발견하고 싶은 결과를 의식적으로든 무의식적으로든 엄청나게 잘 발견하는 경향을 가리킨다.

어쨌든, 베이즈 우울증 모델의 설명에 따르면 우울증은 부정적인 믿음의 사전확률이 지나치게 강하기 때문에 발생한다. 부

* 또 한 가지 밝혀두어야 할 사실은, 실로시빈은 장기간 치료에 반응하지 않은 심각한 우울증 환자들을 대상으로 의료진의 감독하에 철저하게 관리된 실험실 환경에서 치료와 병행하여 투여되었다는 것이다. 혹시 이 책을 읽고 어디 이상한 곳에서 구한 실로시빈으로 정신건강 문제를 치료할 생각은 하지 않기를 바란다.

정적인 믿음의 예로는 자기가 나쁜 사람이라거나 무력하다거나 모든 것이 엉망이라는 것 등이 있다(우울증의 양상은 다양하다). 연구자들은 이를 설명하기 위해 '믿음의 지형'이라는 비유를 든다. 언덕과 골짜기도 있고, 가파른 산과 깊은 협곡도 있는 지형을 상상해보자. '나'라는 존재는 이 지형 위의 작은 자동차와 같다. 나는 지형에서 최대한 낮은 곳으로 내려가고 싶어한다. 낮게 내려갈수록 더 '참된' 믿음을 갖게 된다(더 정확히 말하면, 내 경험과 잘 일치하고 예측오차가 작은 믿음을 갖게 된다). 자동차는 자연스럽게 내리막길로 굴러가지만, 증거라고 하는 '밀어주는 힘'이 있으면 오르막길도 어느 정도 올라갈 수 있다.

'얼굴은 볼록하다'라든지 '내일도 해는 뜬다'처럼 매우 강한 믿음은 매우 깊은 골짜기를 이루며, 그 경사는 아주 가파르다. 그런 골짜기에서 벗어나려면 상당한 증거가 필요하다. 반면 '커피잔에 커피가 들어 있다'처럼 약한 믿음은 적은 증거로도 쉽게 극복할 수 있다.

문제는, 증거와 어느 정도는 일치하지만 옆에 있는 훨씬 더 깊은 골짜기만큼은 못한 작은 구멍에 갇히는 경우다. 그러면 '참되지 않은' 믿음을 갖게 된다. 다시 말해 새로운 데이터를 그리 잘 예측하지 못하는, 최적이 아닌 믿음을 갖게 된다.

그렇다 해도 믿음의 강도가 증거에 상응한다면 큰 문제가 되지 않는다. 그러나 사전확률이 지나치게 강하면 '골짜기'가 지나치게 깊어져, 좋은 증거가 많아도 자동차가 그 경사를 오르지 못한다.

우울증의 원인도 그런 것일 수 있다. 이를테면 '나는 형편없는 사람이고 다들 나를 싫어한다' 같은 참되지 않은 믿음의 사전확률이 지나치게 높은 상태다. 그래서 자동차가 그 믿음의 골짜기에서 벗어나 '나는 평범한 사람이고 남들은 나에 대해 통상적인 범위의 의견을 갖고 있다'라는 더 정확한 골짜기로 옮겨가지 못하는 것이다.

내 믿음이 사실이 아님을 입증할 수 있는 증거가 들어오더라도, 예컨대 사람들이 내가 좋은 사람이고 나를 좋아한다고 말해주어도 이는 무시되고 만다. 사전확률이 워낙 강해서(3장에서 논했던 '다중 가설'을 기억할 것이다) '나는 형편없지 않다'라는 설명이 '이 사람이 내 기분을 좋게 해주려고 거짓말을 하고 있다'와 같은 다른 설명에 압도되어 버리기 때문이다. 이 구멍에서 벗어나는 것은 사실상 불가능하다.

캘리포니아대학교 샌프란시스코 캠퍼스의 신경과학자이자 앞에 언급한 논문의 연구자 중 한 명인 로빈 카하트-해리스는 몇 년 전 나와 대화하면서 이를 가리켜 "사전확률에 과도한 정밀도가 부여된 상태"라며 "더 인간적인 표현을 쓰자면, 병리적인 믿음이나 편견에 지나친 확신을 가진 상태"라고 지적했다.

그렇다면 이제 환각제 이야기를 할 차례다. 환각제는 특이한 약물이다. 투여하면 딱히 행복해지거나 활력이 넘치거나 하지는 않지만, 사물에 엄청난 흥미를 느끼게 된다. 세상이 낯설어 보인다. "너 나무를 정말 제대로 들여다본 적 있니?" 하는 식이다.

이 모델에 따르면 환각성 약물은 사전확률을 평탄하게 만들어버리는 효과가 있다. 우리는 평소에 나무나 자신의 손 같은 것을 진지하게 들여다보지 않는다. 나무는 어떻다는 사전 믿음을 이미 매우 강하게 갖고 있고, 나무를 보았을 때 얻게 될 정보가 그 믿음에 따라 매우 정확하게 예측되기 때문이다. 그래서 우리 뇌는 기본적으로 그런 감각 정보를 무시한다. "익숙한 것이네. 정확하게 예측되고. 오케이, 다음." 이런 식이다.

그러나 만약 어떤 이유로 사전 믿음의 정밀도와 확신도가 낮아진다면, 감각에서 오는 데이터가 더 중요해질 것이다. 갑자기 자신의 손등이 굉장히 신기해 보인다. 그리고 뇌가 보통은 무시해버리는, 데이터의 이상하고 불규칙한 변동이 중요하게 인식된다. 그래서 바닥이 숨을 쉬고 있는 것처럼 보이거나 벽지에서 얼굴들이 자신을 쳐다보고 있는 것처럼 느끼게 된다.

앞서 다뤘던 조현병의 특징이 떠오를 것이다. 사실 같은 개념이다. 그런데 여기서 중요한 점은, 이론적으로는 우울증 환자에게 실로시빈을 투여하면 믿음의 지형이 평탄해지면서 스스로에 대한 부정적인 믿음의 지나치게 강한 사전확률이 약화된다는 것이다. 그렇게 되면 자신에 대한 잘못된 인식을 바꿀 수 있도록 돕는 치료를 병행하면서, 우울증의 골짜기에서 벗어나 더 '참된' 믿음의 골짜기로 옮겨갈 수 있게 된다. 약효가 사라진 후에도 환자가 그 상태에 머문다면 바랄 게 없다.

(물론, 이론적으로는 사전확률이 평탄해지면서 참된 골짜기

에서 벗어나 오히려 덜 참된 옆 골짜기로 옮겨가는 바람에 망상적 믿음을 갖게 될 수도 있다. 카하트-해리스는 드물지만 가능한 일이라며, 그래서 전문가의 감독하에 약물을 복용해야 한다고 강조했다.)

앞서 말했듯이, 이 이론에 대해서는 어느 정도 회의적인 태도로 접근하는 것이 좋다. 이 우울증 모델이 옳을 수도, 그렇지 않을 수도 있다. 우울증을 오히려 신경 예측의 자신감 부족으로 이해할 수 있다는 주장도 있다. 또한 환각성 약물이 정신과 약물로서 실제로 효과가 있을지는 아직 미지수다. 설령 효과가 있다고 해도, 사회적으로나 규제와 관련해 걸림돌이 많다. 연구하는 데 필요한 허가를 받기도 어렵고, 미국과 영국의 현행 법상 처방하는 것도 불법이다. 어쨌든 베이즈 뇌 가설을 실제 임상 상황에 깔끔하게 적용한 사례라고 할 수 있다.

하느님 제발

스콧 알렉산더는 정신과 의사이자 베이즈 열혈 신봉자이면서 다방면으로 매우 똑똑한 사람이다. 그가 자신의 블로그에 쓴 글 중에 이런 제목이 붙은 것이 있다. '하느님 제발, 프리스턴의 자유에너지를 좀 이해하게 해주소서.'[35]

칼 프리스턴은 앞서 소개했듯이 예측 처리와 베이즈 뇌 모델의 가장 위대한 선구자라고 할 수 있다. 이 분야의 논문을 읽다 보면 "(프리스턴, 2009)", "(프리스턴, 2006)" 등의 출처 표기를 계속 마주치게 된다. 하지만 그의 연구는 이해하기 어렵기로도 유명하다. 그 점을 풍자하는 패러디 트위터 계정 '@FarlKriston'까지 있을 정도다.

프리스턴은 베이즈 뇌 모델을 한층 더 확장했다. 지금까지 우리는 예측 처리를 논하면서 우리가 어떻게 세상을 이해하는지를 설명해주는 측면에 주목했다. 이 모호한 신경 신호가 무엇을 의미하는가? 내 눈을 어떤 식으로 움직여야 정보를 가장 잘 수집할 수 있나? 그런 측면이었다. 그러나 프리스턴의 예측 처리는 그보다 훨씬 많은 것을 설명해주는 개념이다. 예측오차를 최소화한다는 것은 그저 이해의 문제가 아니라, 우리의 근본적인 동기다. 배고픔, 성욕, 지루함 등 우리의 모든 욕구는 상위에서 내려오는 예측과 하위에서 올라오는 감각 데이터의 차이, 즉 사전확률분포와 사후확률분포의 차이를 줄이려는 몸부림이라고 설명할 수 있다.

그렇다면 '배고픔'이란 '지금 샌드위치를 먹고 있다고 자신 있게 예측하고 있으나 그 예측이 틀린 상태'라는 것일까? 어느 정도 그렇다고 할 수 있다.

그뿐만이 아니다. 프리스턴에 따르면 그것이 모든 생명의 근본적인 원동력이다. 박테리아나 쥐나 고래 할 것 없이, 수학적으로 말하자면, 자신의 예측과 실제 경험의 차이를 줄이려고 애쓰고 있는 것이다.

프리스턴은 '자유에너지free energy'라는 개념을 이야기한다. 자유에너지는 원래 물리학 용어로, 열역학이나 양자역학에서 주로 사용된다. 열역학에서는 어떤 계system 내에서 일을 하는 데 쓰일 수 있는 에너지를 뜻한다.

하지만 정보이론에도 같은 이치를 적용할 수 있다. 이 경우 자유에너지는 우리가 이 장에서 계속 논했던 개념, 즉 예측 오류를 의미한다. 우리 뇌는 예측오차를 싫어하여 최소화하길 원한다.

당연히 우리 뇌가 원하는 게 그것만은 아닐 것 같다. 뭔가를 알고자 하는 욕구만 있을까. 달려오는 자동차를 황급히 피하는 행동이 내가 자동차에 치이지 않으리라는 예측 때문이라는 말은 별로 와닿지 않는다. 그냥 자동차에 치이고 싶지 않은 것 아닌가. 그러나 프리스턴의 생각은 다르다.

원시적인 단세포 생물을 상상해보자. 이 생물의 가장 근본적인 목표는 자기 몸 안의 물질과 몸 밖의 물질을 다르게 유지하는 것이다.

어찌 보면 그게 생명의 본질이다. 모든 계는 외부의 간섭 없이 놓아두면 균일하게 변해간다. 뜨거운 음료는 식어서 실온에 이르고, 그 과정에서 방은 약간 더 따뜻해진다. 차가운 음료는 따뜻해진다. 풍선은 서서히 바람이 빠져 압력이 대기압과 같아진다. 이것이 바로 엔트로피의 개념이다. 질서 있는 계는 엔트로피가 낮고, 무질서한 계는 엔트로피가 높다. 세상은 자연적으로 엔트로피가 높아지는 방향으로 변화한다. 질서 있는 게

(예를 들면 따뜻한 실내의 차가운 음료)는 점점 무질서해지고 균일해진다.

하지만 생명체가 그렇게 된다면 죽음을 맞는다. 주변 환경과 같아진다는 것은 곧 죽음과 동일한 개념이다. 내 몸의 온도가 주변 온도와 같아지고, 내 몸 안의 물질 농도가 몸 밖과 같아진다면, 나는 더 이상 존재하지 않는 것이다. 모든 생명체가 마찬가지다. 따라서 생명체를 비롯해 스스로 조직화하는 모든 존재는 자신과 세상의 경계를 유지하기 위해 노력해야 한다. 이는 경계 내부의 온도, 압력, 물질 농도를 적절히 유지해야 한다는 뜻이다. 다시 말해, 엔트로피를 최소화해야 한다.

기초적인 단세포 생물은 '얼굴은 대개 볼록하다'와 같은 복잡한 예측을 하지 않는다. 하지만 몸속의 각종 과정이 원활하게 돌아가도록 물질 농도, 압력, 온도 등을 적정 수준으로 유지해야 한다. 그런 것을 직접 측정하지는 못하고, 앞에서 언급했던 칼만 필터처럼 간접적인 증거에 의존한다. 가령 몸속의 염분 농도를 추정하려면 자신의 세포막을 1초에 통과하는 나트륨 이온의 수를 예측하는 방법 등이 있다. (물론 이 과정은 의식적으로 이루어지는 것이 아니라 알고리즘적인 방식으로 이루어진다.)

중요한 점은, 그런 예측이 맞아야만 생물이 살아갈 수 있다는 것이다. "음, 나트륨이 예상보다 많이 부족한 것 같군. 세포막을 통과하는 나트륨 이온 수에 대한 내 예측을 바꿔야겠어" 하면서 모델을 갱신해서는 안 된다. 그러면 금방 죽게 된다.

예측오차를 줄이는 방법은 두 가지가 있다. 하나는 예측을 바꾸는 것이고, 다른 하나는 세상을 바꾸어 예측에 맞추는 것이다. 이를테면 박테리아는 먹이를 대사시키거나, 작은 편모를 움직여 나트륨 농도가 더 높은 곳으로 이동할 수 있다.

이 모델에서 '욕구'와 '예측'은 동일한 개념이다. 박테리아는 무엇이든 자신이 예측한 것에 대해 예측오차(다른 말로 '자유 에너지')를 줄이려 한다. 만약 날씨를 예측했는데 틀렸다면, 모델을 갱신하여 다음번에는 다른 예측을 하면 된다.

그러나 생명과 직결된 예측의 경우는 예측이 고정되어 있어야 한다. 자신의 체온이나 혈당 수준에 관한 모델은 아주 좁은 범위 이상으로 변화시킬 수 없다. 따라서 예측오차를 최소화하는 유일한 방법은 세상을 바꾸거나 세상 속에서 자신의 위치를 바꾸어 예측이 맞도록 만드는 것이다.

프리스턴에 따르면, 모든 자기조직계self-organizing system에서는 같은 과정이 일어난다. 박테리아의 예를 들었지만 인간도 마찬가지다. 우리도 항상성을 유지해야 한다. 즉, 자신과 세상 간의 구분을 분명히하고, 자신을 특정한 열역학적, 화학적 범위 내에서 유지해야 한다. 하지만 박테리아와 달리 인간과 같은 고등동물은 미래를 내다보며 주변 환경을 관리할 수 있는 능력이 있어서, '산소가 충분할 것'이라거나 '내가 불에 타지 않을 것'이라는 예측이 어긋나는 상황을 더 잘 피할 수 있다. 수학적으로 말하면, 우리는 예측오차의 기댓값, 또는 놀라움의 기댓값을 최소화하고자 한다.

프리스턴은 "항상성homeostasis과 신항상성allostasis을 비교해볼 수 있다"고 말한다. 항상성은 앞서 말했듯이 내부 환경을 안정적으로 유지하기 위해 주변 환경과 신체를 조절하는 것을 의미한다. 혈당이 떨어지면 뇌가 췌장에 인슐린을 더 많이 분비하라고 지시하는 것이 한 예다. 반면 신항상성은 "항상성 교정이 필요한 상황을 피하기 위한 의도적이고 계획된 행동"이라고 프리스턴은 설명한다.

"내가 배고프다고 하자. 아직 저혈당 상태는 아니지만, 앞으로 일을 계속한다고 상상해보면 내가 가진 내 몸의 모델에 비추어 볼 때 30분 후에는 저혈당 상태가 될 것 같다. 따라서 다른 대안을 세운다. 달콤한 라떼 한 잔을 마신다는 것이다." 그 대안을 택하면 저혈당 쇼크에 빠질 가능성이 낮아지니, 겪게 될 것으로 기대되는 놀라움이 줄어든다.

다시 말하자면, 자유에너지 모델에 따르면 우리 뇌는 '밖에 나가도 젖지 않을 것'이라는 예측과 '저혈당 쇼크를 겪지 않을 것'이라는 예측을 똑같이 취급한다. 뇌는 어떤 예측이든 틀렸을 때 겪게 될 놀라움을 최소화하려고 한다. 다만 차이점은, 젖지 않으리라는 예측의 경우 밖을 보고 비가 온다는 정보를 접하면 대처할 방법이 두 가지 있다는 것이다. 우산을 챙김으로써 세상을 바꾸어 예측이 맞게 만들 수도 있지만, 젖을 것이라는 사실을 받아들임으로써 예측을 세상에 맞게 바꿀 수도 있다. 즉, 사전확률을 갱신할 수 있다.

하지만 저혈당 쇼크의 경우는 그럴 수 없다. 어떤 특정 상태에 대한 사전확률이 우리에게 깊게 새겨져 있어 결코 변하지 않는다. 그러나 수학적으로는 여전히 예측오차로 똑같이 취급할 수 있다.

프리스턴에 따르면, 이와 같은 근본적 사전확률은 진화를 통해 우리 뇌에 새겨져 있다. 그 정확한 목록은 알지 못하지만, 혈당 수준, 체온, 산소 농도, 신체의 무결성 등은 분명한 예다. (아마 사회적 욕구와 성적 욕구도, 비록 나중에 발현되기는 하지만 어느 정도 본능적으로 내재되어 있을 것이다.) 아기가 가진 것은 그런 본능적 사전확률뿐이다. 아기는 자신이 배고프지 않고, 춥지 않고, 다치지 않으리라고 예측한다. 프리스턴은 이렇게 설명한다. "신생아는 특정한 신호를 받고 나서 울면 엄마가 나타난다는 것을 배운다. 그런 것을 모두 하나하나 학습해야 한다. 그리고 그처럼 바람직한 상태를 자기가 추구해나갈 수 있다는 것도 알게 된다. 물론 그 바람직한 상태는 생명 유지를 위해 선천적으로 설정된 사전확률에 의해 규정된다."

자유에너지를 최소화한다는 것은 예측오차를 피하기 위해 자신의 상태를 바꾸는 것을 의미하기도 하지만, 더 정확한 예측을 위해 세상의 정보를 최대한 많이 알려고 하는 것을 의미하기도 한다. 다시 말해, 정보 수집에 최적화된 행동을 찾는 것이다. 워들 게임에서 정답을 맞히기보다 후보 글자를 배제하기 위한 추측을 던지는 것과 같은 맥락이다. 우리는 세상의 모델을 개선함으로써 예측오차를 최소화할 수 있다.

아기들이 하는 '운동 옹알이motor babbling'라는 것이 있다. 쉽게 말해, 아무 신경 신호나 발생시켜보면서 어떤 일이 일어나는지 알아보는 과정이다. 다리가 움직이는가? 눈이 깜빡이는가? 딸꾹질이 나오는가? 프리스턴은 이를 "기대되는 정보 획득량을 최대화하면서 세상의 원리를 학습하는 훌륭한 예"라고 설명한다. "내가 통제할 수 있는 게 무엇인가? 통제할 수 없는 것은 무엇인가? 그 행동을 누가 일으켰나? 나인가, 너인가? 아기들은 자신에게 몸이 있고, 어떤 것은 자신이 통제할 수 있고 어떤 것은 통제할 수 없다는 사실을 배워나간다."

처음에 아기들은 가진 정보가 너무 적어 아무렇게나 움직이지만, 이 '옹알이'를 통해 배우면서 점점 움직임이 정교해진다. 데이터 하나하나를 얻을 때마다 사전확률을 갱신한다. 내게는 갓 태어난 조카가 있는데, 한 주가 다르게 발전하는 모습을 볼 수 있다. 눈이 사람의 얼굴에 초점을 맞추고, 손이 물건을 움켜잡기 시작한다. 이제 차츰 손을 움직여 음식을 잡고, 다양한 음식을 스스로 먹고, 어느 브랜드의 피자를 살지 고르는 등 자유에너지를 최소화하는 행동을 배워나가면서 선호가 점점 정교해질 것이다.

프리스턴은 "나이를 먹고 선호가 축적될수록 세상 속에서 몸을 더 능숙하게 다룰 수 있게 된다"면서 "결국에는 몇 달 후에 다른 도시의 레스토랑에서 누군가를 만나는 계획을 세우는 단계에 이른다"고 설명한다.

이 모델에 따르면, 이 모든 과정은 박테리아가 높은 나트륨 이온 농도를 예측했다가 예측오차를 발견하고 나트륨을 더 많이 얻기 위해 움직이는 것과 수학적으로 똑같다. 단지 우리가 가진 세상 모델이 더 심층적이고 정교하며 더 멀리 내다볼 수 있다는 차이가 있을 뿐이다.

"바이러스와 우리의 차이는 얼마나 먼 미래를 내다볼 수 있느냐에 있다. 우리는 심층적으로 계층화된 생성 모델을 가지고 있어서, 더 먼 미래를 예측할 수 있다."

프리스턴은 인간을 '거의' 완벽한 과학자로 생각하면 된다고 말한다. 우리는 세상에 관해 배우려고 하고, 세상의 모델을 계속 개선하려고 한다. 정보를 가장 많이 얻을 수 있는 곳을 관찰하고, 세상에서 실제로 받는 신호와 예측한 신호의 차이를 최소화하려고 한다. 다만 몇 가지 중요한 지점에서는 특정 상태를 굳이 알고 싶어하지 않는다. 만약 우리가 오로지 순수한 호기심에서 진리를 추구한다면, 낯선 치즈의 맛을 알아보고 싶은 것처럼 손을 불에 넣거나 이틀 동안 산소 없이 살면 어떤 느낌인지도 알아보고 싶을 것이다. 만약 우리가 세상의 정보를 얻는 최선의 방법이 포크로 눈을 찌르는 것이라고 예측한다면, 그렇게 할 것이다. 그러나 우리에게는 본능적으로 설정된 사전확률이 있고 그런 행동을 하면 엄청난 예측오차가 발생할 테니 그럴 일은 없다. "우리는 모두 삐딱한 과학자"라고 프리스턴은 말한다. 우리는 베이즈 예측 기계이지만, 우리가 가진 일부 사전확률은 결코 변하지 않는다. 변하면 우리가 죽고, 죽으면 세상을 더 알 수도 없기 때문이다. 따라서 그런 사전확률은 주변 환경을 변화시킴으로써 옳게 유지하지 않으면 안 된다.

여기서 조금 신중한 자세를 취하고 싶다. 나는 자유에너지 개념에 큰 매력을 느끼고, 내가 그 의미를 잘 전달했길 바란다. 복잡하기로 유명한 개념이니 더욱 그렇다. 그러나 내 생각에는, 프리스턴 본인도 이 개념이 그 자체로 과학 이론이라기보다는 수학적 계산을 가능케 하는 틀이라고 말할 것 같다. 모든 것을 반드시 예측, 자유에너지, 정보 획득의 관점에서 설명해야 하는 건 아니다. 그냥 우리는 욕구가 있고, 욕구는 죽음을 피하는 것과 관련된 경우가 많다고 간단히 설명할 수도 있다. 자유에너지 개념은 모델을 단순화하고 모든 것을 하나의 용어로 표현할 수 있다는 장점이 있다. 따라서 오컴의 면도날 측면에서는 훌륭하지만, 그렇다고 해서 자동으로 옳은 이론이 되는 것은 아니다. 또 배고픔이란 음식을 먹었다고 잘못 예측한 것이라는 주장은 이상하다고 생각하는 사람들도 있다. 그럼에도 불구하고, 우아한 이론임은 분명하다.

이제, 과학 속의 베이즈에서 베이즈 뇌 모델에 이르기까지 지금까지 다루었던 모든 내용을 요약하면서, 베이즈 정리는 일단 눈에 띄기 시작하면 도처에서 보인다는 점을 이야기하려고 한다.

삶 속의 베이즈

이 책의 서두에서 언급했듯이, 모든 것을 설명해주는 이론을 발견했다고 생각한다면 스스로 조증 진단을 내리고 정신병원에 입원하는 게 좋다. (물론 조증도 베이즈 관점에서 설명할 수 있다. 몇몇 논문에 따르면 조증은 뇌의 예측을 병적으로 강하게 확신하는 것과 관련이 있다.)[1]

나도 입원해야 할까? 아니길 바란다. 그렇지만 작은 것에서 큰 것에 이르기까지 어디를 보나 베이즈가 보이는 게 사실이다.

작은 것의 예를 들어보자. 우리의 이메일 계정도 베이즈 방식으로 작동한다. 그러지 않는다면 받은 편지함에 쓸데없는 이메일이 지금보다 훨씬 더 넘쳐날 것이다. 조사에 따라 다르지만, 전 세계에서 발송되는 이메일의 35퍼센트에서 70퍼센트가 스팸 메일, 즉 원치 않는 광고 메일이라고 한다. (방금 내 지메일 계정을 확인해보니 오늘 아침에 받은 이메일 중 10개는 스팸이 아니었고 7개는 스팸이었다. 즉 40퍼센트가 스팸이었으니 통계와 대략 맞아떨어진다.) 가령 50퍼센트가 스팸 메일이라고 가정해보자.

스팸 필터는 그 수치를 사전확률로 잡고 새 정보를 반영해 확률을 갱신한다. 예를 들어, 스팸 메일의 20퍼센트가 '성기 확대'라는 문구를 포함하지만 스팸이 아닌 메일은 5퍼센트만이 그 문구를 포함한다고 가정해보자.

스팸 필터에 100만 개의 이메일이 도달한다면, 그중 50만 개는 스팸, 50만 개는 비스팸으로 예상된다. 스팸 메일 중 '성기 확대' 문구를 포함하는 경우는 약 10만 개, 비스팸 메일 중에서는 약 2만 5,000개다. 따라서 스팸 필터는 '성기 확대' 문구가 포함된 이메일이 스팸일 확률을 80퍼센트로 판단한다. '마감 임박', '포르노', '저금리 대출' 등의 단어가 포함되면 확률은 더 높게 갱신된다. 스팸일 확률이 일정 기준점에 도달한 이메일은 스팸 폴더로 이동된다. 스팸 필터는 이 같은 방식을 직접 활용한다. 구글에서 '나이브 베이즈 스팸 필터링naïve Bayes spam filtering'을 검색해보라.

그럼 큰 주제로 가보자. 바로 진화다. 천문학자 프레드 호일은 진화가 생명을 탄생시킬 확률은 회오리바람이 폐차장을 휩쓸고 지나가면서 보잉 747을 만들어놓을 확률과 비슷하다고 말했다.[2] 하지만 그는 진화를 잘못 이해했다. 진화는 무작위적인 과정이 아니다. 물론 보잉 747의 구성 부품을 조합할 수 있는 경우의 수가 헤아릴 수 없을 만큼 많은 것은 맞다. 무작위로 조합했을 때 하늘을 나는 물건이 만들어질 확률은 극히 낮다. 마찬가지로, 가령 박쥐의 몸을 세포 단위로 분해한 후 무작위로 다시 조합한다면 하늘을 나는, 게다가 먹이를 찾아 먹고 번식도 하는 존재가 만들어질 확률은 거의 없을 것이다.

하지만 진화는 그런 식으로 무작위로 조합하는 과정이 아니다. 진화는 자연선택이라는 비무작위적인 과정을 밟으며 가능한 조합의 공간을 탐색해나간다. 자기복제를 할 수 있는 단순한 생명체가 있다고 하자. 이 생명체가 복제 과정에서 가끔 무작위적으로 작은 실수를 범한다면, 자기복제에 더 능하게 만들어진 자손은 더 많이 복제될 것이고, 덜 능한 자손은 도태되기 쉽다.

그 과정도 역시 베이즈 과정으로 볼 수 있다. 앞에서 논했던, 당첨 복권을 불완전하게 확인해주는 검사기를 기억할 것이다. 그 검사기를 이용하면 복권 번호의 공간을 탐색할 수 있었다. 처음에는 131,115,985개의 번호 모두 당첨번호일 가능성이 똑같지만, 검사기를 전체적으로 한 번씩 돌리고 나면 탐색 공간이 4분의 1로 줄어든다. 방대한 가능성의 공간을 탐색해 원하는 목표를 찾아가는 최적화 과정이라고 할 수 있다.

진화도 마찬가지 과정인데, 다만 효율이 그보다 많이 떨어질 뿐이다. 프라이스 방정식이라는 식에 따르면, 개체군 내에서 어떤 특성의 빈도 변화는 그 특성과 '상대 적합도'(즉, 개체의 번식 성공도) 간의 상관관계에 따라 결정된다. 간단한 예로, 빨리 달리는 영양이 사자에게 잡아먹힐 가능성이 낮아 살아남을 확률이 더 높다면, 평균적으로 다음 세대에는 빠른 영양들이 더 많이 살아남아 있을 것으로 예상된다.

생물의 유전자를 세상에 대한 '예측'으로 볼 수 있다. 예를 들어, 빠르게 달리는 다리를 만드는 유전자는 빠르게 달리는 포식자(혹은 피식자)가 많은 환경에서 개체가 태어날 것이라는 예측이다. 견과류를 깨기 좋게 짧고 단단한 부리를 만드는 유전자는 견과류가 많은 환경에서 태어날 것이라는 예측이다. 영양의 목을 물기 쉽게 긴 송곳니를 만드는 유전자는 영양이 사는 환경에서 태어날 것이라는 예측이다. 동시에 자신 외의 다른 유전자들도 그러한 특성에 맞는 신체를 형성해주리라는 예측이다. 가령 송곳니가 있어도 지렁이나 주목나무에게는 아무 소용이 없을 것이다.

개체군 내 유전자의 빈도는 사전확률을 나타낸다. 새로운 데이터, 즉 가능도의 역할을 하는 것은 그 유전자를 가진 개체들이 살아남아 번식하는지 여부다. 유전자가 다음 세대로 많이 전달된다면 유전자가 환경에 잘 맞는다는 증거다. 다음 세대로 적게 전달된다면 환경에 적합하지 않다는 증거다. 어느 쪽이든 강력한 증거는 아니다. 생존에 해로운 유전자라 해도 다른 유전자들과 운 좋게 결합한 덕분에 살아남을 수 있고, 생존에 유리한 유전자일지라도 개체가 불운하게 눈사태에 파묻힐 수 있기 때문이다. 그래도 어쨌든 증거임은 틀림없다. 진화는 느리고, 맹목적이고, 비효율적이다. 인간 설계자라면 한 시간 만에 풀어낼 문제를 해결하는 데 수백 세대가 걸릴 수 있다. 그럼에도 불구하고, 진화는 베이즈 과정과 흡사한 과정이다. 예측 오류를 최소화하는 방향으로 나아가기 때문이다.

그런가 하면, 결정에 관련된 것도 다 베이즈적이다. 새로운 정보를 기존에 가진 최선의 추측과 통합하는 최적의 방법이 곧 베이즈 방식이니까. 그렇게 보면 이해가 더 잘되는 현상이 많다. 이를테면 확증 편향 같은 것이다. 사람은 기존의 믿음을 뒷받침하는 증거를 더 신뢰하는 경향이 있다고 한다. 언뜻 좋지 않은 현상처럼 생각되고, 실제로 좋지 않을 때도 있다. 하지만 대부분의 경우는 합리적인 베이즈 추론일 뿐이다. 예를 들어, 내 친구가 북런던에서 여우를 봤다고 하면 나는 아마 믿을 것이다. 북런던에는 여우가 꽤 흔하기 때문이다. 하지만 친구가 물소를 봤다고 하면, 상당히 확실한 증거를 제시하지 않는 한, 나는 친구가 농담을 하거나 건강이 좋지 않다고 생각할 것이다. 두 경우의 유일한 차이점은 물소가 있을 가능성에 대한 내 사전확률이 낮다는 것뿐이다.

나의 그 사전확률 추정은 꽤 괜찮다고 생각하며, 아마 대부분의 사람도 동의할 것이다. 그러나 우리가 보통 확증 편향을 거론하는 상황은 사람들의 의견이 크게 갈릴 때다. 예컨대 백신이 자폐증을 유발한다는 데 대해 강한 사전확률을 가진 사람은, 그에 반하는 증거를 회의적으로 받아들일 것이다. 대부분의 독자는 그 사전확률이 부적절하다고 생각하겠지만, 당신이 그런 사전확률을 가졌다면 아주 강력한 증거를 많이 접해야 바뀔 수 있다. 사전확률이 워낙 강하면 바뀌는 게 거의 불가능할 수도 있다. '주류 과학계가 거짓말을 하고 있다'와 같은 대체 가설이 처음부터 더 높은 확률을 갖기 때문이다.

우리가 왜 어떤 사람을 다른 사람보다 더 신뢰하는지도 같은 원리로 설명된다. 똑같은 연설도 공화당 정치인이 했다고 할 때와 민주당 정치인이 했다고 할 때 사람들의 평가가 달라진다는 연구 결과가 이따금씩 나오면서, 인간의 근본적인 비합리성을 보여주는 사례로 간주되곤 한다. 그러나 다시 말하지만, 이는 지극히 합리적인 행동이다. 사람들이 각 정당의 신뢰도에 대해 사전확률을 다르게 갖고 있다고 보면 그렇다. 공화당 지지자에게 피트 부티지지나 조 바이든이 하는 발언은 낮은 정밀도의 데이터에 해당한다. 그래프로 나타내면 평탄하고 넓게 퍼진 가능도 곡선이므로, 사전확률에 큰 영향을 주지 못한다. 심지어 상관관계가 반대로 나타날 수도 있어서, 매우 불신하는 사람이 논란의 소지가 있는 주장을 하면 오히려 그 주장을 더 안 믿게 될 수도 있다.

혹은 이런 예도 있다. 2022년 말에 나온 한 연구에 따르면,[3] 과학 논문의 동료 심사자들은 논문을 노벨상 수상자가 썼다는 것을 알게 되면 초보 연구자가 썼다는 것을 알게 되었을 때보다 더 쉽게 승인하는 경향이 있다고 한다. 이상적인 현상은 아닐지 모른다. 원칙적으로는 과학이 평판에 의존해서는 안 된다. 하지만 합리적인 행동이다. 만약 두 편의 논문이 우리 눈앞에 있는데 다른 정보는 전혀 모르고 하나는 알베르트 아인슈타인이 썼고 다른 하나는 이름 없는 연구자가 썼다는 사실만 안다면, 첫 번째 논문이 우수하리라는 사전확률을 더 높게 갖게 될 것이다. 논문을 읽어본 후 둘 다 좋아 보인다면, 승인하는 쪽으로 믿음을 갱신할 것이다. 그러나 우리가 논문을 내용만 보고 평가할 수 있는 자신의 능력을 완벽히 확신하지 않는 한, 새 데이터가 사전확률을 완전히 덮어버리지는 않을 테니, 여전히 아인슈타인의 논문이 우수할 가능성이 더 높다고 판단할 것이다.

제1회 발렌시아 학회에서 〈베이즈 정리만큼 멋진 정리는 없다〉를 불렀던 통계학자 조지 박스는 "모든 모델은 틀렸다. 하지만, 어떤 모델은 유용하다"라는 말을 남겼다.[4] 경제나 기후변화 등의 통계적 모델을 염두에 두고 한 말이다. 예컨대 이상기체 법칙으로 기체의 상태 변화를 모델링할 수 있고, 그 모델이 비록 현실과 완벽히 일치하지는 않지만, 충분히 유용할 수 있다고 박스는 말했다.

하지만 그 시사점은 더 넓다. 우리 모두는 머릿속에 세상의 모델을 가지고 있다. 그 모델 속에는 문이나 배우자, 커피숍 같은 일상적인 것들도 포함되어 있고, 행성의 궤도나 국제 무역, 바이러스 매개체 같은 난해한 것들도 포함되어 있다.

모델은 예측을 한다. 내가 가진 모델의 경우는 문이 내 등 뒤에 있고 손잡이를 돌리면 열린다는 것, 아이들이 잠든 후 아내가 〈듄〉보다 〈문라이트〉를 보고 싶어하리라는 것, 그리고 내가 이 글을 쓰는 시점에서 미국에서 우세종으로 자리잡은 오미크론 XBB.1.5 변이가 영국에서도 우세해지겠지만 백신 접종률이 높은 영국에서는 사망자나 입원 환자가 대규모로 발생하지는 않으리라는 것 등을 예측한다.

이 모든 모델은 완벽하지 않다. 나는 문이 얼마나 무거운지 정확히 알지 못하고, 아내의 취향과 선호에 대한 내 모델은 매년 크리스마스 때마다 그다지 정확하지 않음이 드러난다. 나는 바이러스의 전파 원리나 인간의 면역 체계에 대해 피상적으로 알 뿐이다. 하지만 이 모델들이 유용한 정도는 세상을 얼마나 잘 예측하느냐에 달려 있다. 그리고 새로운 정보가 들어올 때마다 나는 모델을 갱신한다. 만약 XBB.1.5 변이가 심각한 유행 사태를 일으킨다면, 내 모델을 재검토해야 할 것이다.

결국 모든 것은 예측이고, 흥미로운 것은 예측오차다. 강하게 믿고 있고 정밀한 사전확률이 세상에서 얻은 정밀한 정보와 모순될 때는 사후확률이 대폭 바뀌어야 한다. 그때 믿음을 어느 정도 바꾸어야 하는지 말해주는 것이 바로 베이즈 정리다.

이 책에서 내가 보이고자 했던 것은, 이 같은 원리가 모든 수준에서 적용된다는 사실이다. 신종 변이 바이러스나 축구팀의 승리에 대한 예측처럼 의식적이고 명시적인 예측에도 적용되지만, 다른 사람의 행동이나 공의 바운드에 대한 일상적 예측에도 똑같이 적용된다는 것이다.

신기하게도 이 원리는 훨씬 더 깊숙한 수준에서도 적용된다. 우리가 세상을 지각하는 행위 자체가 끊임없는 예측의 연속이며, 예측은 늘 감각에서 얻은 증거와 비교해 검증이 이루어진다. 우리는 작은 점 모양의 빛이 보일 때 근처의 작은 물체에서 나온 것이라고 가설을 세우거나, 망막에 맺힌 어중간한 회색빛이 밝은 조명 아래의 짙은 색 물체에서 온 것이라고 가설을 세운다. 그리고 고개를 움직이거나 다가가 들여다보면서 새로운 정보를 얻어 예측을 검증한다. 심지어 최하위 수준에서도 인간의 뇌는 신경 발화의 수와 패턴을 미리 예측한 후에 예측이 현실과 가까울 때는 도파민을 분비해 스스로 보상하고, 그렇지 않을 때는 예상됐던 도파민을 막아 자신을 벌하는 방식으로 작동하는 듯하다.

물론 이 가설의 세부적인 내용은 앞으로 바뀔 수도 있다. 어쩌면 능동적 추론 및 예측 처리 모델에는 중요한 오류가 있을 수도 있다. 하지만 뇌가 예측을 내리고 예측을 갱신하는 방식으로 작동한다는 것만은 분명하다. 게다가 그런 관점에서 보면 착시 및 착청 현상, 환각, 꿈, 정신질환 등 대단히 많은 현상이 쉽게 이해된다.

'몰입 상태flow state'라는 것이 있다. 악기 연주, 스포츠, 비디오게임, 그림 그리기 등의 활동을 하는 중에 모든 것이 술술 풀리는 듯한 상태를 가리키는데, 이는 매우 정밀한 예측을 하면서 예측이 매번 정확히 들어맞는 상황이라고 할 수 있다. 어둑한 거리에서 우체통을 순간적으로 사람으로 착각하는 것도 우리 뇌가 불분명한 데이터를 바탕으로 가설을 세우기 때문이다. 얼굴에 흉터가 있는 사람에게 갑자기 시선이 가는 것도 단순히 무례한 행동만은 아니다. 우리 뇌는 얼굴의 생김새에 대해 강한 사전확률을 가지고 있기에, 그 사전확률이 어긋나고 예측오차가 발생하면 정보를 더 얻기 위해 반응하는 것이다.

사람이 나이가 들수록 익숙한 방식에 고착되는 이유도 같은 원리로 설명할 수 있다. 어릴 때는 세상에 관한 데이터가 거의 없기에, 사전확률이 미약해서 새로운 정보에 쉽게 변동한다. 예측에 능한, 정밀한 세상 모델이 없으니 학습 속도가 빠르다. 그러나 나이가 들면서 정보를 계속 얻음에 따라 세상의 모델이 풍부하고 정밀해지면서, 새로운 정보를 접해도 사전확률이 자연히 덜 변동한다. 그래서 나이가 들수록, 프리스턴의 말처럼 "현명하지만 융통성이 없어지는" 것이다. 나이가 들면 세상을 훨씬 더 정확히 예측할 수 있지만, 세상이 변하지 않는다는 전제하에서 그렇다. 세상이 변할 때 기존의 믿음을 바꾸려면 정보가 훨씬 많이 필요하다. 그래서 부모가 스마트폰 설정을 자녀에게 맡기는 흔한 풍경이 연출된다.

심지어 의식 자체도 베이즈적 틀에서 보면 더 잘 이해가 된다. 우리의 세상 경험이란 곧 우리의 세상 예측이자 우리가 가진 베이즈 사전확률이라고 생각할 수 있다. 그런다고 해서 이른바 '의식의 어려운 문제'로 불리는 주관적 경험의 문제가 풀리지는 않지만, 적어도 흥미로운 연구 방면이 새로 열리는 듯하다.

이 예측 및 검증 모델은 인간의 가장 고차원적인 사고 활동이라 할 과학과도 잘 맞아떨어진다. 과학은 말 그대로 가설이라는 예측을 내놓고 검증하는 활동이다. 그래서 헬름홀츠와 그레고리도 과학을 인간 지각의 모델로 삼았다. 문제는 과학자들은 객관적 진리의 존재를 믿고 싶어하는 반면, 베이즈 지각 모델은 명백히 주관적이라는 점이다. 확률 추정값이란 세상의 실제 사실이 아니라, 내가 가진 정보에 기초한 내 최선의 추측에 불과하지 않은가.

하지만 '이 데이터에 비추어 내 가설이 옳을 가능성이 얼마나 되는지' 알고 싶다면, 사전확률을 도입하고 베이즈적으로 접근하는 방법밖에 없다. 그리고 사전확률을 정하려면 주관적인 추정값을 사용할 수밖에 없다. 그렇다고 아무 근거 없이 추정해도 된다는 말은 아니다. 사전확률도 더 합리적인 값과 덜 합리적인 값이 있고, 여러 사람의 의견을 모으거나, 좀 다른 사전확률에서 출발했을 때도 결론이 여전히 유효한지 확인해보는 등 합리성을 평가할 수 있는 방법이 있다. 그럼에도 사전확률은 세상의 실제 사실에 대한 우리의 불완전한 추측일 수밖에 없다.

그렇다고 해서 과학으로 알 수 있는 게 없다거나 모든 것이 완벽히 포스트모던적이라는 의미가 되진 않는다. 거듭 말하지만, 우리가 세상의 모델을 만들고 있으며 최선을 다해 실제 세상과 맞는지 확인하고 있다는 의미일 뿐이다. 우리는 예측을 세우고 새로운 정보로 예측을 갱신하여 예측오차를 최소화하려고 한다. 우리 머릿속에는 지도가 있고, 지도가 곧 실제 땅은 아니지만 실제 땅은 분명히 존재하며, 지도가 틀리면 엉뚱한 곳으로 갈 수밖에 없다.

사실 과학을 어떻게 바라볼 것이냐 하는 문제도 이 같은 베이즈 모델로 생각할 때 명확해지는 듯하다. 과학철학자들은 인식론 문제에 골몰하곤 한다. 우리는 그 무엇도 확실히 알 수 없다. 악마에게 속고 있을 수도 있고, 우리는 통 속의 뇌에 불과할지도 모른다. 100만 마리의 흰 백조를 본다 한들 검은 백조를 절대 보지 못하리라고 확신할 수는 없으니, '모든 백조는 희다'라고 과연 말할 수 있을까? 여기서 너무 많이 나가면 지식이란 아예 불가능하다고 주장한 파울 파이어아벤트나 로버트 앤턴-윌슨처럼 기이한 결론에 도달하기 쉽다. 혹은 포퍼처럼 이론을 입증하는 것은 불가능하고 오로지 반증만 가능하다고 주장할 수도 있다. 그러나 지식은 분명히 가능하다. 아니라 해도, 우리는 최소한 세상에 대해 신뢰할 만한 예측을 할 수 있다. 나는 비행기가 공기역학 법칙 덕분에 원활히 이륙하고 착륙하리라고 매우 자신 있게 예측한다.

그런데 이 문제는 베이즈 관점을 취하면 아주 간단해진다. 나는 백조의 몇 퍼센트가 흰색이라는 가설을 세우고, 증거와 비교해 검증한다. 처음에는 예컨대 백조의 50퍼센트가 흰색이라고 추정하지만, 흰 백조를 볼 때마다 확률분포를 조정하여 결국 '모든 백조는 희다'라는 가설에 상당한 확률을 부여하게 된다. 그러나 전적인 확신에는 결코 도달하지 못한다. 토머스 베이즈의 실험에서 빨간 공을 굴릴 때마다 흰 공의 위치에 대한 확신이 높아지지만 결코 완전히 확신할 수는 없는 것과 마찬가지다.

그러다가 반례를 보게 되면 모든 백조가 희다는 가설이 옳을 가능성은 즉시 대폭 줄어들고(어쩌면 내가 환각을 본 것일 수도 있으니 가능성이 완전히 없어지지는 않는다), 확률분포는 그에 따라 조정된다. 우리는 세상의 모든 모델이 똑같이 타당하다는 기이한 포스트모던적 입장을 취할 필요가 없다. 실증적 태도를 취하면 된다. 태양중심설이 지구중심설보다 세상을 더 정확하게 예측한다거나, '대부분의 백조는 희다'라는 가설이 '모든 백조는 희다'라는 가설보다 진실에 가깝다고 말하면 된다. 동시에 불확실성을 수용하며, 그 무엇도 절대적인 최종 정답이 아님을 받아들이는 것이다.

그렇다고 해서 과학 연구의 통계 분석을 베이즈 방식으로 해야 하느냐는 별개의 문제다. 나는 베이즈 통계가 모든 문제를 해결해주리라고 생각하지 않으며, 분야에 따라 더 적합한 경우와 그렇지 않은 경우가 있을 것이다. 예컨대 다니엘 라컨스가 말했듯이, 입자가속기에서 5시그마 결과가 나왔을 때 사전 확률은 그다지 중요하지 않다. 그러나 베이즈 통계를 사용하면 빈도주의적 연구 방법론의 문제점 중 일부를 피할 수 있고, 가설을 단순히 채택하거나 기각하는 대신 가설을 얼마나 확신하느냐 하는 관점에서 사고할 수 있다. 그리고 베이즈 통계는 심미적으로도 만족스러운, 깔끔한 방식이다.

하지만 이 모든 것은 다소 이론적인 이야기일 수도 있다. 우리 뇌는 하던 일을 알아서 할 테고, 과학은 무슨 통계 방식이든 편한 쪽을 쓰면 되는 것 아니겠는가. 그러나 나는 우리 모두가 베이즈주의에서 배울 수 있는 교훈이 있다고 생각한다. 몇 가지 베이즈 개념을 일상에 적용하면 실제로 유용하리라고 본다. 모든 믿음에 베이즈 규칙을 적용하자는 것이 아니라, 몇 가지 점만 명심하자는 것이다.

첫째, 옳다 그르다 또는 참과 거짓이라는 이분법적 관점에 얽매여 사고할 필요가 없다. 내가 이 믿음을 얼마나 확신하느냐 하는 관점에서 사고하면 된다. 임의의 기준점과 비교해 믿음을 버리거나 받아들이는 대신, 확신하는 정도를 높이거나 낮추거나 하면 된다.

대부분의 사람은 이런저런 것을 믿거나 믿지 않거나 한다. 그러다 보니 믿음과 상충하는 증거를 접하면 증거를 거부하거나 믿음을 바꾸거나 양자택일해야 하는 기로에 놓인다. 그러나 확률적 사고를 한다면, 새로운 증거를 반영하여 우리가 가진 확률분포를 상향 또는 하향 조정하면 된다.

그 반대도 마찬가지다. 가령 '적포도주가 암을 유발한다'는 과학 연구가 새로 나온다면, 믿거나 믿지 않거나 양자택일할 필요가 없다. '내 사전확률은 얼마인가? 내 생각에 이 주장이 사실일 가능성은 얼마나 되는가?'라고 생각해볼 수 있다. 명시적인 확률값을 사용하지 않더라도, 우리의 세상 지식에 비추어 생각해보고, 새 정보에 따라 지식을 조정하면 된다. 새 정보를 접할 때마다 이리저리 휘둘릴 필요가 없다.

믿음이란 곧 예측이라는 개념도 중요하다. 그걸 기억하면 세상에 넘쳐나는 지극히 무익한 논쟁을 슬기롭게 피할 수 있다. 예를 들어, '캔슬 컬처(문제가 있다고 여겨지는 개인을 SNS 등에서

집단으로 공격하고 배척하는 문화 현상—옮긴이)가 실제로 존재하는가?'라는 주제를 놓고 많은 논쟁이 벌어진다. 그러나 논쟁하는 사람들의 대부분은 실제 드러난 사실에 대해서는 이견이 없다. 즉, 인터넷상에서 한 발언 때문에 직업 활동을 못 하게 된 사람들이 있다는 데는 다 동의한다. 단지 그런 일을 가리켜 '캔슬 컬처'라고 부르는 것이 온당한가에 대해 의견이 다를 뿐이다. 당신이 '캔슬 컬처'가 실제로 존재한다고 보든 안 보든, 그 여부에 따라 당신의 미래 예측이 바뀔 것이 있는가? 당신이 어떤 예측오차를 겪어야 그 믿음에 대한 확신을 높이거나 낮추게 될까? 그럴 만한 게 없다면, 아마도 그 논쟁은 단어의 정의에 관한 논쟁이리라. 세상 속 실제 사물에 대한 실제적 주장에 관한 논쟁이 아니리라. 그렇다면 신경 쓰지 말고, 더 구체적인 주제를 이야기하는 게 어떨까.

그러고 보면, 현실에서 친구들끼리 벌이는 논쟁이나 언론 매체와 온라인에서 벌어지는 논쟁의 상당 부분이 결국 특정 현상을 특정 단어로 지칭하는 게 옳은지에 관한 것임을 깨닫게 된다. 이를테면 '인종차별적인가', '우생학인가', '그린워싱인가'를 놓고 다투는 것이다. 그러나 많은 경우에 논쟁의 결론이 어떻게 나오든 달라지는 것은 그 현상에 붙이는 딱지뿐이다. 물론 그렇게 해서 논쟁에서 이긴다거나 무언가를 금지하는 정치적 행동에 대한 지지를 얻을 수 있을지는 몰라도, 우리가 세상에 대해 내리는 예측이 바뀌지는 않는다.

이 책의 서두에서 말했듯이, 우리는 미래를 예측할 수 있다. 이미 매 순간 하고 있다. 미시적인 수준에서도 하고 있고, 그러지 않는다면 한 발 딛을 때마다 넘어지지 않고 세상을 돌아다니기조차 어렵다. 아주 높은 수준에서도 예측을 하고 있어서, 내년 휴가 때 특정 휴양지로 가는 항공권을 예약하고, 해당 항공사가 실제로 그곳에 나를 데려다주리라 믿는다. 그 밖에도 다양한 중간 수준에서 예측을 한다. 예컨대 특정 브랜드의 맥주나 초콜릿이 있을 것이라 예측하고 마트에 가거나, 친구의 최근 이혼을 언급하면 친구의 기분이 상하리라 예측하고 자제하곤 한다. 여기에 신비할 것은 하나도 없다. 우리는 원래 그런 존재다. 인간은 예측 기계다. 그리고 토머스 베이즈가 밝혀낸 것은, 우리가 하는 예측에 깔린 수학적 원리다.

베이즈 정리의 기본 개념과 응용을 비롯한 다양한 측면에 관해 나보다 훨씬 깊이 이해하는 많은 분들의 도움이 없었다면 이 책을 쓸 수 없었을 것이다. 알파벳 순으로 소개하면 다음과 같다.

데이비드 벨하우스, 소피 카, 코리 치버스(친족 관계 아님), 데이비드 치버스(친족 관계), 니키타스 크리사이티스, 오브리 클레이턴, 폴 크롤리, 피트 에첼스, 알렉산드라 프리먼, 크리스 프리스, 앤디 그리브, 조너선 킷슨, 다니엘 라컨스, 젠스 코드 매드슨, 데이비드 맨하임, 마커스 무나포, 페기 시리스, 아닐 세스, 머리 섀너핸, 마이클 스토리, 헬렌 토너, 줄리아 와이즈, 윌리엄 우프.

이제 알파벳 순서에서 벗어나, 오픈대학교의 통계학 명예교수 케빈 매콘웨이 님에게 지난번 책에 이어 또다시 특별히 감사드리고자 한다. 이번에도 원고를 꼼꼼히 읽어주시며 내가 완전히 잘못 이해한 부분 여러 곳을 넌지시 짚어주셨다. 열심히 봐주셨음에도 불구하고 오류가 여전히 많겠지만, 봐주시지 않았다면 지금보다 훨씬 많았을 것이다. 감사의 뜻으로 아드벡 위스키 한 병을 보내드렸는데, 공개적으로도 감사를 표해야 마땅할 것 같다.

와이든펠드&니컬슨 출판사의 제니 로드, 루신다 맥닐과 팀원들, 그리고 잭클로&네즈빗 에이전시의 윌 프랜시스 덕분에 이 책이 세상에 나올 수 있었고, 나온 게 아마도 잘된 일이리라 믿는다.

내 재능 많은 여동생 세라 치버스가 이번에도 삽화를 그려주었고 역시나 멋지게 완성되었다.

클레어 트림블과 마커스 맥길리커디는 이 책을 루이스의 추모에 헌정할 수 있도록 허락해주었다.

그리고 물론, 내 멋진 아내 에마와 사랑스러운 아이들 빌리, 에이다에게도 고마움을 전한다.

들어가는 글

1. Scott Alexander, 'Book Review: Surfing Uncertainty', *Slate Star Codex*(2017), https://slatestarcodex.com/2017/09/05/book-review-surfing-uncertainty
2. Nick Collins, 'Stephen Hawking: Ten pearls of wisdom', *Daily Telegraph* (2010), https://www.telegraph.co.uk/news/science/science-news/7978898/Stephen-Hawking-ten-pearls-of-wisdom.html
3. H. P. Beck-Bornholdt & H. H. Dubben, 'Is the Pope an alien?', *Nature* 381, 730 (1996), https://doi.org/10.1038/381730d0
4. S. J. Evans, I. Douglas, M. D. Rawlins et al., 'Prevalence of adult Huntington's disease in the UK based on diagnoses recorded in general practice records', *Journal of Neurology, Neurosurgery & Psychiatry*(2013), 84:1156-60.
5. M. Alexander Otto, 'FDA Grants Emergency Authorization for First Rapid Antibody Test for COVID-19', *Medscape* (2020), https://www.medscape.com/viewarticle/928150
6. John Redwood, Twitter (2020), https://twitter.com/johnredwood/status/1307921384883073024
7. 'What should I advise about screening for prostate cancer?', NICE(2022), https://cks.nice.org.uk/topics/prostate-cancer/diagnosis/screening-for-prostate-cancer
8. P. Rawla, 'Epidemiology of Prostate Cancer', *World J. Oncol.* (2019), Apr., 10(2):63-89, doi: 10.14740/wjon1191
9. H. D. Nelson, M. Pappas, A. Cantor, J. Griffin, M. Daeges & L. Humphrey, 'Harms of Breast Cancer Screening: Systematic Review to Update the 2009 U.S. Preventive Services Task Force ecommendation', *Ann. Intern. Med.* (2016), Feb. 16, 164(4):256-67, doi: 10.7326/M15-

0970
10. 'Breast screening', NICE (2022), https://cks.nice.org.uk/topics/breast-screening/
11. S. Taylor-Phillips, K. Freeman, J. Geppert et al., 'Accuracy of noninvasive prenatal testing using cell-free DNA for detection of Down, Edwards and Patau syndromes: a systematic review and meta-analysis', *BMJ Open* (2016), 6:e010002, doi: 10.1136/bmjopen-2015-010002
12. C. Jowett, 'Lies, damned lies, and DNA statistics: DNA match testing, Bayes' theorem, and the Criminal Courts', *Medicine, Science and the Law*, 41(3) (2001), pp. 194 - 205, doi: 10.1177/002580240104100302
13. Steven Strogatz, 'Chances Are', *New York Times* (2010), https://archive.nytimes.com/opinionator.blogs.nytimes.com/2010/04/25/chances-are/
14. Gerd Gigerenzer, *Reckoning with Risk: Learning to Live with Uncertainty*, Penguin (2003), p. 141.

1장

1. T. Bayes & R. Price, 'An Essay towards Solving a Problem in the Doctrine of Chances. By the Late Rev. Mr. Bayes, F. R. S. Communicated by Mr. Price, in a Letter to John Canton, A. M. F. R. S.', *Philosophical Transactions* (1683 - 1775), vol. 53, 1763, pp. 370 - 418. JSTOR, http://www.jstor.org/stable/105741
2. D. R. Bellhouse, 'The Reverend Thomas Bayes, FRS: A Biography to Celebrate the Tercentenary of His Birth', *Statistical Science*, 19(1), 3 - 43(2004), https://doi.org/10.1214/088342304000000189
3. 여기에 서술한 역사적 내용의 대부분은 벨하우스의 짧은 베이즈 전기에서 발췌한 것이며, 벨하우스 본인과의 대화를 통해서 얻은 것도 있다. 그의 학술적 노력에 감사드리며, 글이 온라인에 공개되어 있으니 읽어보길 추천한다.
4. J. Landers, *Death and the Metropolis: Studies in the demographic history of London, 1670–1830* (Cambridge: Cambridge University Press, 1993), p. 136.
5. Stephen Stigler, 'Richard Price, the First Bayesian', *Statistical Science*, 33(1), 117 - 25 (Feb. 2018).

6. T. Birch (1766), *An Account of the Life of John Ward, LL.D., Professor of Rhetoric in Gresham College; F.R.S. and F.S.A.*, P. Vaillant, London. Bellhouse (2004)에서 재인용.
7. G. A. Barnard & T. Bayes, 'Studies in the History of Probability and Statistics: IX. Thomas Bayes's Essay Towards Solving a Problem in the Doctrine of Chances', *Biometrika* 45, no. 3/4 (1958), 293–315, https://doi.org/10.2307/2333180
8. Alexander Gordon, 'Peirce, James', *Dictionary of National Biography* (1885–1900), https://en.wikisource.org/wiki/Dictionary_of_National_Biography,_1885-1900/Peirce,_James
9. T. Bayes (1731), *Divine benevolence: Or, an attempt to prove that the principal end of the divine providence and government is the happiness of his creatures: being an answer to a Pamphlet, entitled, Divine rectitude; or, An Inquiry concerning the Moral Perfections of the Deity. With a refutation of the notions therein advanced concerning beauty and order, the Reason of Punishment, and the Necessity of a State of Trial antecedent to perfect Happiness*, London, printed for John Noon, at the White-Hart in Cheapside, near Mercers-Chapel.
10. David Hume, *Dialogues Concerning Natural Religion*, p. 187. 구텐베르크 프로젝트, https://www.gutenberg.org/files/4583/4583-h/4583-h.htm
11. John Balguy, *Divine rectitude: or, a brief inquiry concerning the moral perfections of the deity; particularly in respect of creation and providence*, printed for John Pemberton, at the Buck, over-against St. Dunstan's Church, Fleetstreet (1730).
12. Bellhouse (2004), p. 10.
13. James Foster, 'An Essay on Fundamentals in Religion' (1720). Taken from *Unitarian Tracts in Nine Volumes*, British and Foreign Unitarian Association, 1836.
14. D. Coomer (1946), *English Dissent under the Early Hanoverians*, Epworth Press, London. Bellhouse, 2004에서 재인용.
15. Bellhouse (2004), p. 12.
16. Bellhouse (2004), p. 13.
17. E. Montague (1809–13), *The Letters of Mrs. Elizabeth Montagu, with*

Some of the Letters of her Correspondents 1–4, T. Cadell and W. Davies, London. (Reprinted 1974 by AMS Press, New York.) Bellhouse, 2004에서 재인용.

18. Thomas Bayes (1736), *An introduction to the doctrine of fl uxions, and defence of the mathematicians against the objections of the author of the Analyst, so far as they are designed to affect their general Methods of Reasoning.*
19. J. Lagrange (1869–70), *Œurvres de Lagrange, Publiées par les Soins de M. J.-A.*, Serret 3 (1869), 441–76; 5 (1870), 663–84, Gauthier-Villars, Paris. Bellhouse, 2004에 언급됨.
20. P. Gorroochurn (2012), 'The Chevalier de Méré Problem I: The Problem of Dice (1654)', in *Classic Problems of Probability*, P. Gorroochurn(ed.), https://doi.org/10.1002/9781118314340.ch3, p. 14.
21. 파스칼과 페르마가 주고받은 서신의 전문은 다음에서 볼 수 있다. https://www.york.ac.uk/depts/maths/histstat/pascal.pdf
22. 파치올리의 저작과 카르다노, 타르탈리아의 저작 원문은 다음에 인용되어 있다. *The Problem of the Points: Core Texts in Probability*, Jim Sauerberg, Saint Mary's College (2012), http://math.stmarys-ca.edu/wp-content/uploads/2015/08/prob-talk.pdf
23. Prakash Gorroochurn (2012), 'Some Laws and Problems of Classical Probability and How Cardano Anticipated Them', *Chance*, 25:4, 13–20, doi: 10.1080/09332480.2012.752279
24. 이 예시는 다음에서 가져왔다. Aubrey Clayton, *Bernoulli's Fallacy: Statistical Illogic and the Crisis of Modern Science*, Columbia (2021), p. 7.
25. Jakob Bernoulli (1713), *Ars conjectandi, opus posthumum. Accedit Tractatus de seriebus infinitis, et epistola gallicé scripta de ludo pilae reticularis*, Basel: Thurneysen Brothers. 영역본: Oscar Sheynin, Berlin (2005), Part Four, p. 19, http://www.sheynin.de/download/bernoulli.pdf
26. 다음에서 재인용. G. Gigerenzer, Z. Swijtink, T. Porter, L. Daston, J. Beatty & L. Krueger, *The Empire of Chance: How probability changed science and everyday life*, Cambridge: Cambridge University Press (1989).
27. J. Piaget & B. Inhelder, *The Origin of the Idea of Chance in Children* (L.

Leake, Jr, P. Burrel and H. D. Fishbein, trans.), New York: Norton (1975) (원저 출간연도 1951년).

28. S. Raper (2018), 'Turning points: Bernoulli's golden theorem', *Significance*, 15:26–9, https://doi.org/10.1111/j.1740-9713.2018.01171.x
29. Aubrey Clayton, *Bernoulli's Fallacy: Statistical Illogic and the Crisis of Modern Science*, Columbia (2021), p. 74.
30. Stephen Stigler, *The History of Statistics: The Measurement of Uncertainty before 1900*, Harvard University Press (1986), p. 117.
31. Plato, *The Republic*, Book 7, translated by Benjamin Jowett, p. 198, http://www.filepedia.org/files/Plato%20-%20The%20Republic.pdf
32. Bernoulli, *Ars Conjectandi*, book 4, chapter 1.
33. Stigler (1986), p. 107.
34. Abraham de Moivre, *The Doctrine of Chances: Or, A Method of Calculating the Probability of Events in Play*, London: W. Pearson (1718).
35. Stigler (1986), p. 124에서 참고함.
36. *Dictionary of National Biography* (Oxford, 2004)에 수록된 Niccolò Guicciardini의 전기. 다음에 인용됨. https://mathshistory.st-andrews.ac.uk/Biographies/Simpson/
37. Guicciardini, 위의 문헌.
38. Guicciardini, 위의 문헌.
39. T. Simpson, 'A letter to the Right Honorable George Earl of Macclesfield, President of the Royal Society, on the advantage of taking the mean of a number of observations in practical astronomy', *Philos. Trans. Roy. Soc. Lond.*, 49, 82–93 (1755).
40. Stigler (1986), p. 138.
41. 토머스 베이즈가 존 캔턴에게 보낸 편지, 1755년 추정. Bellhouse (2004), p. 20에서 재인용함.
42. Thomas Simpson, *Miscellaneous tracts on some curious, and very interesting subjects in mechanics, physical-astronomy, and speculative mathematics*, London: John Nourse (1757), p. 64.
43. David Spiegelhalter, *The Art of Statistics: Learning from Data*, Penguin Random House (2019), p. 306.
44. Stigler (1986), p. 180.
45. Spiegelhalter (2019), p. 324.

46. Bayes & Price (1763).
47. 예시는 Spiegelhalter (2019)에서 참고함.
48. Spiegelhalter (2019), p. 325.
49. Stigler (1986), p. 179.
50. 토머스 베이즈의 유언장. Barnard (1958)에서 재인용.
51. 토머스 제퍼슨이 리처드 프라이스에게 보낸 편지, 1785. 7. 2. https://founders.archives.gov/documents/Jefferson/01-08-02-0197; 토머스 제퍼슨이 리처드 프라이스에게 보낸 편지, 1785. 8. 7., https://founders.archives.gov/documents/Jefferson/01-08-02-0280; 토머스 제퍼슨이 리처드 프라이스에게 보낸 편지, 1789. 1. 8., https://founders.archives.gov/documents/Jefferson/01-14-02-0196; 이상 미국 의회도서관 보관.
52. 벤저민 프랭클린이 리처드 프라이스에게 보낸 편지, 1780. 10. 9., https://founders.archives.gov/documents/Franklin/01-33-02-0330; 벤저민 프랭클린이 리처드 프라이스에게 보낸 편지, 1780. 10. 9., https://founders.archives.gov/documents/Franklin/01-41-02-0002; 이상 미국 의회도서관 보관.
53. Thomas Fowler & Richard Price (1723-91), *Dictionary of National Biography*, vol. 46, 1896, p. 335.
54. 데이비드 벨하우스, 개인적 대화.
55. David Bellhouse (2002), 'On some recently discovered manuscripts of Thomas Bayes', *Historia Math.*, 29, 383-94.
56. Stephen M. Stigler, 'Richard Price, the First Bayesian', *Statistical Science*, 33(1), 117-25 (Feb. 2018).
57. Bayes & Price (1763).
58. David Hume (1748), 'Of Miracles', in *Philosophical Essays Concerning Human Understanding*, Millar, London, p. 83.
59. R. Price (1767), *Four Dissertations*, Millar and Cadell, London, 2nd edn 1768, 3rd edn 1772, 4th edn 1777.
60. R. Price (1767), Stigler (2018)에서 재인용.
61. 흄이 프라이스에게 보낸 편지, 1767. 3. 18. 다음에 수록. D. O. Thomas & B. Peach (1983), *The Correspondence of Richard Price*, Volume I: July 1748-March 1778, Duke Univ. Press, Durham, NC, pp. 45-7; Stigler (2018)에서 재인용.
62. David Bellhouse & Marcio Diniz, 'Bayes and Price: when did it

start?', *Significance*, vol. 17, issue 6, December 2020, pp. 6–7, https://doi.org/10.1111/1740-9713.01460

63. Bernoulli (1713), p. 19. Clayton (2021)에서 재인용.
64. Laplace (1786), pp. 317–18. Stigler (1986)에서 재인용.
65. Clayton (2021), p. 120.
66. Stigler (1986), p. 242.
67. Francis Edgeworth, 'The philosophy of chance', *Mind* 31 (1922), 257–83.
68. Louis-Adolphe Bertillon, 1876: *Dictionnaire encyclopédique des sciences medicales*, 2nd series, 10: 296–324, Paris: Masson & Asselin. Stigler, 1986에서 재인용.
69. George Boole, *An investigation of the laws of thought on which are founded the mathematical theory of logic and probabilities*, London: Walton and Maberly (1854), p. 370.
70. Stigler (1986), p. 362.
71. Francis Galton, *Natural Inheritance*, Macmillan (1894), p. 64.
72. Francis Galton, 'Regression Towards Mediocrity in Hereditary Stature', *The Journal of the Anthropological Institute of Great Britain and Ireland*, vol. 15 (1886), pp. 246–63. JSTOR, https://doi.org/10.2307/2841583
73. R. Plomin & I. J. Deary, 'Genetics and intelligence differences: five special findings', *Mol. Psychiatry* (Feb. 2015), 20(1):98–108, doi: 10.1038/mp.2014.105
74. Francis Galton (1865), 'Hereditary Talent and Character', *Macmillan's Magazine* 12: 157–66, 318–27.
75. Clayton (2021), p. 133.
76. Francis Galton, letter to the Editor of *The Times*, 5 June 1873.
77. Bradley Efron, 'R. A. Fisher in the 21st Century', *Statistical Science*, vol. 13, no. 2 (1998), pp. 95–114. JSTOR, http://www.jstor.org/stable/2676745
78. H. E. Soper, A. W. Young, B. M. Cave, A. Lee & K. Pearson (1917), 'On the distribution of the correlation coefficient in small samples; Appendix II to the papers of "Student" and R. A. Fisher. A cooperative study', *Biometrika*, 11, 328–413, https://doi.org/10.1093/biomet/11.4.328

79. Ronald A. Fisher, 'Some Hopes of a Eugenicist', *Eugenics Review*, 5, no. 4 (1914), 309.
80. Karl Pearson & Margaret Moul, 'The Problem of Alien Immigration into Great Britain, Illustrated by an Examination of Russian and Polish Jewish Children: Part II', *Annals of Eugenics* 2, no. 1-2 (1927), 125.
81. John Stuart Mill, *A System of Logic, Ratiocinative and Inductive* (1843), Vol. II, p. 71.
82. Joseph Bertrand (1889), 'Calcul des probabilités', Gauthier-Villars, pp. 5-6.
83. John Venn, *The Logic of Chance*, London: Macmillan (1876), p. 22.
84. Ronald A. Fisher, 'On the Mathematical Foundations of Theoretical Statistics', *Philosophical Transactions of the Royal Society of London, Series A, Containing Papers of a Mathematical or Physical Character* 222 (1922), 312.
85. Ronald Aylmer Fisher, 'Uncertain Inference', *Proceedings of the American Academy of Arts and Sciences*, vol. 71, no. 4 (1936), pp. 245-58. JSTOR, https://doi.org/10.2307/20023225
86. 이 부분은 다음에서 참고했다. Zabell & Sandy, 'R. A. Fisher on the History of Inverse Probability', *Statistical Science*, vol. 4, no. 3 (1989), pp. 247-56. JSTOR, http://www.jstor.org/stable/2245634
87. George Boole, 'On the Theory of Probabilities', *Philosophical Transactions of the Royal Society of London*, vol. 152 (1862), pp. 225-52. JSTOR, http://www.jstor.org/stable/108830
88. R. A. Fisher (1930), 'Inverse Probability', *Mathematical Proceedings of the Cambridge Philosophical Society*, 26, pp. 528-35, doi: 10.1017/S0305004100016297
89. R. A. Fisher (1921), 'On the Mathematical Foundations of Theoretical Statistics', *Phil. Trans. R. Soc. Lond.*, Ser. A 222, 309-68.
90. R. A. Fisher, *Statistical Methods for Research Workers*, Oliver and Boyd, (1925), p. 10.
91. R. A. Fisher (1926), 'The arrangement of field experiments', *Journal of the Ministry of Agriculture*, 33, p. 504, https://doi.org/10.23637/rothamsted.8v61q
92. 이하 내용의 상당 부분은 다음에서 참고했다. Sharon Bertsch McGrayne,

The Theory That Would Not Die : How Bayes' Rule Cracked the Enigma Code, Hunted Down Russian Submarines, and Emerged Triumphant from Two Centuries of Controversy, Yale University Press (2011).

93. H. Jeffreys, *Scientific Inference*, Cambridge: Cambridge University Press (1931). 부록을 추가하여 재간행 1937, 개정 2판 1957, 1973.
94. H. Jeffreys (1926), 'The Rigidity of the Earth's Central Core', *Geophysical Journal International*, 1: 371 – 83, https://doi.org/10.1111/j.1365-246X.1926.tb05385.x
95. David Howie (2002), *Interpreting Probability : Controversies and Developments in the Early Twentieth Century*, Cambridge University Press, p. 126.
96. Howie (2002)에서 재인용.
97. D. V. Lindley (1991), 'Sir Harold Jeffreys', *Chance*, 4:2, 10 – 21, doi: 10.1080/09332480.1991.11882423
98. Lindley (1991).
99. F. P. Ramsey, 'Truth and Probability', *Studies in Subjective Probability*, H. E. Kyburg, H. E. Smokler & E. Robert (eds), Krieger Publishing Company: Huntington, New York, NY (1926), p. 183.
100. Ramsey (1926), p. 65.
101. Cheryl Misak, *Frank Ramsey : A Sheer Excess of Powers*, Oxford University Press (2020), p. 271.
102. 이하의 예시는 McGrayne (2011)에서 가져왔다.
103. José M. Bernardo, 'The Valencia Story: Some details on the origin and development of the Valencia International Meetings on Bayesian Statistics', *ISBA Newsletter*, December 1999, https://www.uv.es/bernardo/ValenciaStory.pdf
104. Bernardo (1999).
105. P. R. Freeman & A. O'Hagan, 'Thomas Bayes's Army [The Battle Hymn of Las Fuentes]', *The Bayesian Songbook*, ed. Carlin & Bradley (2006), p. 37, https://www.yumpu.com/en/document/read/11717939/the-bayesian-songbook-university-of-minnesota
106. Professor Sir David Spiegelhalter, Twitter (2022), https://twitter.com/d_spiegel/status/1555822628996259840
107. Professor Sir David Spiegelhalter, Twitter (2022), https://twitter.com/

d_spiegel/status/1556029674970644481

108. Maurice Kendall & Alan Stuart, *The Advanced Theory of Statistics*, Charles Griffin & Company (1960).
109. M. G. Kendall, 'On the Future of Statistics – A Second Look', *Journal of the Royal Statistical Society*, Series A (General), Vol. 131, No. 2 (1968), pp. 182–204.
110. D. V. Lindley, 'The Future of Statistics: A Bayesian 21st Century', *Advances in Applied Probability*, vol. 7 (1975), pp. 106–15, JSTOR, https://doi.org/10.2307/1426315
111. Larry Wasserman, 'Is Bayesian inference a religion?', *Normal Deviate* (2013), https://normaldeviate.wordpress.com/2013/09/01/is-bayesian-inference-a-religion/
112. 'Breathing some fresh air outside of the Bayesian church', *The Bayesian Kitchen* (2013), http://bayesiancook.blogspot.com/2013/12/breathingsome-fresh-air-outside-of.html
113. G. E. P. Box, 'An Apology for Ecumenism in Statistics', in G. E. P. Box, T. Leonard & C. F. J. Wu (eds), *Scientific Inference, Data Analysis, and Robustness*, pp. 51–84, Academic Press (1983).

2장

1. Diederik Stapel, *Onderzoek de psychologie van vlees*, Marcel Zeelenberg & Roos Vonk (2011).
2. D. A. Stapel & S. Lindenberg (2011), 'Coping with Chaos: How Disordered Contexts Promote Stereotyping and Discrimination', *Science*, New York, 332(6026): 251–3.
3. Yudhijit Bhattacharjee, 'The Mind of a Con Man', *New York Times* (2013), https://www.nytimes.com/2013/04/28/magazine/diederikstapels-audacious-academic-fraud.html
4. D. J. Bem, 'Feeling the future: experimental evidence for anomalous retroactive infl uences on cognition and affect', *J. Pers. Soc. Psychol.* (March 2011), 100(3):407–25, doi: 10.1037/a0021524, PMID: 21280961
5. J. A. Bargh, M. Chen & L. Burrows, 'Automaticity of social behavior: direct effects of trait construct and stereotype-activation on action', *J.*

Pers. Soc. Psychol. (Aug. 1996), 71(2):230–44, doi: 10.1037//0022-3514.71.2.230, PMID: 8765481

6. K. D. Vohs, N. L. Mead & M. R. Goode, 'The psychological consequences of money', *Science* (17 Nov. 2006), 314(5802): 1154–6, doi: 10.1126/science.1132491, erratum in *Science* (24 Jul. 2015), 349(6246):aac9679, PMID: 17110581
7. S. W. Lee & N. Schwarz, 'Bidirectionality, mediation, and moderation of metaphorical effects: the embodiment of social suspicion and fishy smells', *J. Pers. Soc. Psychol.* (Nov. 2012), 103(5): 737–49, doi: 10.1037/a0029708, epub 20 Aug. 2012, PMID: 22905770
8. Daniel Kahneman, *Thinking, Fast and Slow*, Penguin (2011), pp. 56–7.
9. J. P. Simmons, L. D. Nelson & U. Simonsohn, 'False Positive Psychology: Undisclosed Flexibility in Data Collection and Analysis Allows Presenting Anything as Significant', *Psychological Science* (2011), 22(11): 1359–66, doi: 10.1177/0956797611417632
10. J. P. Ioannidis, 'Why most published research findings are false', *PloS. Med.* (Aug. 2005), 2(8):e124, doi: 10.1371/journal.pmed.0020124
11. Malte Elson, 'FlexibleMeasures.com: Competitive Reaction Time Task', http://www.flexiblemeasures.com/crtt/ https://doi.org/10.17605/OSF.IO/4G7FV
12. K. M. Kniffin, O. Sigirci & B. Wansink, 'Eating Heavily: Men Eat More in the Company of Women', *Evolutionary Psychological Science* 2, 38–46 (2016), https://doi.org/10.1007/s40806-015-0035-3
13. B. Wansink, D. R. Just, C. R. Payne & M. Z. Klinger, 'Attractive names sustain increased vegetable intake in schools', *Prev. Med.* (Oct. 2012), 55(4): 330–32, doi: 10.1016/j.ypmed.2012.07.012
14. Brian Wansink, 'The grad student who never said "No"' (2016), archived at https://archive.ph/cPxmm
15. Stephanie M. Lee, 'Here's how Cornell scientist Brian Wansink turned shoddy data into viral studies about how we eat', *BuzzFeedNews* (2018), https://www.buzzfeednews.com/article/stephaniemlee/brian-wansinkcornell-p-hacking
16. Retraction Watch database: http://retractiondatabase.org/Retraction-Search.aspx?AspxAutoDetectCookieSupport=1#?AspxAutoDe-

tect-CookieSupport%3d1%26auth%3dWansink%252c%2bBrian
17. Stephanie M. Lee, 'Cornell Just Found Brian Wansink Guilty Of Scientific Misconduct And He Has Resigned', *BuzzFeed News* (2019), https://www.buzzfeednews.com/article/stephaniemlee/brian-wansinkretired-cornell
18. D. J. Bem (1987), 'Writing the empirical journal article', in M. Zanna & J. Darley (eds), *The Compleat Academic : A practical guide for the beginning social scientist* (pp. 171-201), New York: Random House.
19. Open Science Collaboration, 'Estimating the reproducibility of psychological science', *Science* (28 Aug. 2015), 349(6251): aac4716, doi: 10.1126/science.aac4716, PMID: 26315443
20. H. Haller & S. Kraus, 'Misinterpretations of significance: A problem students share with their teachers?', *Methods of Psychological Research*, 7(1) (2002), pp. 1-20.
21. S. A. Cassidy, R. Dimova, B. Giguère, J. R. Spence & D. J. Stanley, 'Failing grade: 89% of introduction-to-psychology textbooks that define or explain statistical significance do so incorrectly', *Advances in Methods and Practices in Psychological Science*, 2(3) (2019), pp. 233-9, https://doi. org/10.1177/2515245919858072
22. Giulia Brunetti, 'Neutrino velocity measurement with the OPERA experiment in the CNGS beam', *Journal of High Energy Physics* (2012), doi: 10.1007/JHEP10(2012)093
23. Matt Strassler, 'OPERA: What went wrong' (2 April 2012), *Of Particular Significance*, https://profmattstrassler.com/articles-and-posts/particle-physics-basics/neutrinos/neutrinos-faster-than-light/operawhat-went-wrong/
24. David Hume, *An Enquiry Concerning Human Understanding*, Section IV, Part II.28, 1777년의 사후 발행판을 재간행하고 옥스퍼드 유니버시티 칼리지의 전 동료였던 L. A. Selby-Bigge가 서문, 비교 목차, 분석 색인을 추가해 편집. 제2판, 1902년.
25. Hume (1777), Section V, Part I.36.
26. Paul Feyerabend, 'From Incompetent Professionalism to Professionalized Incompetence - The Rise of a New Breed of Intellectuals', *Philosophy of Social Science*, 8 (1978), 37-53.

27. Karl Popper, *Realism and the Aim of Science: From the Postscript to the Logic of Scientific Discovery*, Routledge (1985), Chapter I, Section 3, I.
28. Karl Popper (1959), *The Logic of Scientific Discovery* (2002 pbk; 2005 ebook edn), Routledge, ISBN 978-0-415-27844-7, p. 91.
29. Karl Popper, *Realism and the Aim of Science*, Routledge (1985).
30. Michael Evans, *Measuring Statistical Evidence Using Relative Belief*, CRC Press (2015), p. 107.
31. Johnny van Doorn et al., 'Strong Public Claims May Not Reflect Researchers' Private Convictions', *PsyArXiv* (7 Oct. 2020).
32. Einstein, 다음에 인용된 편지. C. Howson & P. Urbach, *Scientific Reasoning: The Bayesian approach*, Open Court Publishing Co. (1989), p. 7.
33. Einstein, 다음에 인용됨. Abraham Pais, *Subtle is the Lord: The Science and the Life of Albert Einstein*, Oxford University Press (1982), p. 159. Howson & Urbach (1989), p. 7에서 재인용.
34. Daniël Lakens, 'Improving your statistical inferences', Coursera, 3.2: Optional Stopping, https://www.coursera.org/learn/statisticalinferences/supplement/SES3h/assignment-3-2-optional-stopping
35. D. V. Lindley (1957), 'A statistical paradox', *Biometrika*, 44: 187-92.
36. W. Edwards, H. Lindman & L. J. Savage (1963), 'Bayesian statistical inference for psychological research', *Psychological Review*, 70: 193-242.
37. E. J. Wagenmakers, R. Wetzels, D. Borsboom, H. L. J. van der Maas & R. A. Kievit (2012), 'An agenda for purely confirmatory research', *Perspectives on Psychological Science*, 7: 627-33.
38. J. N. Rouder, 'Optional stopping: No problem for Bayesians', *Psychon. Bull. Rev.*, 21: 301-8 (2014), https://doi.org/10.3758/s13423-014-0595-4
39. D. Bakan (1966), 'The test of significance in psychological research', *Psychological Bulletin*, 66(6): 423-37, doi: 10.1037/h0020412
40. P. E. Meehl (1990), 'Why summaries of research on psychological theories are often uninterpretable', *Psychological Reports*, 66(1): 195-244, https://doi.org/10.2466/PR0.66.1.195-244
41. D. V. Lindley (1957), 'A statistical paradox', *Biometrika*, 44: 187-92.
42. D. J. Benjamin, J. O. Berger, M. Johannesson et al., 'Redefine statis-

tical significance', *Nat. Hum. Behav.*, 2: 6-10 (2018), https://doi.org/10.1038/s41562-017-0189-z
43. Cassie Kozyrkov, 'Statistics: Are you Bayesian or Frequentist?', *Towards Data Science* (4 Jun. 2021), https://towardsdatascience.com/statisticsare-you-bayesian-or-frequentist-4943f953f21b
44. Suetonius, *De vita Caesarum*, lib. I, xxxii.
45. 2022. 1. 1. 시점의 인구, Eurostat Data Browser, https://ec.europa.eu/eurostat/databrowser/view/tps00001/default/table?lang=en
46. 다음에 인용됨. Andrew Gelman, 'If you're not using a proper, informative prior, you're leaving money on the table', *Statistical Modeling, Causal Inference, and Social Science* (21 Nov. 2014), https://statmodeling.stat.columbia.edu/2014/11/21/youre-using-proper-informative-prior-youre-leaving-money-table/
47. Kozyrkov (2021).

3장

1. Aristotle (기원전 4세기), *Physics*; H. G. Apostle 번역 및 주해, Bloomington: Indiana University Press (1969).
2. E. Jaynes (2003), *Probability Theory: The Logic of Science* (G. Bretthorst, ed.), Cambridge: Cambridge University Press, p. 4, doi: 10.1017/CBO9780511790423
3. G. Boole, *An Investigation of the Laws of Thought, on which are Founded the Mathematical Theories of Logic and Probabilities*, London: Walton and Maberly (1854). *George Boole's Collected Works*, vol. 2, Chicago & New York: Open Court (1916)으로 재간행. New York: Dover (1951) 재간행.
4. Jaynes (2003), p. 3.
5. Eliezer Yudkowsky, *Rationality: From AI to Zombies* (2015), loc. ebook, p. 104.
6. Yudkowsky (2015), loc. ebook p. 104.
7. Yudkowsky (2015), pp. 792, 202.
8. Jaynes (2003), p. 35.
9. Oliver Cromwell (1650): Letter 129, http://www.olivercromwell.org/Letters_and_speeches/letters/Letter_129.pdf

10. Dennis Lindley (1991), *Making Decisions* (2nd edn), Wiley, ISBN 0-471-90808-8, p. 104.
11. Eliezer Yudkowsky, *Rationality : From AI to Zombies* (2015), p. 245.
12. 'How NICE measures value for money in relation to public health interventions', 1 Sep. 2013, https://www.nice.org.uk/media/default/guidance/lgb10-briefing-20150126.pdf
13. 'List of things named after John von Neumann', https://en.wikipedia.org/wiki/List_of_things_named_after_John_von_Neumann
14. 이하 내용의 상당 부분은 다음에서 참고함. Ananyo Bhattacharya, *The Man from the Future : the visionary life of John von Neumann*, WW Norton & Co. (2022), p. 160.
15. J. von Neumann & O. Morgenstern, *Theory of Games and Economic Behavior*, 6th printing (1955), Princeton University Press, p. 10.
16. Eliezer Yudkowsky, 'Occam's Razor', *Read The Sequences* (2015), p. 115 https://www.readthesequences.com/Occams-Razor
17. Michal Koucký (2006), 'A Brief Introduction to Kolmogorov Complexity', http://iuuk.mff.cuni.cz/~koucky/vyuka/ZS2013/kolmcomp.pdf
18. 이 예시는 다음에서 가져왔다. E. Jaynes (2003), *Probability Theory : The Logic of Science* (G. Bretthorst, ed.), Cambridge: Cambridge University Press, p. 4, doi: 10.1017/CBO9780511790423
19. S. G. Soal (1940), 'Fresh light on card guessing: Some new effects', *Proceedings of the Society for Psychical Research*, 46: 152-98.
20. Stuart Russell & Peter Norvig, *Artificial Intelligence : A Modern Approach*, 3rd edn, Pearson (2010), p. 9.
21. 이 장의 내용 대부분은 인공지능과 기계학습 기법을 이용한 망막 질환 진단을 연구하는 유니버시티 칼리지 런던의 윌리엄 우프 박사와 나눈 대화에서 가져왔다.

4장

1. S. Lichtenstein, P. Slovic, B. Fischhoff, M. Layman & B. Combs (1978), 'Judged frequency of lethal events', *Journal of Experimental Psychology : Human Learning and Memory*, 4(6): 551-78, https://doi.org/10.1037/0278-7393.4.6.551

2. Amos Tversky & Daniel Kahneman, 'Judgments of and by Representativeness', in *Judgment Under Uncertainty: Heuristics and Biases*, ed. Daniel Kahneman, Paul Slovic & Amos Tversky (New York: Cambridge University Press, 1982), p. 96.
3. Amos Tversky & Daniel Kahneman, 'The framing of decisions and the psychology of choice', *Science* (30 Jan. 1981), 211(4481): 453–8, doi: 10.1126/science.7455683. PMID: 7455683
4. 철회 정보. Shu et al., 'Signing at the beginning makes ethics salient and decreases dishonest self-reports in comparison to signing at the end', *Proceedings of the National Academy of Sciences USA* (21 Sep. 2021), doi: 10.1073/pnas.1209746109
5. Cathleen O'Grady, 'Fraudulent data raise questions about superstar honesty researcher', Science (24 Aug. 2021), https://www.science.org/content/article/fraudulent-data-set-raise-questions-about-superstar-honesty-researcher
6. W. Casscells, A. Schoenberger & T. B. Graboys, 'Interpretation by phys icians of clinical laboratory results', *N. Engl. J. Med.* (1978), 299(18): 999–1001.
7. B. L. Anderson, S. Williams & J. Schulkin, 'Statistical literacy of obstetrics-gynecology residents', *J. Grad. Med. Educ.* (Jun. 2013), 5(2): 272–5, doi: 10.4300/JGME-D-12-00161.1
8. P. C. Wason (1968), 'Reasoning about a rule', *Quarterly Journal of Experimental Psychology*, 20(3): 273–81, doi: 10.1080/14640746808400161
9. Jonathan St. B. T. Evans, Stephen E. Newstead & Ruth M. J. Byrne (1993), *Human Reasoning: The Psychology of Deduction*, Psychology Press, ISBN 978-0-86377-313-6.
10. L. Cosmides & J. Tooby (1992), 'Cognitive Adaptions for Social Exchange', in J. Barkow, L. Cosmides & J. Tooby (eds), *The Adapted Mind: Evolutionary psychology and the generation of culture*, New York: Oxford University Press, pp. 163–228.
11. Louis Liebenberg, 개인적 교신; Steven Pinker, *Rationality: What it is, why it seems scarce, why it matters*, Penguin Random House (2021), p. 4에서 재인용.

12. J. K. Madsen (2016), 'Trump supported it?! A Bayesian source credibility model applied to appeals to specific American presidential candidates' opinions', in A. Papafragou, D. Grodner, D. Mirman & J. C. Trueswell (eds), *Proceedings of the 38th Annual Conference of the Cognitive Science Society*, Cognitive Science Society, pp. 165 – 70.
13. Douglas Adams, *Dirk Gently's Holistic Detective Agency*, Simon & Schuster (1987), p. 153.
14. Gerd Gigerenzer & Henry Brighton (2009), 'Homo Heuristicus: Why Biased Minds Make Better Inferences', *Topics in Cognitive Science*, 1(1): 107 – 43, doi: 10.1111/j.1756-8765.2008.01006.x, hdl:11858/00-001M-0000-0024-F678-0
15. Dennis Shaffer, Scott Krauchunas, Marianna Eddy & Michael McBeath (2004), 'How Dogs Navigate to Catch Frisbees', *Psychological Science*, 15: 437 – 41, doi: 10.1111/j.0956-7976.2004.00698.x
16. R. P. Hamlin (2017), '"The gaze heuristic:" biography of an adaptively rational decision process', *Top. Cogn. Sci.*, 9: 264 – 288, doi: 10.1111/tops.12253
17. Garrick Blalock, Vrinda Kadiyali & Daniel Simon (2009), 'Driving Fatalities After 9/11: A Hidden Cost of Terrorism', *Applied Economics*, 41: 1717 – 29, doi: 10.1080/00036840601069757
18. 'Letters to the Editor', *The American Statistician* (1975), 29:1, 67 – 71, doi: 10.1080/00031305.1975.10479121
19. Marilyn vos Savant (2012) [1990 – 1991], 'Game Show Problem', *Parade*.
20. Andrew Vazsonyi, *Which Door Has the Cadillac: Adventures of a Real-Life Mathematician*, iUniverse (2002), p. 5.
21. Martin Gardner (1959), *The Second Scientific American Book of Mathematical Puzzles and Diversions*, Simon & Schuster, ISBN 978-0-226-28253-4.
22. John Lewis Gaddis (2005), *The Cold War: A New History*, Penguin Press, ISBN 978-1594200625, p. 228.
23. Gaddis (2005), p. 228.
24. Philip Tetlock & Dan Gardner, *Superforecasting*, Penguin Random House (2015), p. 50.

25. Andrew Mauboussin & Michael J. Mauboussin, 'If You Say Something Is "Likely," How Likely Do People Think It Is?', *Harvard Business Review* (3 Jul. 2018), https://hbr.org/2018/07/if-you-say-somethingis-likely-how-likely-do-people-think-it-is
26. Tetlock & Gardner (2015), p. 59.
27. Tetlock & Gardner (2015), p. 73.
28. Tetlock & Gardner (2015), p. 113.
29. Tetlock & Gardner (2015), p. 157.
30. *Jacobellis*, 378 U.S. at 197 (Stewart, J., concurring).
31. Ludwig Wittgenstein (1953), *Philosophical Investigations*, Wiley-Blackwell, p. 7.
32. Diogenes Laërtius, 'The Cynics: Diogenes', *Lives of the Eminent Philosophers*, Vol. 2:6 (1925), translated by Hicks, Robert Drew (2-vol. edn), Loeb Classical Library.

5장

1. Plato, *The Republic*, Book VII, W. H. D. Rouse (ed.), Penguin Group Inc., pp. 365–401.
2. Sylvia Berryman, 'Democritus', *The Stanford Encyclopedia of Philosophy*(Winter 2016 edn), Edward N. Zalta (ed.), https://plato.stanford.edu/archives/win2016/entries/democritus/
3. Vasco Ronchi, *Nature of Light : An Historical Survey*, Heinemann (1970), p. 16.
4. Ibn al-Haytham, *Book of Optics*, trans. A. I. Sabra (1989), Book I, Chapter 3.22, https://monoskop.org/images/f/ff/The_Optics_of_Ibn_Al-Haytham_Books_I-III_On_Direct_Vision_Sabra_1989.pdf
5. Immanuel Kant, W. S. Pluhar & P. Kitcher (1996), *Critique of Pure Reason*, Indianapolis, IN: Hackett Publishing Co. (원저 출간연도 1787).
6. L. R. Swanson, 'The Predictive Processing Paradigm Has Roots in Kant', *Front. Syst. Neurosci.* (10 Oct. 2016), 10:79, doi: 10.3389/fnsys.2016.00079. PMID: 27777555; PMCID: PMC5056171
7. Hermann von Helmholtz (1850), 'Vorläufiger Bericht über die Fortpflanzungs-Geschwindigkeit der Nervenreizung', *Archiv für Anatomie, Physiologie und wissenschaft liche Medicin*, 71–3.

8. Hermann von Helmholtz (1868), 'The Recent Progress of the Theory of Vision', in *Science and Culture : Popular and Philosophical Essays*, ed. David Cahan, Chicago: University of Chicago Press (1995), pp. 127 – 203.
9. R. L. Gregory, *Eye and Brain*, 5th edn, Oxford University Press [Google Scholar] (1998).
10. Gregory (1998).
11. Cates Holderness, 'What Colors Are This Dress?', *BuzzFeed* (26 Feb. 2015), https://www.buzzfeed.com/catesish/help-am-i-going-insane-itsdefinitely-blue
12. *Phil. Trans. R. Soc. Lond. B* (1997), 352: 1121 – 8.
13. 그림 디자인 Kasuga-jawiki; 벡터화 Editor at Large; 'The dress' 수정 Jahobr. 크리에이티브 커먼즈 라이선스.
14. S. Aston & A. Hurlbert, 'What #theDress reveals about the role of illumination priors in color perception and color constancy', *J. Vis.* (1 Aug. 2017), 17(9): 4, doi: 10.1167/17.9.4, PMID: 28793353, PMCID: PMC5812438
15. Richard FitzHugh, 'A statistical analyzer for optic nerve messages', *J. Gen. Physiol.* (20 Mar. 1958), 41(4): 675 – 92, doi: 10.1085/jgp.41.4.675, PMID: 13514004, PMCID: PMC2194875
16. 이하의 설명은 주로 다음에서 참고했다. Andy Clark, *Surfing Uncertainty : Prediction, Action, and the Embodied Mind* (OUP, 2015), 그리고 Anil Seth, *Being You : A New Science of Consciousness* (Faber & Faber, 2021).
17. Marc Ernst & Martin Banks (2002), 'Humans integrate visual and haptic information in a statistically optimal fashion', *Nature*, 415: 429 – 33, doi: 10.1038/415429a
18. See: McGurk effect – Auditory Illusion – BBC *Horizon*, https://www.youtube.com/watch?v=2k8fHR9jKVM
19. 'Green Needle or Brainstorm?', Illinois Vision Lab, https://publish.illinois.edu/visionlab/2021/01/27/green-needle-brainstorm/
20. W. Schultz, 'Reward signaling by dopamine neurons', *Neuroscientist* (Aug. 2001), 7(4): 293 – 302, doi: 10.1177/107385840100700406, PMID: 11488395

21. 예를 들면 다음과 같다. R. P. N. Rao & T. J. Sejnowski, 'Predictive coding, cortical feedback, and spike-timing dependent plasticity'. 다음에 수록. R. P. N. Rao, B. Olshausen & M. S. Lewicki (eds), *Probabilistic Models of the Brain : Perception and neural function* (2002), Cambridge, MA: MIT Press, pp. 297 –315.
22. T. Hosoya, S. Baccus & M. Meister, 'Dynamic predictive coding by the retina', *Nature* (2005), 436: 71 –7, https://doi.org/10.1038/nature03689
23. A. Kolossa, B. Kopp & T. Fingscheidt, 'A computational analysis of the neural bases of Bayesian inference', *Neuroimage* (1 Feb. 2015), 106: 222 –37, doi: 10.1016/j.neuroimage.2014.11.007, epub 8 Nov. 2014, PMID: 25462794
24. Benjamin W. Tatler, Mary M. Hayhoe, Michael F. Land, Dana H. Ballard, 'Eye guidance in natural vision: Reinterpreting salience', *Journal of Vision* 2011;11(5):5. Andy Clark, *Surfing Uncertainty*, p. 67에서 재인용.
25. 'The Saccadic Tracking Loop', *Fault Tolerant Tennis* (2022), https://faulttoleranttennis.com/the-saccadic-tracking-loop/
26. M. F. Land & B. W. Tatler (2009), *Looking and Acting : Vision and eye movements in natural behaviour*, Oxford University Press, https://doi.org/10.1093/acprof:oso/9780198570943.001.0001
27. Sarah-Jayne Blakemore, Daniel Wolpert & Chris Frith (2000), 'Why can't you tickle yourself?', *Neuroreport*, 11, doi: 10.1097/00001756-200008030-00002
28. S. S. Shergill, P. M. Bays, C. D. Frith & D. M. Wolpert, 'Two eyes for an eye: the neuroscience of force escalation', *Science* (11 Jul. 2003), 301(5630): 187, doi: 10.1126/science.1085327, PMID: 12855800
29. S. J. Blakemore, D. M. Wolpert & C. D. Frith, 'Central cancellation of self-produced tickle sensation', *Nat. Neurosci.* (Nov. 1998), 1(7): 635 –40, doi: 10.1038/2870, PMID: 10196573
30. Chris Frith, *Making Up the Mind : How the Brain Creates Our Mental World* (2007), Blackwell, p. 102.
31. H. M. Wichowicz, S. Ciszewski, K. Żuk & A. Rybak-Korneluk, 'Hollow mask illusion – is it really a test for schizophrenia?', *Psychiatr. Pol.*

(2016), 50(4): 741–5, doi: 10.12740/PP/60150, PMID: 27847925

32. Frith (2007), p. 108.

33. R. Carhart-Harris, B. Giribaldi, R. Watts, M. Baker-Jones, A. Murphy-Beiner, R. Murphy, J. Martell, A. Blemings, D. Erritzoe & D. J. Nutt, 'Trial of Psilocybin versus Escitalopram for Depression', *N. Engl. J. Med.* (15 Apr. 2021), 384(15): 1402–11, doi: 10.1056/NEJMoa2032994, PMID: 33852780

34. A. K. Davis, F. S. Barrett, D. G. May et al., 'Effects of Psilocybin-Assisted Therapy on Major Depressive Disorder: A Randomized Clinical Trial', *JAMA Psychiatry* (2021), 78(5): 481–9, doi: 10.1001/jamapsychiatry.2020.3285; C. S. Grob, A. L. Danforth, G. S. Chopra et al., 'Pilot Study of Psilocybin Treatment for Anxiety in Patients With Advanced-Stage Cancer', *Arch. Gen. Psychiatry* (2011), 68(1): 71–8, doi: 10.1001/archgenpsychiatry.2010.116; S. Ross, A. Bossis, J. Guss et al., 'Rapid and sustained symptom reduction following psilocybin treatment for anxiety and depression in patients with life-threatening cancer: a randomized controlled trial', *Journal of Psychopharmacology* (2016), 30(12): 1165–80, doi: 10.1177/0269881116675512; R. R. Griffiths, M. W. Johnson, M. A. Carducci et al., 'Psilocybin produces substantial and sustained decreases in depression and anxiety in patients with lifethreatening cancer: A randomized double-blind trial', *Journal of Psychopharmacology* (2016), 30(12): 1181–97, doi: 10.1177/0269881116675513

35. Scott Alexander, 'God help us, let's try to understand Friston on free energy', *Slate Star Codex* (4 Mar. 2018), https://slatestarcodex.com/2018/03/04/god-help-us-lets-try-to-understand-friston-on-freeenergy/

맺는 글

1. J. Clark, S. Watson & K. Friston (2018), 'What is mood? A computational perspective', *Psychological Medicine*, 48(14): 2277–84, doi: 10.1017/S0033291718000430; P. R. Corlett, C. D. Frith & P. C. Fletcher, 'From drugs to deprivation: a Bayesian framework for understanding models of psychosis', *Psychopharmacology* (Nov. 2009),

206(4): 515–30, doi: 10.1007/s00213-009-1561-0, epub 28 May 2009, PMID: 19475401; PMCID: PMC2755113

2. Fred Hoyle (1983), *The Intelligent Universe : A New View of Creation and Evolution*, Michael Joseph Ltd, p. 19.
3. J. Huber, S. Inoua, R. Kerschbamer, C. König-Kersting, S. Palan & V. L. Smith, 'Nobel and novice: Author prominence affects peer review', *Proc. Natl. Acad. Sci. USA* (11 Oct. 2022), 119(41): e2205779119, doi: 10.1073/pnas.2205779119, epub 4 Oct. 2022, PMID: 36194633, PMCID: PMC9564227
4. George E. P. Box (1976), 'Science and statistics', *Journal of the American Statistical Association*, 71 (356): 791–9, doi: 10.1080/01621459.1976.10480949

찾아보기

ㄱ

ㅇ

ㅈ

ㅌ

ㅍ

ㅎ

기타

민감도 90퍼센트인 진단키트로 양성 판정을 받았다. 감염되었을 확률은 얼마일까? 만약 90퍼센트라고 생각했다면 이 책을 꼭 읽으시길. 생물학뿐 아니라 뇌과학과 인공지능 분야에서 점점 더 큰 주목을 받고 있는 베이즈 통계학은 사실 우리가 일상적으로 수행하는 추론 방식을 닮았다. 인간은 어렴풋한 예측에서 시작해 새로운 정보를 받아들여 예측을 끊임없이 개선하고, 이를 통해 세상에 대한 점점 더 정교한 이해를 형성해나간다. 저자의 친절하고 재밌는 안내를 따라 세상에 대한 더 정교한 사전확률을 머리에 구축하자. 미래는 불확실하지만 그렇다고 완전히 불투명한 것은 아니다. 불투명해 보이는 세상을 꿰뚫어 보고 싶은 모든 이에게 이 멋진 책을 추천한다. **김범준, 《세상물정의 물리학》 저자**

18세기 성직자에서 뇌의 작용에 이르기까지, 치버스는 불확실성 속에서 학습을 위한 수학적 기초인 베이즈 정리의 영향력을 탐구한다. 확률과 통계의 역사를 깔끔하게 요약한 후 과학적 증거, 귀납, 의사결정, 통계 모델링, 예측, 인간의 지각과 추론에 대한 도전적이고 논쟁적인 베이즈주의 접근법을 다룬다. 특유의 경쾌한 문체와 인용문, 생생한 이야기로 가득하다. 배부르면서도 매우 맛있는 책.
데이비드 스피겔할터, 《숫자에 약한 사람들을 위한 통계학 수업》 저자

페이지를 넘길 때마다 똑똑해지는 느낌을 주는 책. 증거 기반 의사 결정에 관여하는 모든 사람, 즉 우리 모두를 위한 필독서. **필립 볼, 《아름다운 실험》 저자**

인생은 불확실성으로 가득 차 있지만, 이 매혹적이고 재치 있고 관점을 전환하는 책을 보면 그렇다고 무력감과 공포에 빠질 필요는 없다는 걸 알게 된다. 수학의 매혹적인 분야뿐 아니라 세상 자체에 대해 더 잘 이해하게 되어 상쾌한 기분으로 덮을 수 있는 책이다. **올리버 버크먼, 《4000주》 저자**

놀라운 정리에 관한 놀라운 작가의 놀라운 책이다. 이 책이 세상을 보는 방식을 영원히 바꾸지 않을 통계적 확률은 0이다. **윌 스토, 《이야기의 탄생》 저자**

한 가지 완벽하게 예측 가능한 것은 톰 치버스가 훌륭한 책을 쓴다는 것이다. 이 책도 예외는 아니다. 재치 있고, 생동감 넘치고, 무엇보다도 매우 괴짜스럽다. 내가 이 책을 통해 많이 배운 것처럼, 당신도 그렇게 될 것이다.

팀 하포드, 《경제학 콘서트》 저자

치료의 효과 평가부터 의식의 작동 방식과 의사결정 방식까지, 톰 치버스는 설득력 있는 사례들을 통해 베이즈 정리가 모든 사람이 이해해야 할 하나의 공식이라는 사실을 입증한다. **아난요 바타차리야, 《미래에서 온 남자 폰 노이만》 저자**

베이즈주의와 빈도주의의 대립에서, 이 책은 베이즈주의가 쿨할 뿐 아니라 대체로 옳은 이유를 보여준다. 이렇게 재미있는 수학책을 마지막으로 즐긴 게 언제인지 기억이 나지 않는다. 흥미진진하고 이해하기 쉽다.

브라이언 클레그, 《그림으로 보는 모든 순간의 과학》 저자

수학책에 이런 말을 붙이는 게 이상하게 느껴질 수 있지만, 아름답고 진심이 담겨 있으며, 때로는 마음을 따뜻하게 해주는 책이다. **피트 에첼스, 《게임의 재발견》 저자**

사려 깊고 간결하며, 생각을 자극하는 책. 게다가 개념적인 내용과 실용적인 내용 사이의 균형도 완벽하다. 베이즈에 관한 책으로 더 이상 바랄 것이 없다.

스테트슨 태커, 임상 유전학 전문가, 뉴스레터 〈홀로독사Holodoxa〉 발행인

인생은 제한된 정보를 바탕으로 최선의 결정을 내리려고 노력하는 포커 게임과 같다. 이 책은 1763년에 고안된 공식에 관한 책으로, 우리가 어떻게 그렇게 하는지를 수학적으로 설명한다. **〈아이리시 타임스〉**

합리적 사고에 필요한 수학을 독창적으로 소개하는 책. **〈커커스 리뷰〉**

EVERYTHING IS PREDICTABLE